LINQU ZIYUAN YU SHENGTAI HUANJING DIAOCHA JIAOCHENG

林区资源与生态环境调查教程

牛 赟 毛广雄 主编

兰州大学出版社
LANZHOU UNIVERSITY PRESS

图书在版编目（ＣＩＰ）数据

林区资源与生态环境调查教程 / 牛赟，毛广雄主编
. -- 兰州：兰州大学出版社，2021.12
　ISBN 978-7-311-06098-5

　Ⅰ. ①林… Ⅱ. ①牛… ②毛… Ⅲ. ①林区－自然资
源－教材②林区－生态环境－调查研究－教材 Ⅳ.
①S757.4②S718.5

　中国版本图书馆CIP数据核字(2021)第262515号

责任编辑　佟玉梅
封面设计　汪如祥

书　　名　林业资源与生态环境调查教程
作　　者　牛赟　毛广雄　主编
出版发行　兰州大学出版社　（地址：兰州市天水南路222号　730000）
电　　话　0931-8912613(总编办公室)　0931-8617156(营销中心)
　　　　　0931-8914298(读者服务部)
网　　址　http://press.lzu.edu.cn
电子信箱　press@lzu.edu.cn
印　　刷　兰州银声印务有限公司
开　　本　710 mm×1020 mm　1/16
印　　张　20.5
字　　数　388千
版　　次　2021年12月第1版
印　　次　2021年12月第1次印刷
书　　号　ISBN 978-7-311-06098-5
定　　价　46.00元

（图书若有破损、缺页、掉页可随时与本社联系）

前　言

　　根据教育部最新发布的《普通高等学校本科专业目录》，自然保护与环境生态类专业包括农业资源与环境、野生动物与自然保护区管理、水土保持与荒漠化防治、生物质科学与工程、土地科学与技术5个专业，这些专业区别于其他专业的一个重要特征就是野外实习实训对专业培养具有至关重要的作用。林业生态工程学是自然保护区管理、水土保持与荒漠化防治的核心课程之一，林区资源与生态环境调查教程又是林业生态工程学的重要内容，进行野外调查实习实训是提高自然保护与环境生态类教学效果的必要途径和手段。因此，新编《林区资源与生态环境调查教程》是自然保护与环境生态类专业培养和课程教学的必然要求。

　　目前，在自然保护与环境生态类专业培养中，理论性课程教材非常充裕和丰富，而实习实训类教材普遍短缺，且出版时间也都较早，知识理论与技术都需要更新；关于综合林区资源与生态环境调查类高新技术的教材尚未见出版，不足以满足自然保护与环境生态类专业野外实习实训综合性目的需要，迫切需要集资源调查和生态环境调查为一体的实习实训教材。因此，编写《林区资源与生态环境调查教程》将增强国内该类教材建设，有助于自然保护与环境生态类人才的培养。

　　全书共五篇，内容包括资源与环境调查实习基础、林区资源调查实习、林区生态环境调查实习、生态系统遥感调查实习和林区资源与生态环境调查实习案例。教材主要特色与创新如下：

　　1.教材形成样地、样线、流域等不同空间尺度的林区资源与生态环境综合调查技术体系，内容涵盖自然保护与环境生态类专业课程野外实习实训的主要内容，提高了自然保护与环境生态类专业实习实训教材建设，同时适合地理科学类相关专业野外实习使用，教材适用面宽。

2.教材以轻松简练的笔触，采用"步骤式"逻辑思维模式，按照技术规范模式对调查实习实训步骤进行归纳，指导学生在野外按照教程规定步骤即可完成实习实训操作。另外，本教材综合集成林区资源、生态和环境各要素，全面介绍现代3S技术、新一代通信技术和传统野外调查技术在林区野外实践中的应用，通过实践教学强化学生对自然资源与生态环境的特性理解。因此，教材符合应用型人才培养目标，符合教学规律和认知规律，同时也能激发学生学习兴趣，提高学生利用理论知识解决实际问题的能力。

3.传统的自然保护与环境生态类实习实训教材在内容安排上，更多是对实践区域主要环节的详细介绍，缺少实习实训完整环节的设计，整个实习实训更多是按照指导教师计划完成，学生很难从整体了解实习实训的完整环节，更难以培养独立设计和独立完成实习实训的能力。而本教材将对林区资源与生态环境调查进行系统性设计，在实习实训环节上注重微观、中观和宏观不同的空间尺度设计，在实习实训程序上按照步骤式设定标准化的调查规程，在实习实训总结上注重实践案例教学，从而提高学生的实践能力和认知水平。

本教材由淮阴师范学院的牛赟（教授级高级工程师）和毛广雄（教授）主编完成，牛赟主要编写了第二、三、四篇，毛广雄主要编写了第一、五篇。在本书编写过程中还得到曹蕾和刘传明两位副教授的多方帮助以及众多参考文献作者的知识贡献，在此一并表示衷心的感谢！

由于编者水平有限，以及时间仓促，教材中难免存在不足之处，望广大读者批评指正。

编者

2021 年 8 月

目　录

第二篇　林区资源调查实习

第三篇　林区生态环境调查实习

第四篇　生态系统遥感调查实习

第五篇　林区资源与生态环境调查实习案例

附　件

第一篇　资源与环境调查实习基础

第1章　林区资源调查基础知识

　　林区资源是有生命的、可更新的自然资源，其本身有着生长和死亡的发展规律。同时，受人类活动、自然灾害等影响，其数量、质量和分布处于动态变化中。要经营、管理、保护、利用好森林资源，就必须定期和不定期地进行森林资源调查，及时掌握森林资源状况，了解其消长变化动态。林区资源调查的具体任务是用科学方法和先进技术手段，查清林区资源数量、质量及其消长变化状况、变化规律，客观反映森林生长的自然、经济、社会条件，从而进行综合分析和评价，全面准确地提供所需有关林区资源调查成果资料。了解和掌握林区资源调查基础知识，是增强野外实习实践能力的专业要求，也是林区小班调查、四旁树与城镇零星树样地调查、农田林网控制面积调查和古树名木调查等野外工作必须熟悉的基本技术。

1.1　测高器的使用

1.1.1　测高器的使用方法

　　在测量目标树木高度时，先测量树木与测点的水平距离，在指针盘上，有不同的水平距离对应不同的树木高度（如15 m、20 m、30 m、40 m）。测量时，先找到与测高器刻度盘上对应的水平距离，按动测高器背面的启动按钮，让指针自由摆动，用瞄准器对准树梢后，按下制动钮后固定指针，在刻盘上读出对应于所选水平距离的树高值。

　　（1）选择与树高相近的水平距离，测量时误差比较小。其测高精度可达到±5%。

　　（2）当树高小于5 m时，采用长杆测高，不宜用测高器。

　　（3）测量阔叶树种时，应避免树叶遮挡，确定主干树梢位置，以免测量不准确。

1.1.2　平地观测

$$H_{树全高} = H_{BC（仰视值）} + H_{AE（眼高）}$$

$$H_{BC（仰视值）} = AB\mathrm{tg}\alpha$$

式中：

　　AB 为水平距离；

　　α 为仰角（如图1-1所示）。

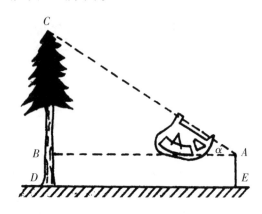

图1-1　平地树高测量计算示意图

1.1.3　坡地观测

选择角度，先观测树梢，求得 h_1；再观测树基，求得 h_2（如图1-2所示）。若两次观测符号相反（仰角为正，俯角为负），则树木全高 $H=h_1+h_2$，若两次观测符号相同，则 $H=h_1-h_2$。

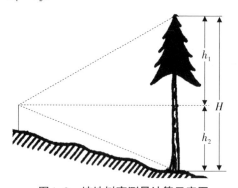

图1-2　坡地树高测量计算示意图

1.2　罗盘仪在四旁树调查中的应用

1.2.1　罗盘仪主要构件示意图

罗盘仪主要构件如图1-3所示。

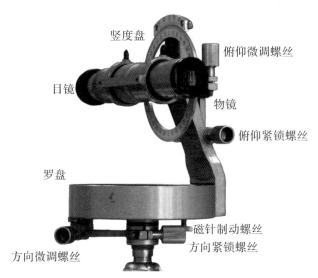

图 1-3　罗盘仪各构件示意图

1.2.2　罗盘仪操作

1.2.2.1　罗盘仪的架设与整平

（1）架设支架、安装罗盘仪

旋松罗盘仪的水平制动螺旋和螺旋套，用螺旋套把罗盘仪与支架连接起来并旋紧。

（2）罗盘整平

根据气泡位置对罗盘进行整平，当气泡偏离柱形中线时，气泡往哪边偏就降低哪边的高度，直到气泡居中，旋紧罗盘仪的螺旋套，旋松磁针制动螺旋。

1.2.2.2　按坐标方位角测量引线

（1）确定罗盘指向

根据引线坐标方位角旋转罗盘，使指北针指向引线坐标方位角读数，读数时，观测者一定要站在指南针的一端（有铜丝固定的那一端），顺着指北针进行读数。罗盘指向确定后，旋紧方向紧锁螺丝。

（2）定位瞄准

①粗定位

观测罗盘仪望远镜上的三角槽口、三角尖口、指挥跑杆者，三点一线大概站在引线位置上。

②精定位

观测者通过调节焦距，直到在目镜中能清晰地看见十字丝，在物镜中能看见花杆，当观测者看到花杆尖头部位时，通过调节目镜直至看到花杆尖头。观察十字丝的竖直丝是否与花杆尖头中间重合，当目镜中的花杆在竖直丝的左边时，指挥跑杆者向左稍微移动；当目镜中的花杆在竖直丝的右边时，指挥跑杆者向右稍微移动，直至竖直丝位于花杆的中部。

1.2.2.3 测水平距离

用皮尺测量水平距离，竖盘读数。当 $\alpha \geq 5^\circ$ 时，利用公式测算水平距，即水平距＝$K \times L \times \cos 2\alpha$（$K$ 为视距常数，L 为视距）。

1.2.2.4 测量结束后的操作

按照"两紧四松一盖两收"操作。"两紧"：旋紧磁针制动旋（以防磁针磨损），旋紧调焦距（以便于罗盘仪放入小箱中）。"四松"：旋松方向紧锁螺丝，旋松俯仰紧锁螺丝，旋松方向微调螺丝，旋松俯仰微调螺丝。"一盖"：盖上物镜盖。"两收"：收起小垂球，收起支架。

1.2.3 罗盘仪在四旁树调查中的应用

1.2.3.1 样地的定位和测设

样地采用 GPS 直接定位（定位方法见 GPS 使用方法）。对定位点用 PVC 管（水泥路等硬质地块用喷漆）做标志。

1.2.3.2 四旁树调查中圆形样地的测设

以该公里网点为中心，以 14.57 cm 为半径（如图 1-4 所示），围成的圆形即为样地调查的范围（其样地面积为 0.0667 hm²）。界外木的判定：方位角 0°～179°范围内的边界木为调查样木，方位角 180°～359°范围内的边界木为界外木。

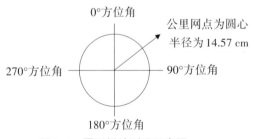

图 1-4　圆形样地测设示意图

1.2.3.3 四旁树调查中方形样地的测设

当四旁树样点落在河中或房中等一些特殊情形时，可以将测设的样地设成正方形（如图 1-5 所示），以该公里网点为中心点，根据实际地形情况确定一个点后，用罗盘仪测设其他各点，进而测定界内木、界外木。

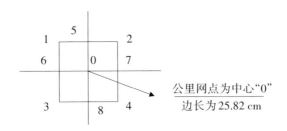

图 1–5　正方形样地测设示意图

图中各点坐标数值为："0" $\dfrac{横0726000}{纵3546000}$；"1" $\dfrac{0725987}{3546013}$；"2" $\dfrac{0726013}{3546013}$；

"3" $\dfrac{0725987}{3545987}$；"4" $\dfrac{0726013}{3545987}$；"5" $\dfrac{0726000}{3546013}$；"6" $\dfrac{0725987}{3546000}$；"7" $\dfrac{0726013}{3546000}$；

"8" $\dfrac{0726000}{3545987}$。

1.3　GPS的使用

1.3.1　熟记GPS参数及其设置

使用GPS前，必须保证其正确的参数（见表1–1）。主要操作步骤为：在"主菜单"界面中，点击"设置""单位"，在"位置显示格式"中选择并点击"User UTM Grid"，在弹出的相应界面中进行相应的操作；在"地图基准"中，选择并点击"User"，在弹出的相应界面中进行相应的操作。

表 1–1　GPS参数（西安80坐标3°带）表

三度带	40°带	3°带	40°带
经度	起始118.5，终止121.5		
DX	−93.5 m	中央经线	E120°
DY	−75.5 m	投影比例	+1.0000000
DZ	−14.5 m	东西偏差	+500000.0 m
DA	−3.0 m	南北偏差	0.0 m
DF	+0.00000000		

1.3.2　熟记GPS正常使用方法

1.3.2.1　导航至四旁树样地的公里网络点

在"标志航路点"界面中，输入要导航的坐标。如拟调查样地坐标是（40726，3546），先输入GPS的坐标（0726000，3546000），然后点击"导航"（导航小于10 m）。导航到达目的地后在原地不动约等3分钟，误差为1 m时就达到导航定位的目的。

1.3.2.2　导航到抽样样地的西南角点

导航方法同上。

1.3.2.3　测量长

对宽度比较一致，但长度很长的带状林，可以利用GPS测量其长度。主要步骤：在"旅行计算机"界面中，选择"重置"，然后选择"重置旅行数据""重置里程表"，并把上述数据归零，然后手持GPS（GPS头部与前进的方向一致）直线走至目标终点后，记录GPS上的数据。

1.3.2.4　求测面积

对于不规则的地块，最常用的是直接绕测法。主要步骤：依次点击"主菜单""工具""面积计算""开始"后，沿不规则的地块行走一圈回到起始点，点击"停止"，记录面积数据。如果没有行走至终点，但目前已行走点与起始点是一条直线的情况下，也可以点"停止"（因为GPS默认把该点与终点连起来组成闭合图）。对于约1亩地（1亩地＝666.6 m²）的小林地，必须点击"航迹/设置航迹记录/记录设置/间隔"后，设置成（00hrs00min01sec）。

1.3.2.5　航迹保存

要求各个学生分组必须在可能的情况下用航迹保存每一个样地位置，一般包括三个步骤：

（1）找到样地并到西南角样桩位置。

（2）在卫星信号好的情况下，调出"航迹"界面，点击"开"按钮。

（3）在原地不动等待2～3分钟后，点击"关"按钮，此时关闭了航迹记录开关。待缓存百分数窗口显示的数据大于90%且小于99%时，点击"存储"按钮，点击弹出的存储窗口"全部内容"按钮，此时在"航迹"窗口中会看到添加了一条当前时间的航迹。确定保存缓存内容以后，点击"清除"，在"确认"窗口中点击"是"按钮。

1.3.2.6　GPS待机

在外业调查中，如每个小班的调查间隔时间不长，不要关闭GPS（GPS右侧下方键），可在卫星界面中，点击左上方的图标，点击弹出菜单中的"关闭GPS"。外业调查需使用GPS时，可在卫星界面中，仍然点击左上方的那个图标，点击弹出菜单中的"打开GPS"。

1.4　如何读取地形图

1.4.1　读图名

图名通常是用图内最重要的地名来表示。从图名上可大致判断地形图所在的范围。

1.4.2　认识地形图的方向

除了有些图要特别注明方向外，一般地形图为"上北下南左西右东"，或者根据经纬度确定方向。

1.4.3　认识地形图图幅所在位置

从图框上所标注的经纬度（坐标）可以了解地形图的位置。

1.4.4　了解比例尺

在该调查中所用的比例尺是1∶10000，即图上1 cm的水平距离相当于实地100 m的水平距离。因此，通过比例尺可了解面积的大小、地形图的精度，以及等高线的距离、特定地物（道路、河流等）的长度。

1.4.5　了解等高线

结合等高线的特征读取图幅内平原特征以及海拔和相对高度。样地的海拔也可用GPS测得（在卫星界面中）。

1.5　如何运用RS开展森林资源调查

利用遥感图像勾绘小班步骤：第一步，建立目视判读标志；第二步，初步勾绘小班边界；第三步，现地校正调查小班；第四步，进行其他补充调查；第五步，航片勾绘小班转绘GIS系统。

1.5.1　建立目视判读标志

不同地物在航空影像上有其不同的影像特征，根据这些影像特征来判读识别各种物体。将卫星影像特征与实际地况对照，从而获得相应的影像特征，并记录各地类与树种（组）的影像色调、光泽、质感、几何形状、地形地貌及地理位置（包括地名）等，建立目视判读标志。主要根据形状、大小、色调、阴影、组合图案等方面建立判读标志。例如，当遥感图像的空间分辨率低于1 m时，由于植物的形态结构特征不明显，区分乔木、灌木、草地有一定的难度；在空间分辨率高于1 m的遥感图像上，植物的形态结构明显，能够从阴影、纹理等方面来区分乔木、灌木、草地。阴影比较明显的一般是乔木，灌木阴影不明显，草地没有阴影。乔木纹理比较粗糙，灌木其次，草地比较平滑。

1.5.2 利用航片勾绘小班

1.5.2.1 转绘行政界线

根据1∶10000地形图上所区划的行政界线，将县（市、区）界、乡（镇、场）界、村界逐一调绘到遥感图像平面图上，并加以注记。主要是为准确划分小班做准备。

1.5.2.2 初步勾绘小班

根据建立的实际地物与遥感图像（形状、大小、色调等）之间的对应关系，按森林经营区划土地种类勾绘小班轮廓。结合年造林小班图等档案资料、森林分布图、1∶10000地形图，初步勾绘小班轮廓。达到小班区划面积标准的都要单独划出来。先区划轮廓明显、容易区划的，界限不明显的小班先用虚线勾绘，在外业调查时进一步校对和修正。设计调查路线不仅要沿村、镇界线进行调查，还要到每个小班进行调查。

1.5.3 现地调查与小班校正

在熟悉情况的当地群众干部配合下，调查人员携带调查区域1∶10000遥感影像，1∶10000地形图和GPS，赴实地进行野外调查。在调查时结合地形图和遥感影像，可以调查部分在遥感影像上没有显示出来的林地区域。根据地形图所标的地物与航空影像片上区划对象之间的对应关系，现场确定各界线的准确位置，对发生变化的小班进行修对校正，逐块准确勾绘出小班界线。勾绘困难时，可测设若干GPS点，利用GPS控制点在图上勾绘小班准确界线。

1.5.4 其他补充调绘

在野外调查的同时，对地形图或遥感影像上变化的地形、地物、地物界线进行补充调绘，并将变化区域在遥感影像和地形图上表示出来。经核对修正的乡（镇、场）、村界线，应与相邻调查组及时联系拼接，务求一致。

1.5.5 航片勾绘小班信息转入电脑（GIS系统）

利用GIS系统将电脑上勾绘的遥感影像小班界线与配置好的地形图进行匹配，叠加在一起，形成森林资源信息管理系统。

1.6　小班调查

小班是进行森林统计、经营、管理、组织木材生产的最小单位，也是森林资源规划调查设计的基本单位。小班划分应尽量以山脊、河流、道路等明显的自然地形、地物为界，同时兼顾资源调查和经营管理的需要。小班调查要勾绘准确，其面积误差不得超过5%；要坚持技术标准，科学合理地确定地类、林种、森林类别、优势树种等重要因子。

1.6.1　林班的划分和命名

林班的面积一般为 $50\sim200\ \mathrm{hm}^2$，为了方便经营管理可将林地面积较大的乡，按自然界线或行政区划划分若干林班，以山头或村名命名。少林平原地区（扬州），乡以下可不再划分林班。林班范围和命名原则上与上期普查一致（1985—1989）。

1.6.2　小班划分原则

（1）乡（镇、场）、林班不同。

（2）权属不同（国有、集体、股份、私有）。

（3）森林类别（公益林、商品林）及林种不同（用、防、薪、特、经）。

（4）生态公益林的事权等级（国家、省级、市级、县级）与保护等级（特殊、重点、一般）不同。

（5）林业工程类别不同（江防、丘岗、绿通、城森、野保、杨树、经济林、林苗、竹业、森旅十大工程）。

（6）地类不同（纯林、混交林、竹林、特灌等16个地类）。

（7）林地经营目的（公益林、商品林）类型不同。

（8）森林起源不同（天然、人工）。

（9）龄组不同（幼、中、近、成、过）。

（10）纯林和混交林分别划分小班，优势树种（组）比例相差两成以上单划小班。

（11）Ⅵ龄级以下相差一个龄级，Ⅶ龄级以上相差两个龄级，经济林生产期不同均单划小班。

（12）商品林郁闭度相差0.20以上，公益林相差一个郁闭度级（0.10），灌木林相差一个覆盖度级。

（13）无林地和需要改造的林分按立地条件类型划分小班；坡向不同时按阴坡、阳坡、半阴半阳坡划分小班；坡度超过36°的地段单独划分小班。

（14）立地类型（道路、河流、岗地等）、林分经营类型（公益林、商品林）或经营措施类型不同（集约、粗放）单独划分小班。

（15）林下造林的地段单划小班。

（16）不同年龄的速生丰产林单划小班。

（17）被道路、河流等重要人工、自然界线分隔时一般应单划小班。

（18）非林业用地一般不划小班；但如被包含于林地范围内，应划分小班（便于求面积）。

小班调查注意：

①小班区划的最小面积原则上为 0.0667 hm² （1亩）。

②小班区划要依据林种、绘制基本图所用的地形图比例尺和经营集约度来具体确定。

1.6.3　细班划分

在基本图上无法区划且面积在 0.0667 hm² 以上的小班，应在小班内划分细班。各项调查因子仍按小班调查要求调查记载。

细班划分原则（7条）：权属不同、地类不同、林种不同、优势树种（组）不同、起源不同、龄组不同、林分郁闭不同时，商品林郁闭度相差 0.20 以上，公益林相差一个郁闭度级，灌木林相差一个覆盖度级。

1.6.4　小班调查中 8 种特殊情况的处理

（1）与原调查小班界线的衔接及处理：小班界线尽量沿用原有的；但因经营活动造成界线改变或上期划分不合理的，应根据小班划分条件重新划分。

（2）与生态公益林小班界线的衔接及处理：小班界线原则上保持不变，森林资源调查不能改变已界定的生态公益林范围。事权等级、保护等级、林种原则上按生态公益林区划界定时的内容确定，但小班的林分因子应按规定重新调查。小班面积以计算机求积为准。小班号以行政村、林场的林区或林班为单位重新统一编号。在调查表"小班调查记录"附记栏中注明原生态公益林小班号。对原生态公益林小班面积区划确实过大、存在明显不合理的，允许在原生态公益林小班范围内增划小班或适当进行调整。

（3）厂矿企事业单位和城镇居民小区等绿化程度高且郁闭度在 0.60 以上，可以在地形图上勾绘为同一小班，但必须记载两个细班，区分出厂房、城镇居民点的面积及绿化占地面积。厂矿企事业单位和城镇居民点内乔木、灌木、草地独立且连续面积在 0.0667 hm² 以上，必须单独划小班。在厂房、居民小区四周连续面积在上述面积以上但不易区划的，可以不上图，但必须实测各类型的占地面积并填写"小班调查记录",以厂矿企事业单位、居民小区为小班,分别细班记载各调查因子。厂矿企事业单位、居民小区四周连续面积不足上述规定的仍作为四旁树调查。

(4)为方便区划,隔着围墙的相连两行以上林带可以划为同一小班进行调查。

(5)乔、灌木混合小班应分别细班记载乔、灌木各调查因子。但乔、灌木混交的,在同一垂直投影下只记上一级的投影面积,即只记乔木树冠,不记灌木。四旁树样圆内已区划为片林、带林的四旁树不再调查。

(6)对连片面积1 hm²以上(含1 hm²)的桑园,严格按《××省森林资源规划设计调查操作细则》(简称《细则》)的相关技术规定进行调查和小班勾绘。对连片面积为0.067 hm²以上(含0.067 hm²)至1 hm²的桑园,在保证精度的基础上,以村民组为单位开展调查统计,作为一个小班标记上图,标注在村民组内此类桑园相对集中的位置,并在"小班调查记录卡片"上详细列出相应副小班台账。

(7)对银杏、柿子等树种,外业调查按照《细则》执行。

(8)乔木林带和灌木林带两行以上(包括两行),林带宽度超过4 m(灌木3 m)、连续面积0.0667 hm²以上的人工造林地块,道路(包括沟、堤、渠)两旁各植树一行,且行距≤4 m可以作为造林地块的"林带",否则不算造林地块。河道(公路)两侧造林,如果两平行林带的带距≤8 m,可按片林调查(林带之间间隔的宽度上限为8 m),两块林地相隔≤8 m可合并为一个小班,否则分为两个小班。

1.6.5　小班的编号

小班编号以林班为单位进行,所有小班均应编号。调查时先临时编号,再按自西向东、由北往南的顺序在图面和"小班调查记录"上同时统一编上新号。编号时旧号先不擦除,等编号结束检查无重复、无缺漏后才可擦除旧号。小班号原则上可与上期普查一致;如小班界线变动较大,也可重新编号。生态公益林小班在"小班调查记录"附记栏中注明原生态公益林小班号。

1.6.6　小班调查方法步骤

小班调查方法步骤:一看,二分,三勾,四校,五填。

1.6.6.1　一看

一看是指航空影像、地形图、土地现状图及所能找到的其他图件、资料。

1.6.6.2　二分

二分是指先区分容易区分的,按照林班、小班、细班的顺序进行区分。

1.6.6.3　三勾

三勾是指在室内利用地形图、航空影像及其他的相关资料先勾绘小班。一般分两步：

（1）林班的区划——行政界线的区划

根据1∶10000地形图上所区划的行政界线，将县（市、区）界、乡（镇、场）界、村界逐一调绘到航空影像平面图上，并加以注记。

（2）小班轮廓勾绘

先划定界线清楚的小班轮廓，界限不清的小班先用虚线勾绘。在野外调查时及时修正校对。

各地类小班要按规定要求设置GPS点，特别是航空影像拍摄后的新造林地更要注意GPS点的测设。

1.6.6.4　四校

四校是对坡勾绘、现地目测、实际丈量、设GPS点。通过逐块校正勾绘小班界线，确定各种界线的准确位置。在野外调查的同时，对图或相片上变化了的地形、地物、地类界线进行补充调绘。区（县）界线应以近期勘界资料为准，如没有最新资料则一般按原划定的界线。对有争议而一时不能解决的地区，暂按原划定的行政界线调查，并在调查簿中注明。经核对修正的乡（镇、场）、村界线，应与相邻调查组及时联系拼接，务求一致。

1.6.6.5　五填

五填是指填写以下八个方面表格。

1）填表一：小班调查因子（卡片填简称）。

分商品林和生态公益林小班，按地类调查或记载不同调查因子。凡调查因子的"内容"栏内有"-"的，不填写。凡已被正式列入国家级、省级生态公益林并接受生态效益补偿的小班，其界线、面积和有关调查因子如无明显错误，应按原划分为准。空间位置是指要记载该小班所在的市、县（市、区）、乡（镇、场）、村（分场）、林班号、小班号、小地名等。

（1）面积：面积精度为0.01 hm²。

（2）地貌：低山、丘陵、平原。

（3）海拔：记录GPS卫星界面下的"高度"栏数据。

（4）坡向：东、南、西、北、无坡向等。

（5）坡度：平、缓、斜、陡、急、险。

（6）坡位：脊、上、中、下、谷、平地。

（7）土壤种类：黄壤、黄棕壤、棕壤、黄褐土、褐土、沼泽土、水稻土、潮土、砂姜黑土、盐土、紫色土、石灰土、基性岩土。

（8）土壤质地：沙土、沙壤、轻壤、中壤、重壤、黏土。

（9）土壤厚度等级：厚、中、薄。

（10）植被：记载下层植被的优势和指示性植物种类。

（11）覆盖度：单位为 cm。

（12）植被（平均）高度：单位为 cm。

（13）地类：以"纯、混、竹、疏、特灌、灌、未造、苗、采、无立木、荒、沙、宜、耕、草、水、未、建"当中之一者填写。

（14）林种：疏林等地类不填林种。当一个小班可划分为几个林种时，按林种优先顺序划分为名胜古迹和革命纪念林、风景林、环境保护林、护岸林、护路林、其他防护林、水土保持林、水源涵养林、防风固沙林、农田防护林。按功能划分的林种有水源、防风、农防、护岸、护路、其他护、环保、风景、名胜、速、用、果、经（蚕桑）。

（15）林地权属：国有、集体。

（16）林木权属：国有、集体、个人、其他。

（17）林地使用权：国有、集体、个人、其他。

（18）林木使用权：国有、集体、个人、其他。

（19）森林类别：公益林、商品林。

（20）事权等级：生态公益林（地）分别按国家级、省级、市级和县级进行记载。

（21）保护等级：生态公益林（地）分别按特殊、重点和一般 3 类进行记载。

（22）单位性质：对生态公益林（地）按省级国有林场、市级国有林场等 25 类进行记载。

（23）生态区位：对生态公益林（地）按"省湖（如高邮湖、邵伯湖、宝应湖）、省河（京杭大运河、淮河入江水道）、省道"等进行记载。

（24）所属区位：对生态公益林（地）记载其具体地点的名称。

（25）沙化程度：对生态公益林（地）按无、轻度、中度、较重、重度进行记载。

（26）生态功能等级：对生态公益林（地）按好、中、差 3 类进行记载。

（27）管护形式：对生态公益林地按统一管护、分户管护、其他管护、未落实进行记载。

（28）是否纳入补偿：是、否。

（29）森林起源：天然、人工。

（30）工程类别：江防、绿通、城森、杨树、经济林、林苗、森旅、其他。

（31）林层：单林层、复林层。

（32）群落结构：完整、复杂、简单。

（33）树种结构：反映的主要是乔木林分的组成，以蓄积量占的比例来定。如Ⅰ针叶纯林（单针树种蓄积≥90%）、Ⅱ阔叶纯林（单阔树种蓄积≥90%）、Ⅲ针叶相对纯林（单65%～90%）、Ⅳ阔叶相对纯林（单65%～90%）、Ⅴ针叶混交林（针≥65%）、Ⅵ针阔混交林（单35%～65%）、Ⅶ阔叶混交林（阔≥65%）。

（34）优势树种组：分林层记载优势树种（组）。

（35）树种组成：一般按各组成树种蓄积所占比例，但幼林一般以株数和郁闭度相结合来确定。用十分法表示树种组成。确定树种组成时，比例较高的树种应列在前面，列于首位的是优势树种。

（36）自然度：据干扰的强弱程度记载。

（37）落叶层厚度级：按小班内枯枝落叶层厚度等级划分标准记载厚度等级。厚（≥5 cm）、中（2～4.9 cm）、差（≤2 cm）。

（38）平均年龄：分别林层记载优势树种（组）的平均年龄。平均年龄由林分优势树种（组）的平均木年龄确定，平均木是具有优势树种（组）断面积平均直径的林木。

（39）龄级：龄级 $= \dfrac{年龄}{龄级年限}$。

（40）龄组：幼、中、近、成、过。

（41）平均胸径：分别林层，记载优势树种（组）的平均胸径，精确到0.1 cm。

（42）平均树高：调查记载优势树种（组）的平均树高。对优势树种（组）最接近平均胸径的一株树测高。灌木林设置小样方或样带估测灌木的平均高度，精确到0.1 m。

（43）郁闭度：目测小班内林冠在地面上垂直投影的覆盖程度。高（≥0.70）、中（0.40～0.69）、低（0.20～0.39）。

（44）经济林产期：按小班内经济林实际产期记载（见表1-2）。产前期、初产期、盛产期、衰产期。

（45）经济林产量：对已实现投产的经济林，调查记载经济林产品的每公顷产量，求积后推算小班产量。

（46）灌木覆盖度：灌木林记载覆盖度，用百分数表示。其等级分为：密

（≥70%）、中（50%～69%）、疏（30%～49%）。

表1-2　经济林实际产期记载表　　　　　单位/年

树种	产前期	初产期	盛产期	衰产期	经济寿命
苹果	3～6	7～10	15～40	40～60	40
梨子	3～5	5～6	7～50	51～70	50
葡萄	1～2	2～3	4～30	30～50	30
桃	2～3	3～6	7～15	16～17	16
茶叶	3～4	4～10	10～30	30	40
枇杷	4～5	6～10	10～30	40～50	40

（47）立地类型：根据小班有关立地因子确定小班的立地类型名称，如平原-潮土。

（48）造林类型：根据小班立地类型和适地适树要求，确定小班的造林类型名称。

（49）森林经营类型：根据小班林分现状和所需的经营措施，对防护林、用材林、薪炭林、特用林等通过查订"经营措施类型表（一）"，对经济林、竹林等查订"经营措施类型表（二）"确定小班的经营措施类型。

（50）森林灾害类型：森林病害、森林虫害、火灾、气候灾害、其他灾害、无灾害。

（51）森林灾害等级：无、轻、中、重。

（52）树冠脱叶：无、轻、中、重。

（53）树叶褪色：无、轻、中、重。

（54）林权证号：树木的所有权登记编号。

（55～57）林木、经济林、散生木株数：一般以10 m×10 m小样方进行现场调查，计算每公顷株数。林木株数、大树和幼树的株数均包括在内。

（58～59）林分毛竹、散生毛竹株数：一般以10 m×10 m小样方进行现场调查，计算每公顷株数。

（60）杂竹株数：一般以2 m×2 m小样方进行现场调查，计算每公顷株数。

（61～64）每公顷蓄积：包括活立木蓄积、乔木林蓄积、疏林蓄积、散生木蓄积。

2）填表二：角规测树调查记载。

成片林小班蓄积机械布设若干角规点，按成片林小班蓄积调查方法采用角规调查记载。杨树要5行以上。

3）填表三：带状林段带样方调查记载。

带状林蓄积机械布设若干段带样方，按带状林小班蓄积调查方法应用测树钢围尺进行抽样调查。调查记载样方的长、宽，分别树种按径阶检尺登记株数。

4）填表四：用材近成过熟林调查记载。

（1）林木质量

用材近成过熟林小班分别调查记载商品用材树、半商品用材树、薪材树的株数占该小班林木总株数的百分比。

（2）径级组

用材近成过熟林小班分别调查记载小径级组（6～13 cm）、中径级组（14～24 cm）、大径级组（25～36 cm）、特大径级组（37 cm及其以上）株数占该小班林木总株数的百分比。

5）填表五：用材林与一般公益林的异龄林调查记载。

用材林与一般公益林的异龄林小班调查记载其大径木的蓄积比。

6）填表六：小班规划意见。

现场提出小班规划初步意见，确定该小班今后的经营方向（生态公益性、商品性）和营林规划措施。

7）填表七：附记。

记载公益林小班原小班号和其他情况。

8）填表八：其他。

（1）调查者：由记录者签名。

（2）调查日期：记录小班调查的具体日期。

1.7　小班蓄积量调查计算

1.7.1　成片林小班的蓄积调查

有蓄积量的小班采用角规进行绕测，按断面积蓄积标准表进行计算，在角规绕测的同时测树高，即角规绕测调查。无蓄积量小班以10 m×10 m小样方调查每公顷株数、平均高、平均胸径、年龄、郁闭度及生长状况。株行距明显的片林可以量测株行距，计算株数，实测平均胸径，查"一元材积表"求算片林蓄积，即带状林调查。

1.7.1.1　角规点设置

根据小班面积大小确定角规调查点的数量。分布不均的乔木林、竹林、疏林，可适当增加调查点。布设时先按小班预估面积和形状确定调查走向和间距。第一点随机设置，其余点等距离布设。各点在小班内应基本上分布均匀。面积大的小班要设几条调查线。小班面积与角规点数：3 hm² 以下，1 个；4～7 hm²，1～2 个；8～12 hm²，2～3 个；12 hm² 以上，3～4 个。角规点不能超出小班界线或者设在小班边缘上，若超出小班边界，角规点应向小班内部移动。角规的最大有效距离等于角规点周围最粗树胸径乘以 50，即 $L=50 \times D_{实测}$。

1.7.1.2 角规测量方法

（1）角规测量记数方法

每公顷断面积测定采用常数为 1（杆或线长 50 cm，缺口宽 1 cm）的角规观测树的胸高部位。每相割 1 株代表 1 m²/hm² 胸高断面积，每相切 1 株代表 0.5 m²/hm² 胸高断面积。

（2）难以确定相割或相切的应进行控制检尺。测量观测点至树干中心的水平距 L 及胸径 $D_{实测}$（单位均用 cm）。控制检尺方法的公式如下：

$$\frac{D_{理论}}{1\,cm}=\frac{测量水平距 L}{角规长 1\,cm} \rightarrow D_{理论}=L \times 1 \div 50=\frac{L}{50}=\frac{2L}{100}$$

$D_{实测} > D_{理论}$ 时，计数为 1；

$D_{实测} = D_{理论}$ 时，计数为 0.5；

$D_{实测} < D_{理论}$ 时，计数为 0。

（3）胸径小于 5 cm 的树不计数。

（4）为了避免重测漏测，要及时做出标记。

（5）角规测量必须分别对树种记数，在每个角规点上按顺时针、逆时针方向各绕测 1 次，10 个断面积（株）以下的不得有误差；10 个断面积以上的误差不得超过 1 个断面积。在误差范围内取两次绕测平均数。

（6）观测时应对准胸高部位：山坡高度从上坡起算，在树高 1.3 m 处进行观测，1.3 m 以下分叉按实际株数计算，1.3 m 以上（含 1.3 m）分叉按 1 株计算。若 1.3 m 处有明显膨大、瘿瘤、分叉等异常现象时，绕开异常部位，提高至正常部位进行观测。

（7）报树名和株数同步进行，如杨 1、刺 0.5 等。

1.7.1.3 测量树平均高

凡是在一个角规点上测到的树种，需要用测高器对该角规点附近树种测平均木高（每树种组 1 株，精确到 0.1 m），分别计算树种平均高。小班各角规点的树高平均值即为平均高。平均木是具有优势树种（组）断面积平均直径的林木。若角规点上测到的树木中缺少某树种，求该树种平均值时，此角规点不参与计算。丘陵山区小班，还须用测高器测出角规点周围的坡度。

1.7.1.4 纯林小班进行角规测量的结果计算

当角规点坡度大于5°时，立木断面积测定值要进行改算，按平均坡度查"角规调查坡度改正系数表"。平均坡度测定以实测角规点位上、下垂直，反复观测两次，相差不大于1°，取平均值计为角规点平均坡度。

（1）计算公式为：

$$G_{实改断面积} = G_{实测断面积} \times 坡度$$

$$M_{实改蓄积量} = M_{标准蓄积量} \div G_{标准断面积} \times G_{实改断面积}$$

（2）在求平均蓄积时，1个角规点若无蓄积，以0参与求算平均蓄积。

1.7.1.5 混交林小班进行角规测量的结果计算

在混交林小班中，按树种组成进行计算。计算方法和公式基本上与纯林小班相同，但计算时用小班所测角规点总数，而求平均树高时用实际测到该树种的角规点个数计算；然后用各个树种的平均蓄积和小班蓄积分别相加，得每公顷总蓄积和小班总蓄积。

1.7.2 带状林小班的调查与计算

1.7.2.1 带状林的调查方法

凡带状林（包括带状疏林）小班，应调查小地名、立地条件、树种、平均高、郁闭度、每公顷株数、生长状况及小班的长和宽，求出面积，并将小班标于地形图。有蓄积小班，还应以每木检尺方法做出小样方，查"一元材积表"求得蓄积量和疏密度。

1.7.2.2 小班面积的确定

量测小（细）班宽度时，应从树根起两边各增加半个株距（或行距）；然后，计算其面积（长、宽、面积分别精确到0.1 m、0.1 m、0.0001 hm²）（段带样方量测方法与此一样）。

1.7.2.3 段带样方的面积与布设方法

（1）段带样方数量的确定：根据小班面积，查"小班蓄积调查角规点（样方）的数量要求"确定。

（2）段带样方的调查：在林带中垂直截取标准行（一至数行）且面积不少于133 m²，长和宽量测同上；然后分树种组进行每木检尺（径阶），记载于带状林小样方调查表中，在段带样方内对各树种组测出平均木胸径（精确至0.1 cm）和树高（精确至0.1 m）。

1.7.3　疏密度的计算

各树种的疏密度根据各树种的每公顷蓄积及其平均高（平均高的求算参见角规调查部分）查相应的标准计算所得。

1.7.4　小班蓄积计算示例

1.7.4.1　带状混交林小班蓄积计算示例

某国有林场现有一带状混交林需采伐，该小班面积3.5 hm²，共做3块标准地（见表1-3），每块标准地面积0.067 hm²，马尾松、杉木的一元材积见表1-4，求该小班各树种的平均胸径、平均株数、平均蓄积，全小班的平均蓄积和全小班的总蓄积量。

表1-3　标准地树木调查记录表

| 小班 | 小地名 | 标准地号 | 树种 | 标准地树木各径阶的株数 | | | | | | | | |
				合计/株	6 cm	8 cm	10 cm	12 cm	14 cm	16 cm	18 cm	20 cm
1	牛山洼	1	马尾松/株	48		2	8	15	11	9	3	
			杉木/株	30	4	3	9	8	5	1		
		2	马尾松/株	47	2	5	7	14	9	6	4	
			杉木/株	31	3	5	6	9	6	2		
		3	马尾松/株	55	3	6	11	13	12	8	2	
			杉木/株	40	4	7	10	7	9	2	1	
	合计		马尾松/株	150	5	13	26	42	32	23	9	
			杉木/株	101	11	15	25	24	20	5	1	

表1-4　马尾松、杉木的一元材积

单位/ m³

树种	马尾松	杉木
6	0.0098	0.0072
8	0.0201	0.0161
10	0.0345	0.0293
12	0.0532	0.0473
14	0.0762	0.0706
16	0.1037	0.0997

续表1-4

树　种	马尾松	杉　木
18	0.1359	0.1351
20	0.1727	0.177
22	0.2144	0.2259

计算：因3个标准地面积相同，可将3个标准地的数据合并计算。

（1）马尾松

①平均胸径（采用简单加权平均法）：

（5×8+13×10+26×12+42×14+32×16+23×18+9×20）÷150=14.5 cm（以 cm 为单位，保留一位小数点）。

②平均株数：

150÷3=50株/亩=750株/hm²。

③平均蓄积（$M_马$）：

（5×0.0201+13×0.0345+26×0.0532+42×0.0762+32×0.1037+23×0.1359+9×0.1727）÷3 =4.4 m³/亩=66 m³/hm²。

④全小班平均蓄积

$M_马$=4.4×3.5×15=231 m³。

（2）杉木

①平均胸径：

（11×8+15×10+25×12+24×14+20×16+5×18+1×20）÷101=12.9 cm。

②平均株数：

101÷3=34株/亩=510株/hm²。

③平均蓄积（$M_杉$）：

（11×0.0161+15×0.0293+25×0.0473+24×0.0706+20×0.0997+5×0.1351+1×0.1770）÷3=2.1 m³/亩=31.5 m³/hm²。

④全小班平均蓄积

$M_杉$=2.1×3.5×15=110 m³。

（3）全小班

①平均蓄积：

$M_{平均}$=4.4+2.1=6.5 m³/亩=97.5 m³/ hm²。

②总蓄积量：

$M_总$=231+110=341 m³。

1.7.4.2　角规调查小班蓄积计算示例

（1）纯林小班蓄积计算

某马尾松纯林小班为 0.9 hm²，做了两个角规点（见表1-5），求其平均蓄积、平均高、疏密度和小班蓄积。

表1-5　马尾松纯林小班调查统计表

测 点	点1	点2	平均	计算：
观测株数 N	20	22.5		点1　G_1: 20×1.01=20.200 m² M_1: 20.2÷22×85.5=78.5 m³
平均高 H	7.4	8.9	8.2	点2　G_2: 22.5×1.02=22.950 m² M_2: 22.95÷26×121.5=107.2 m³
坡度 α	7	11		均值： 平均蓄积：（78.5+107.2）÷2=92.9 m³
坡度系数 $\sec\alpha$	1.01	1.02		平均高：（7.4+8.9）÷2=8.2 m
断面积 G	20.2	22.95		疏密度：92.9÷103.5≈0.9
每公顷蓄积 M	78.5	107.2	92.9	M小班：92.9×0.9≈84 m³

（2）混交林小班蓄积的计算

在混交林小班中，按组成树种分别计算。计算方法和公式基本上与纯林小班相同，但求平均蓄积时用小班所有测角规点总数，求平均高时用实际测到该树种的角规点个数计算。某马尾松混交林小班面积为 1.4 hm²，共做角规点 3 个（见表1-6）。求其平均每公顷蓄积、平均高、疏密度和小班蓄积。

表1-6　马尾松混交林小班调查统计表

测点	点1	点2	点3	平均
观测株数 N	马 14	8.5	16	
	麻 6	7	0	
平均高 H	马 7.3	8.1	9.3	8.2
	麻 8.1	7.9		8
坡 度 α	0	9	20	
坡度系数 $\sec\alpha$	1	1.01	1.06	
断面积 G	马 14	8.585	16.96	
	麻 6	7.07	0	
每公顷蓄积 M	马 54.4	37	79.3	56.9
	麻 27.0	31.8	0	19.6
	合　计			76.5

马尾松：

①点 1：14÷22×85.5 = 54.4 m³。

②点 2：8.585÷24×103.5 = 37.0 m³。

③点 3：16.96÷26×121.5 = 79.3 m³。

④平均：（54.4 + 37.0 + 79.3）÷3 = 56.9 m³。

⑤平均高：（7.3 + 8.1 + 9.3）÷3 = 8.2 m ≈ 8 m。

⑥疏密度：56.9÷103.5 = 0.55。

麻栎：

①点 1：6÷17×76.5 = 27.0 m³。

②点 2：7.07÷17×76.5= 31.8 m³。

③平均：（27.0 + 31.8）÷3 = 19.6 m³。

④平均高：（8.1 + 7.9）÷2 ≈ 8.0 m。

⑤疏密度：19.6÷76.5 = 0.26。

⑥每公顷总蓄积：56.9 + 19.6 = 76.5 m³。

⑦总疏密度：0.55 + 0.26 ≈ 0.8。

（3）小班总蓄积

①马尾松：56.9×1.4 ≈ 80 m³。

②麻栎：19.6×1.4 ≈ 27 m³。

③合计：80 + 27 = 107 m³。

1.8 四旁树调查

1.8.1 四旁树的概念

1.8.1.1 大四旁

没有达到成林标准，零星分布于农田内或道路、沟渠、河道两侧的树木。

1.8.1.2 小四旁

房前屋后没有达到林分标准的零星树木。

1.8.1.3 城（乡）镇零星绿化树木

城（乡）镇建成区范围内，凡达不到片林或带状林标准的树木，不论其所有制如何，均作为城镇零星绿化树木进行调查。

1.8.1.4 建成区

城市行政范围内，实际建成或正在建设的、相对集中分布的地区，包括市区集中连片的部分，以及分散到近郊区内但与城市有着密切联系的其他城市建设用地。我国的城市建成区一般不包括市区内面积较大的农田和不适宜建设的地段。在林区资源调查中，四旁树和城镇零星树木资源，包括乔木、竹类、经济树及灌木（丛、球）、绿篱在内，采用机械抽样调查推算的方法，以县（市、区）域的所有四旁树为抽样总体，利用1∶10000地形图的公里网格进行系统抽样，机械布设半径14.57 cm、面积0.0667 hm²的样圆进行调查。

1.8.2 确定样地数的计算方法

在一个总体内，调查样地数的理论值N按系统抽样公式求出

$$N=（1+10\%）×t^2C^2/e^2$$

式中：

t为可靠性指标（可靠性95%时，t=1.96）；

C为变动系数；

e为相对误差，精度85%，即e=±15%。

1.8.2.1 变动系数C，采用全距法求得

踏查全县（市、区），找出其范围内四旁树和城（乡）镇树木最大每公顷蓄积（面积只占调查总体面积2/10000的不算）以及最小每公顷蓄积（往往为0），并估计全县（市、区）平均每公顷蓄积，用以下公式求得变动系数C。

$$C=\frac{最大每公顷蓄积 - 最小每公顷蓄积}{6×样本平均数}×100\%$$

1.8.2.2 理论抽样比和实际抽样比的求算

调查样地数理论值求出后，以N除以全县（市、区）公里网坐标点总数，得到理论抽样比，然后整化为实际抽样比，确定实际要求调查的样地数。

1.8.2.3 实际抽样比计算示例

假设某县四旁树和城（乡）镇树木最大每公顷蓄积为15亩×18 m³/亩=270 m³，最小每公顷蓄积为0，平均每公顷蓄积26.1 m³，则C=（270−0）÷（6×26.1）×100%=172.4%。N=（1+10%）×1.96²×1.724²÷0.15²=558.2。若该县公里网坐标点数为1300个，由1300/558.2=2.3推出实际抽样比约为每2个公里网点抽取1个抽样点。

1.8.2.4 全市四旁树样地间距的确定

各县（市、区）根据上述方法，先测算出该地区的实际抽样比，在此基础上，省质量检查小组负责市质量检查的工作人员，统计出市大多数县（市、区）相同的样地间距，并将此结果作为全市各县（市、区）开展四旁树调查的样地间距。

1.8.3 样地的调查方法

在样地内，对达不到最小区划面积（未达有林地标准）的四旁树和城（乡）

镇树木进行调查。方位角0°～179°范围内的边界木为调查样木；方位角180°～359°范围内的边界木为界外木。

1.8.3.1　填写样地相关因子

样地调查填写的相关因子主要包括总体名称、地形图图幅号、地理坐标、样地所在地的小地名、样地间距（2 km×1 km）、样地号等。其中，样地号在外业调查过程中，先编流水号；待外业调查结束后，再由各县（市、区）按照自西向东，自北向南的顺序从1开始编号。凡是按照样地间距抽查到的公里网交叉点，不管其是否需要开展四旁树样地调查，均要对该样地先编流水号。外业结束后，再编正式号。

凡是属于调查的四旁树样地，都要认真地填写样地说明。主要填写三个方面的内容：

（1）样地内是否有四旁树，若样地落在片林、带状林小班内，则要注明该样地已落在片林、带状林内。

（2）详细记载样桩所埋的位置。

（3）对样地内的树种进行描述。

立木类型分为大四旁、小四旁和城镇三类；权属是指林木权属，包括国有、集体、个人和其他；立木类型、权属不同时，要分页进行填写。

1.8.3.2　样地调查与记录

（1）按权属、树种（组）以及大四旁、小四旁、城镇零星树木分别进行调查。

（2）凡胸径≥5.0 cm的乔木树种，分树种进行实测，填写树种名称及代码，并分径阶填写株数；胸径<5.0 cm幼树只查点株数，不分树种。

（3）灌木经济树和其他灌木，查点株（丛）数，桑园等栽植过密或丛生的，1 m范围内折合1株（丛），分树种填写树种名称、代码及株数。灌木经济树种见表1-7，不论其是否达到检尺标准，均不做检尺记录。

表1-7　灌木经济树种统计表

果树林	苹果、桃、柑橘、猕猴桃、葡萄、黑莓、山楂等
食用原料林	油茶、花椒、胡椒、茶叶等
林化工业原料林	棕榈等
其他经济林	蚕桑、紫穗槐、杞柳等

（4）由女贞、黄杨、冬青、木槿、侧柏等树种构成的绿篱，不分树种，实测长度、宽度。

（5）四旁树株数的统计标准：包括样地内达到和未达到检尺胸径的四旁树株数之和，未达到检尺胸径的四旁树，要求针叶树树高≥0.5 m，阔叶树树高≥1 m；原生乔木一株算一株，毛竹一株算一株；萌生乔木、灌木、淡杂竹一丛算一株；胸高1.3 m以下分杈木，达检尺胸径的每一个杈算一株；1.3 m以上分杈木仅算一株。

1.8.4　总体四旁树和城镇绿化树木株数、蓄积的推算

汇总时，应先核算原始调查数据和计算结果正确无误，再将样地的调查数据推算到全总体；应分别树种组，按径级组统计总体内所有样地的四旁树、城镇树木总株数、总蓄积。径级组划分为小径级组（6～13 cm）、中径级组（14～25 cm）、大径级组（26～36 cm）、特大径级组（≥37 cm）4级。以样地实际抽样比和样地调查结果，分别求出全体大小四旁树和城镇树木的总株数、总蓄积，以及不同树种组和径级组的株数、蓄积（精确到株、m³），并计算占地面积。

（1）同一区域的四旁树样地调查与小班区划调查由同一工组的调查人员负责，做到两者不重不漏。

（2）落在片林、带状林小班内的四旁树样地，只需开展小班区划调查，并对其样地进行编号，注明该四旁树样地已落在片林或带状林内。

（3）乔木树种的径阶采用2 cm径阶距，并采用上限排外法，即胸径5.0～6.9 cm为6径阶，7.0～8.9 cm为8径阶，依次类推。确定径阶的记忆口诀是："只取整数，单数加1，双数不加"。

1.9　农田林网调查

1.9.1　农田林网的相关概念

（1）农田林网：为了改善农田小气候，保证农作物增产，在耕地上由主林带和副林带纵横交错形成的网状结构称为农田林网。

（2）主林带：对主害风起防御作用的林带，当主害风与林带垂直时其防护效果最佳，也允许主害风与林带有一定的偏离，但偏离角不得超过30°，主林带一般由4～8行乔木与灌木组成，带宽8～12 m，带间距离一般是树高的16～25倍。自然条件较好的地方，林带可较窄，带距可较大。

（3）副林带：林网中垂直于主林带的林带，起防御次要害风、增强主林带防护效果的作用，一般由2～6行乔木和灌木组成，宽4～8 m，带距300～500 m，视耕地规划和机耕要求等具体情况而定。

1.9.2 农田林网分级标准

农田四周的林带基本完整（如有缺口，不长于50 m），有一定的防护效益时，即达到农田林网标准。网格范围内的面积即为农田林网控制面积，有树木的村庄、丘陵和山地也可视为林带的组成部分。

（1）一级林网（代号Ⅰ）：林网网格单格平均控制面积在13.3 hm²（200亩）以下。

（2）二级林网（代号Ⅱ）：林网网格单格平均控制面积在13.3～20 hm²（200～300亩）之间。

（3）三级林网（代号Ⅲ）：林网网格单格平均控制面积在20.1～26.7 hm²（301～400亩）之间。

（4）高标准农田林网：林网网格单格面积在16.7 hm²（250亩）以下并达到有关绿化标准。

（5）宜建林网：网格单格面积超过26.7 hm²（400亩）或应建林网，尚无林网的地区，属宜建林网地区（代号Ⅳ）。

1.9.3 农田林网调查内容

（1）调查内容：调查农田中已建成的一、二、三级林网面积，林网树木的蓄积由带状林调查或四旁树调查得到。

（2）调查方法：由乡镇熟悉情况的同志协助，在地形图上用铅笔勾绘出林带，经实地校核后用绿色标出。单行的完整林带用"→"表示，二行和二行以上的完整林带用实线表示，缺株断垅林带用虚线表示。

（3）林网控制面积的求算：林带线画好后，在图上按林网分级标准，划分林网控制网格，连片的同级面积划分为一个小班。

（4）林网小班编号及注记：以乡为单位，按自北向南、由西向东的顺序，在图上给林网小班编号，并求算面积，最后在图上加注相应的小班注记：

$$\frac{\text{林网小班号 林网级别}}{\text{林网控制面积(单位为hm}^2\text{，但不填)}}，如 \frac{1\,\text{Ⅰ}}{10}\,等。$$

1.9.4 调查卡片的填写

（1）调查单位：以乡（镇、场）为单位，面积保留一位小数。第一行为县（市、区）合计数，以下为分计数。

（2）耕地面积：不应少于统计局的数据。

1.10　古树名木调查

古树指树龄在100年以上的树木；名木指当地或国家保护的珍稀树种或从外地引入的名贵树种，也指在历史上或社会上有重大影响的中外历代名人、领袖人物所植，或者具有极其重要的历史文化价值、纪念意义的树木。古树名木的分级及标准：古树分为国家一、二、三级，国家一级古树树龄500年以上，国家二级古树树龄300～499年，国家三级古树树龄100～299年。国家级名木不受年龄限制，不分级。

（1）市、县（市、区）名称调查号和2003年市绿委办调查编号一致，新增接原编号顺延。

（2）位置：逐项填写该树的具体位置，小地名要准确，是单位内的可填单位名称及部位。

（3）GPS坐标：导航误差≤10 m，且数据基本稳定，变化不大时，记录纵坐标（"3"开头），横坐标（"0"开头，记录时在"0"前加"4"）。

（4）地形地貌：地貌为"平原"；部位（坡位）分坡顶，上、中、下部，平地，堤坎等；坡向分东、西、南、北、东南、东北、西南、西北、平地不填；坡度应实测。

（5）海拔：记录GPS卫星界面下的"高度"栏数据。

（6）树种：无把握识别的树种，要采集叶、花、果或小枝作为标本，供专家鉴定。

（7）树龄：分三种情况，凡是有文献、史料及传说有据的可视作"真实年龄"；有传说无据可依的可视作"传说年龄"；"估测年龄"估测前要认真走访，并根据各地制定的参照数据类推估计。

（8）树高：用测高器或米尺实测，记至整数。

（9）胸径：乔木量测胸围，灌木、藤本量测地围，记至整数。古树"8、9"测量要与小班调查区别开来。

（10）冠幅：分"东西"和"南北"两个方向量测，以树冠垂直投影确定冠幅宽度，计算平均数，记至整数。

（11）生长状况：分为五级，即枝繁叶茂，生长正常为"旺盛"；无自然枯损、枯梢，但生长渐趋停滞状为"一般"；自然枯梢，树体残缺、腐损，长势低下为"较差"；主梢及整体大部枯死、空干、根腐，少量活枝为"濒死"；已死亡为"死亡"。

（12）管护情况：根据调查情况，如实填写具体负责管护古树名木的单位或个人。无单位或个人管护的需要说明。

（13）树木特殊状况描述：包括奇特、怪异性状描述，如树体连生、基部分权、雷击断梢、根干腐等。如有严重病虫害，简要描述种类及发病状况。

（14）人文历史价值。

（15）有关传说、趣闻、轶事：简明记载群众中、历史上流传的有关该树各种神奇故事，以及与其有关的名人轶事和奇特怪异性状的传说，记在该树卡片的背页，字数300字以内。

（16）相关照片、资料粘贴。

（17）填写调查者姓名，调查时间。

第2章　森林生态站观测设计

森林生态站是通过在典型森林植被区建立长期连续观测点与样地，对森林生态系统的组成、结构、生物生产力、养分循环、水循环和能量利用等在自然情况下或某些人为活动干扰下的动态变化格局与过程进行长期连续定位观测，阐明生态系统发生、发展等演替过程的内在机制和自身的动态平衡及参与生物地球化学循环过程等的长期连续观测站点，它的设计是监测人类活动对森林生态系统的冲击和调控，为森林资源保护与合理利用、社会经济发展及环境建设提供理论基础，为国家可持续发展的宏观决策提供科学依据，引导人们有依据、更科学地在改善生态环境等方面发挥重要作用。

2.1　设计森林生态站的目的与意义

森林生态系统是森林群落与其环境功能的作用下形成一定结构、功能和自调控的自然综合体，它是以乔木为主体的生物群落（包括植物、动物和热带雨林生态系统微生物）及其非生物环境（光、热、水、气、土壤等）综合组成的生态系统。森林生态站设计的目的是为了更好地了解现有的植物资源、土地资源、大气资源和生物资源并对其正确的评估。此次森林生态站设计主要包括森林生态的水文、大气、生物、土壤资源和森林气象等一些监测内容的设计。它的意义在于将各要素之间能对森林系统产生的一些影响因素，运用有效的方法提高森林生态系统的生态效益并能为以后的森林生态研究提供更好的理论基础。

2.2　森林生态站观测设计的依据

（1）主要的设计依据有《森林生态系统定位观测指标体系》（LY/T 1606—2003），《森林生态系统定位研究站建设技术要求》（LY/T1626—2005），《森林生态站数字化建设技术规范》（LY/T 1873—2010），《森林生态系统长期定位观测方法》（LY/T 1952—2011），《水文基础设施建设及技术装备标准》（SL415—2007），《地面气象观测规范》和《国家林业局陆地生态系统定位研究网络中长期发展规划（2008—2020 年）》等。

（2）森林生态站设计的设施应该按照统一规划、科学布局的原则，同时应充分考虑气候和区域等方面的差异性，突出区域特色。

（3）森林生态站设计设施的布设数量应根据森林生态区域内代表性的地带性森林植被类型的多少和实际观测需求，以及地形、地貌、坡度、坡向、岩性、土壤等确定。

2.3　森林生态站设计的指导思想

森林生态站的建设以实现野外观测和科学研究为一体的长期基地及可持续发展为宗旨，以生态学、生态系统学及生物环境学理论为指导，以充分发挥森林的生态效益和社会效益为目标，以森林群落组成、结构、能量循环、水分循环、养分循环及环境效益为观测建设基础，遵循自然规律，依靠科学的设施、先进的观测和分析仪器，观测分析与研究并重且持续推进，实现数据资源共享、大尺度服务效应，逐步建成完备的森林生态系统定位研究站标准系列。

2.4　森林生态站观测设计的内容

森林生态站观测设计的内容主要包括：森林气象观测、水文观测、土壤观测、生物观测、森林健康与可持续发展观测、水土资源的保持观测和数据处理配套等方面。

2.4.1　森林气象观测站的设计

2.4.1.1　森林气象观测的要求

森林气象观测站应避免地形影响，设在能反映该区大范围气象要素特点的地方；观测站避免设在陡坡、洼地或临近有公路、工矿、烟囱、高大建筑物的地方，四周必须空旷平坦；观测站应设在最多风向的上风方向，边缘与四周孤立障碍物的距离大于该障碍物高度的3倍以上；距成排障碍物距离应大于其高度的10倍以上；距较大水体的最高水位线距离应大于100 m。观测站四周10 m范围内不能种植高秆植物。

2.4.1.2　森林气象观测场地设计

观测场地规格为25 m、25 m或16 m（东西向）、20 m（南北向），高山和海岛不受此限制，场地应平整，有均匀草层（草高<20 cm）。草层的养护，不能对观测记录造成影响。场地内不准种植作物。为保持观测场地的自然状态，场地内铺设0.4 m宽的小路，人员只准在小路上行走。有积雪时，除小路上的积雪可

以清除外，应保护场地积雪的自然状态。根据场地内仪器布设位置和线缆铺设需要，在小路下修建电缆沟（管）。电缆沟（管）应做到防水、防鼠，并便于维护；同时，根据气象行业规定的防雷技术标准要求，观测场地的防雷属于第三类防雷建筑物，应采用第三类防雷措施。

2.4.2　森林水文观测站的设计

森林水文观测站观测的指标有林内降水量，林内降水强度，穿透雨、树干径流量，地表径流量，地下水位，枯枝落叶层含水量和森林蒸发量。为获取森林水文要素的研究数据，首要的因素是集水区和水量平衡场，此试验的方法有采用水量平衡场法和流域试验法。

集水区主要是在典型森林类型上选择具有代表性的一个自然闭合区，集水区与周围没有水平的水分交换，即自然分水线清楚、底层为不透水层、地质条件一致、生物群落与周边更大范围的生物群落相一致，面积为1~200 hm²的自然闭合区。生态系统的全部水分将经集水区出口处基岩上所修筑的量水堰流出。

水量平衡场选取具有典型性的地段设计水量平衡场，其规格型号为10 m×20 m，其主要用途是"四水"平衡规律观测。选择一个有代表性的封闭小区，与周围没有水平的水分交换，建筑在土壤层下面具有黏土或重壤土构成的不透水层的地方。水量平衡场的地上部分形状、结构、尺寸与坡面径流场相类似，四周用混凝土筑隔水墙直插入不透水层、地面上高出25 cm；地表水和地下水的集水槽（集水桶）分开装置。常设有水文站观测地下水位的变化（井深2.5 m，矩形井筒内径25 cm×25 cm，井筒外筑反滤层，上口加盖）。

2.4.2.1　森林生态系统蒸散量观测设计

（1）观测内容

采用液流计测量单木树干液流，蒸渗系统测量林分蒸散量，大孔径闪烁仪测量单个或多个林分的蒸散量。

（2）观测场的设计

单木树干液流量观测场应设在研究区域的典型林分内，地势平坦，植被分布均匀。单个林分蒸散量观测场土壤、地形、地质、生物、水分和树种等条件具有广泛的代表性，要避开道路、小河、防火道、林缘，形状应为正方形或长方形，林木在200株以上。多个林分蒸散量观测场的测量路径长度要包含或覆盖单木树干液流和单个林分蒸散量观测点所在的典型林分，且路径中心位置尽量位于森林小气候观测塔附近。

2.4.2.2　森林生态系统水量空间分配格局观测

（1）观测内容

大气降水量、穿透降水量、树干径流量、枯枝落叶层持水量、地表径流量、土壤含水量和壤中流。

（2）观测的仪器设备

大气降水量（自记雨量计和激光雨滴谱仪）、穿透降水量（集水槽和自记雨量计）、树干径流量（自记雨量计和树干径流收集槽）、枯枝落叶层持水量（精密电子天平）、地表径流量（自记翻斗流量计）、土壤含水量和壤中流量（铝盒、电子天平、取土铲、烘箱、干燥器、壤中流收集槽和自记雨量计）。

（3）观测场的设计

在小流域，以典型森林植被为基本观测对象，围绕典型森林植被林冠层、枯枝落叶层和土壤层，设置降水量观测点、地表径流场、坡面水量平衡场、树干径流和穿透降水观测样地、土壤水分观测样地。

①降水量的观测

均匀铺设雨量观测点，观测点数按集水区面积大小配置，对水质要进行分析的雨量观测点应远离林缘、公路或居民点。仪器选择自记雨量计（日记、月记等）和标准雨量筒测量森林降水量。仪器放置在径流场或标准地附近的空旷地上，或者用特殊设施（如森林蒸散观测铁塔）架设在林冠上方，或者选一株直径较大且干形较好的最高树木，去其顶梢。将雨量承接器水平固定在树顶上（高于周围林冠层），然后用胶管将雨水引致林地进行测定。在林中空地和林外50～100 m处空旷地分别设置激光雨滴谱仪 1 台，自动观测降水量、降水强度、降水等级、降水速度、降水粒径大小及其分布谱图。

②地表径流量观测设计

选取典型地段建设坡面径流场，主要用于研究林分产流、产沙过程。在选择时要注意保留原有的自然条件，土壤剖面结构相同，土质厚度比较均匀，坡度比较均一，土壤理化特性（机械组成、土壤密度、有机质含量）比较一致。如果坡面有比较小的起伏时，可进行人工修理。在观测场地中建立标准径流场，位置应尽量设置在坡面平整的坡地上。根据径流场规格，要求径流宽度 5 m（与等高线平行），长 20 m（水平投影），水平投影面积 100 m²，坡度 5°或 15°。径流场上部及两侧设有围埝，小区顶部设截水沟，下部设有集水槽和引水槽，引水槽末端是接水池。为了阻止径流进出小区，设置的围埝其高 25 cm，埋深 45 cm，厚度 5 cm，上缘向小区外呈 60°倾斜用混凝土板砌成，内直外斜，围埝外侧设宽为 2 m 的保护带。集水槽和引水槽的横断面采用矩形，集流槽上缘为一水平面，宽 10 cm，集流槽下沿为挡土墙。接水池设计为长 128 cm，宽 128 cm，高 1 m，厚为 14 cm 的正方形池。

③测流堰的设计

选择在森林类型上具有代表性的一个自然闭合的封闭区，集水区与周围没有水平的水分交换，即自然分水线清楚、底层为不透水层、地质条件一致、生物群落与周边更大范围的生物群落相一致，面积为 1～200 hm² 的自然闭合小区设计测流堰，它的用途是研究流域产流、产沙过程。生态系统的全部水分将经集水区出口处基岩上所修筑的测流堰流出。测流堰建筑标准：三角形、矩形、梯形等。若设计采用梯形测流堰，相对于别的堰，精度要高。

④树干径流量观测装置

采用径阶标准木法，调查观测样地内所有树木的胸径，按胸径对树木进行分级（一般 2～4 cm 为一个径级），从各级树木中选取 2～3 株标准木进行树干径流观测。将直径为 2.0～3.0 cm 的聚乙烯橡胶环开口向上，呈螺旋形缠绕于标准木树干下部，缠绕时与水平面呈 30°角，缠绕树干 2～3 圈，固定后，用密封胶将接缝处封严。将导管伸入量水器的进水口，并用密封胶带将导管固定于进水口，旋紧进水口的螺纹盖。收集导入量水器的树干径流，并进行人工或自动观测。

2.4.3 森林土壤观测站的设计

森林土壤观测的主要内容包括土壤含水量、土壤理化性质和土壤壤中流的观测。

2.4.3.1 土壤含水量观测

土壤含水量的观测方法很多，试验室一般采用烘干法，野外则采用时域反射仪（TDR）。土壤水分观测样地设置应根据典型森林植被所在地形和土壤物理性质空间差异来确定。对典型森林植被来说，应在林地坡顶、坡中和坡底分别设置一个观测样地，每个观测样地大小为 10 m×10 m，在每个观测样地内设置 3 个观测点，观测点位置宜沿观测样地对角线均匀分布。按 0～9 cm、10～19 cm、20～39 cm、40～59 cm、60～79 cm、80～100 cm（根据土壤最大土层厚度划分）取土壤样品，土样混合均匀放入铝盒中，带回室内测定含水量。取干燥铝盒称重后，加土约 5 g 于铝盒中称重。将铝盒放入烘箱，在 105℃±5℃烘干至恒重后取出，放入干燥器内，冷却 20 分钟可称重；然后进行数据处理，最后分析数据。

2.4.3.2　土壤理化性质观测

在选择样地前，了解试验地区的基本概况，包括地形、水文、森林类型、林业生产情况等，并制定采样区位信息表。样地选择应具有完善的保护制度，可以保障长期研究而不被人为干扰或破坏；具有典型优势种组成的区域；具有代表性的森林生态系统，并应包含森林变异性；宽阔的地带，不宜跨越道路、沟谷和山脊等。根据森林面积的大小、地形、土壤水分、肥力等特征，在林内坡面上部、中部、下部与等高线平行各设置一条样线，在样线上选择具有代表性的地段，设置0.1～1 hm²样地。同时分别设置3～5个10 m×10 m乔木调查样方、2 m×2 m灌木调查样方和1 m×1 m草本调查小样方。

根据相关标准测量土壤的以下性质：

（1）土壤物理性质：土壤层次、厚度、颜色、湿度、结构、机械组成、质地、密度、含水量、总孔隙度、毛管孔隙度、非毛管孔隙度等。

（2）土壤化学性质：土壤pH值、阳离子交换量、交换性钙和镁（盐碱土）、交换性钾和钠、交换性酸量（酸性土）、交换性盐基总量、碳酸盐量（盐碱土）、有机质、水溶性盐分总量、全氮、碱解氮、亚硝态氮、全磷、有效磷、全钾、速效钾、缓效钾、全镁、有效态镁、全钙、有效钙、全硫、有效硫等。

2.4.3.3　土壤壤中流观测

有坡面水量平衡场壤中流观测设备的，从地表径流集水槽下端混凝土浇筑的挡墙留有的水孔，用导管将地下径流引入量水器，进行观测。

2.4.4　森林生物观测

2.4.4.1　森林群落观测

选择具有代表性的植被类型且受人为干扰较少、交通又相对方便的地方设置。设置比例为1个/500 hm²森林面积；每块面积为0.1～1.0 hm²，采用罗盘仪（DQL-3）、测绳或皮尺设置标准样地为正方形或长方形。按照不同森林群落类型的最小取样面积（表现面积）确定固定样地大小（一般为0.1～20 hm²），每种森林类型设置1～3个，四角埋设条石或PC管标记、周边绳圈。用eTrexvista GPS确定样地及被测林木地理位置、海拔高度；破坏性调查不能在该固定样地内进行；所有的野外试验设施应处于样地外。该设计所采用的是5点法，在标准地或固定样地内采用罗盘仪（DQL-3）、测绳和钢卷尺设置10 m×10 m、2 m×2 m、1 m×1 m面积的各类样方，分别用于乔木层、下木层、草本层调查。

2.4.4.2　森林生产力观测

森林乔木层生物量用阶级标准木法测定其生物量。灌木层和草本层的调查方法采用收获法。灌木样方为 2 m×2 m、草本样方为 1 m×1 m。

2.4.4.3 生物多样性观测

生物多样性的指标主要包括动植物种类、数量和生物多样性指数等。根据生物种类的大小设置不同的样方。对于小的昆虫类生物，设置大小为 1 m×1 m 的样方 30 个；每个样方放置无底木框，调查记录框中所有昆虫的种类。设置一定长度的样线，样线长度与调查区域的面积和生境复杂性成正比。大的兽类，沿森林生态梯度设置若干条 5000 m 长样线，沿样线进行调查，行进速度控制在 3 km·h^{-1}左右，用自动步行计数器确定观测点位置。借助望远镜、罗盘进行动物或痕迹观察和定位。植物种类的调查要设置样线，沿样线进行调查，记录样线两边 10 m 内的植物种类。植物数量调查需要设置样方，记录样方内各种植物的数量。森林植物化学分析指标和分析参照森林生态系统定位研究观测指标标准及试验室分析标准执行。

2.4.5 森林健康与可持续发展观测

生物和非生物是影响森林健康的主要因素，一般包括病虫害、环境污染、营林活动、林产品收获等，现设计主要观测的是病虫害和土壤的微生物，它们的观测如下：

（1）森林病虫害发生与危害指标观测：在整个站区内设置样方，记载样方的面积。在每个样方内，记录胸径大于 2 cm 乔木的株数和其中被虫害侵染的株数。在被害木中随机取 3～5 株，记录各株上的害虫数，虫害株数除以总株数即为受虫害植物百分率。

（2）土壤微生物（真菌、细菌、放线菌）观测：采样深度和用具与一般土壤采集相同，但凡与样品接触的用品均需事先进行灭菌，常用的灭菌方法有干热灭菌、紫外线灭菌和 70% 的酒精消毒等。对不同样点相同处理的样品混合应在灭菌纸上进行。土样一般经 2 mm 筛孔过筛后，装于塑料袋中，样品应及时进行测定；否则，需将样品置于 4 ℃冰箱保存。样品采回后经混合，称取 10 g，测定烘干样质量水分换算系数（K）。

2.4.6 水土资源的保持观测

2.4.6.1 林地土壤侵蚀强度观测

设置林地观测样地 300 m×900 m，在样地内分成 30 m×30 m 样方，在各样方 4 个顶点的地面上打一个 PVC 管标记，每年测定计量各 PVC 管的土壤侵蚀深度，然后在站区图上勾绘出侵蚀的面积。计算出样地各 PVC 管处土壤侵蚀深度的算术平均值和土壤侵蚀模数。

$$M = \frac{D \times S \times U}{A}$$

式中：

　　M 为土壤侵蚀模数（t/km²）；

　　D 为平均侵蚀深度（m）；

　　S 为被测区面积（m²）；

　　U 为干土容重（t/m³）；

　　A 为站区面积（km²）。

2.4.6.2　不同侵蚀强度的林地土壤侵蚀模数观测

不同森林类型的对比集水区测流堰上方设置沉沙池，每次降水产流时采集水样测定泥沙含量，同时按粒径测量沉沙池沙量，根据集水面积计算不同侵蚀强度土壤侵蚀模数，不同森林植被的径流场设置沉沙池，测定泥沙量和径流含沙量，结合径流场的面积计算不同侵蚀强度的林地面积和百分率。

2.4.7　数据处理配套设计

配套设施主要包括用于野外数据采集的手提电脑、数据线、移动硬盘、GSM 卡、野外 3S 集成系统（星源通掌上森林调查仪等）等。观测仪器距试验基地远且交通不便利时，台站可配备野外数据采集用车。配备数据采集、传输、接收、贮存、分析处理以及数据共享所需的软硬件，如电脑、服务器、打印机、刻录机等；可视化森林生态软件包（Systat）等数据库处理软件；网络相关设施等。

2.5　总结

森林生态系统中动植物资源丰富，通过建立森林生态站来加强对保护区内生态环境因子、生物多样性、生物生存环境的监测，及时采集数据分析变化情况，并对维护生态平衡，保护生态环境，保护生物多样性基因库，实现自然保护区社会经济的可持续发展和生态环境的良性循环起到积极作用，为其他地区的生态保护积累经验。通过建立生态观测站，不仅可以促进物种基因交流，达到有效保护自然保护区的生物多样性的目的，还可以优化生态环境保护，造福子孙万代。

第3章　ArcGIS 在野外调查中的应用

随着我国计算机技术的迅速发展，地理信息系统技术得到了广泛的关注，为我国林业建设起到了很好的推动作用，其中在林业建设生产中，林业地图是个非常重要的工具，与一般地图相比，林业地图具有非常大的优势，可以反映森林资源状况等诸多要素，尤其是最近几年，林业工程建设对制图工作提出了更加严格的要求，传统的制图软件不能对收集到的数据进行有效处理，制图的准确性也不高，给实际工作带来了很多麻烦。而 ArcGIS 软件运用于林业工作制图中，可以有效避免以上弊端，不仅可以实现动态管理，还在地图符号的制作、数据库创建和数据分析等方面有着独特的优势，可对林地使用状况、植被分布特征、社会经济等数据进行综合分析，可视化效果十分明显，提高了地图编制的效率，实现了快速制图，这种嵌入式的地理空间集成平台，较好地满足了林业资源管理信息化的要求，是实现林业建设信息化的一种行之有效的方法。

3.1　ArcGIS 软件简介

ArcGIS 系统软件体系结构的特点，主要表现在 4 个方面：

（1）开放性。开放性是指 ArcGIS 软件是基于 c/s 结构，有利于实现数据之间的分层次共享。

（2）安全性。安全性是森林资源信息管理系统软件的重中之重，可以确保数据的安全。

（3）集成性。ArcGIS 系统软件体系可以利用 RDBMS 实现连续的、无缝的、海量的地理数据存储。

（4）易维护性。不仅可以节省森林资源信息管理系统软件的开发成本，还可以确保森林资源信息管理系统软件的正常运行。

ArcGIS 系统软件体系结构的主要功能为以下 6 个方面：

（1）文件管理。ArcGIS 软件可以读取多种格式的文件，包括 mxd、shp、lyr 等，还可以进行数据的删除、添加等操作，最终导出图片。

（2）地图工具。ArcGIS软件可以对特定的数据进行放大、缩小和移位等操作。

（3）专题查询。ArcGIS软件可以利用量测工具对指定区域的面积进行测量。

（4）专题分析。ArcGIS软件可以根据天气属性来判断发生火险的概率，从而进行火险预警分析。

（5）林业专题制图。ArcGIS软件可以在制图模板配置中设置图层名称、字段名称、图层顺序以及是否进行标注等操作。

（6）页面视图。调整制图比例，进行出图打印。

3.2 ArcGIS软件简要操作

3.2.1 地形图扫描

将扫描仪与电脑连接，并正确安装扫描仪的驱动程序，然后将纸质地形图放在扫描仪上进行扫描，注意为了减少误差，地形图应平展，不要有褶皱。尽量使用大幅面扫描仪，将扫描后的地形图保存为jpeg格式或者tif格式，最好保存为tif格式，如果扫描仪只能扫描成jpeg格式，就用photoshop软件将地形图转为tif格式。

3.2.2 地形图配准

地形图扫描后没有坐标信息，无法进入地理信息系统软件中进行处理，对地形图进行校正，并将坐标信息加入到图中，此步骤称为地形图配准。配准的方法如下：

（1）打开Arcmap软件，选择新建一个新的空白文档，点击确定。

（2）在内容列表中的"图层"上用鼠标右击，执行"属性"命令，在数据框属性对话框中的"坐标系统"选项卡中选择位于"Predefined（预定义）—Projected Coordinate System"（投影坐标系统）—Gauss Kruger（高斯-克吕格系统）—BeiJing 1954（北京1954）下的"BeiJing 1954 GK Zone 17N坐标"。

（3）点击标准工具栏上的 ✛ "添加数据"按钮，选择已扫描地形图文件，如果提示建立图像金字塔的话，选"是"，稍等片刻，系统提示图层无空间参考信息，无法被投影，点击确定。

（4）在工具栏上用鼠标右击，选择打开"栅格配准"工具栏，或者点击菜单—视图—工具栏—栅格配准，栅格配准工具将显示在工具栏内。在栅格配准工具栏上的"图层："后的下拉列表框中选择你要配准的图层，如果只有一个图层的话，系统会自动选择。

（5）点击栅格工具栏上的"﹢"按钮后，在公里网交点处点击后不要放开，紧接着点击右键，输入 X、Y 数据，在"输入坐标"对话框中输入该点的 X、Y 坐标，一般在实际中，这些点要均匀分布，一张地形图至少有 4 个控制点，且最外的 4 个点一定要均匀对称。

（6）点击"▦"按钮，打开链接表对话框，查看配准总均方根误差，重复执行步骤（5），直到误差满足精度要求。

（7）点击工具栏上"栅格配准"下拉箭头–更新栅格配准，一张完整的地形图就可以使用了（在这种方法中文件还是以原来的文件名保存在原来的路径下）。

3.2.3　林业专题图制作

3.2.3.1　要素数据的建立

（1）打开 Arcmap，在 Arcmap 工具栏内点击 ArcCatalog，在 ArcCatalog 窗口中选择要建立图层的路径，点击路径后在右边的窗口中点击右键新建 shapefile，在名称里起一个名字，比如建一个名字为"小班图层"的面层，在要素类型中选择面 polygon，有 3 种基本类型，即点（point）、线（polyline）、面（polygon）。

在新建 shapefile 对话中点击编辑，打开空间参考属性对话框，再点击"选择—Projected Coordinate System"（投影坐标系统）—Gauss Kruger（高斯–克吕格系统）—BeiJing 1954（北京 1954）下的"BeiJing 1954 GK Zone 17N 坐标"定义新建图层坐标。

（2）将 ArcCatalog 关闭，用 ✚ 将已配准好的地形图加载进来，同时将刚才用 ArcCatalog 建好的"小班图层"也添加到 Arcmap 中来。

（3）打开"编辑器"工具栏，在"编辑器"下拉菜单中执行"开始编辑"命令，确认编辑器工具栏中：任务为新建要素，目标为小班图层，则可以在"小班图层"内开始画图。如果两小班同用一条边，则在画第二个小班时，任务为自动完成多边形，从已画的第一个小班内出发，到第一个小班内双击或者右键完成草图结束。要是把已画好的一个小班分成两个或者多个小班，编辑器的任务为剪切多边形要素，从小班外部出发，到小班外部结束，结束方法同上。

（4）图画好后，点编辑器—保存编辑—停止编辑。

3.2.3.2　输入属性数据

图制好后没有属性是不完整的，只有用相应的属性对图形进行说明、描述才构成完整的图。下面就属性录入方法做简要介绍。

（1）制定属性表

在左边内容列表中右击"小班图层"，在下拉列表中双击打开属性表，点击选项 options—添加字段 Add filed—打开添加字段对话框，在添加字段对话框名称（name）中输入字段名称，在字段类型 type 中选择合适的字段类型，一般文字都选择文本型 text，是数值的则要选择数值型，注意添加字段时，编辑器要在停止编辑状态。

（2）输入属性值

在 ArcGIS 中，一个图（一个多边形、一条线段、一个点）和属性表中一条记录是一一对应的关系，即属性表中的一条记录就是描述一个图形，记录的是图形的详细信息。输入属性的方法有两种：一种方法是打开属性表，一条一条记录输入；另一种方法是直接在图形中点右键—属性—打开图形属性对话框，在图形属性对话框中一一输入图形的属性。

（3）面积求算

小班面积求算有两种方法：

第一种方法：打开属性表，找到要计算面积的字段—点右键—字段计算 filed Calculator—打开字段计算器对话框，在 ☑高级(A) 打钩，在文本框上部输入以下代码：

DIM　A　AS　IAREA

SET　A =［SHAPE］

在文本框下部输入：

A.AREA*0.0015

点击保存，确定后计算出面积，该公式计算的面积以亩为单位，可以根据需要改变公式。

第二种方法：在属性表的"面积"字段上右击，选择"计算几何图形（calculate geometry）"进行计算，这种方法可以根据需要选择单位进行计算。

3.2.3.3　图形版面设置

（1）页面设置

输出前必须对输出页面进行设置。定义纸张大小、打印机等相关设置后才能输出完整的图。方法：点击"文件—页面和打印设置"菜单命令进行设置。

（2）版面设计

版面设计就是将要输出的要素按需要的位置放在版面视图上，数据框是版面的主体。在版面视图中可以调整数据框的大小和位置、改变数据框中图层的显示比例、设置边框等。数据框设置好后就要在"插入"菜单里插入标题、图例、指北针、比例尺及比例尺文本等，至此一张完整的林业图形已经做好。

（3）打印输出

将已经设计好的版面输出到打印机，该功能位于"文件—打印"菜单命令中。

3.3　ArcGIS软件在森林资源专题图中的应用

ArcGIS作为林业工作中应用最广泛的工具，可以通过模拟和分析，为各级森林资源管理部门和各级专家提供技术支持，实现了过去根本无法完成并且工作中又必须实现的功能，并且很多传统的问题和任务通过ArcGIS技术可以非常容易解决和完成。

3.3.1　在森林资源规划调查和管理中的应用

在森林资源规划调查和管理中不仅可以利用ArcMap矢量化处理功能，完善森林资源档案数据库，还可以利用ArcMap的制图功能，制作森林资源分布图。利用ArcGIS软件建立3D模型，从而得到三维的森林资源分布图，通过对比前后期森林资源的分布图，可以对森林资源进行动态监测，实时观察林业土地的变化和生态变化，从而做出各种规划措施，达到森林防火、保护林地的目的；同时，还可以利用物联网技术，不仅可以监督护林员的工作情况，还可以实时了解巡逻地段周围的情况，有效地提高护林员的工作效率。

3.3.2　在森林资源防火中的应用

ArcGIS技术在森林防火中的应用已经十分广泛，可以通过卫星监测与地面控制系统进行实时监控，分析大火发生的地点和大火的强度，从而帮助林业管理者有效地管理森林资源，并帮助地面消防人员对失火点进行及时的排险扑救。更重要的是，ArcGIS可以建立3D模型和地图，帮助进行大火预测，帮助基层林业部门建立火灾推演系统，对潜在的森林火险进行分析推演，以便采取最有效、最经济的预防措施，做到防患于未然。

3.3.3　在森林资源生态系统中的应用

ArcGIS可以对人口和生态等数据进行叠加分析，通过分析可以保护生态系统，保持可持续发展，下面主要针对野生动植物保护进行研究，如果在森林资源档案数据库中添加一个野生动植物资源信息要素类，就可以对野生动植物进行监测，观察野生动物的活动范围和线路，分析野生植物的分布范围，从而指导各类工程项目建设规避重点野生动植物分布和活动范围，有效保护野生动植物。通过以上分析，ArcGIS软件通过评估各种因素，建立分析模型，综合分析，从而使人类和生态系统和谐发展。

3.3.4　在森林资源调查结果中的应用

ArcGIS软件可以进行图的拼接和检查，使用起来更加合理和方便，并且可以利用软件在图中进行标注，如悬崖、土堆、峭壁等，还可以标注地面坡度变化和山脊线与山谷线的走向。除此之外，ArcGIS软件是以基本图为底图进行绘制的，用颜色的深浅来表示不同龄组的林分，例如常年河流、湖泊和水库是用深蓝色进行标注的，季节性河流是用浅蓝色表示的。ArcGIS软件绘制的图是进行森林资源管理和林业生产经营活动中必不可少的重要基础材料，并且森林苗圃所占面积、居民点周围的绿化林带、沿河道的防护林带等也可以在图上标注，如果面积较小就可以用图例符号表示，并且不同的符号表示的内容也不同，底部为直角的符号表示路标，几种图形组合的符号表示气象站，下方没有底线的符号表示山洞，线性符号则表示道路或者河流。

随着我国科学技术的不断进步，"数字化问题"已经成为当今研究的热点，"数字中国"建设不断加快，促使我国林业建设逐步向数字化发展，"数字林业"由此诞生，我国的数字林业系统能对全国的森林资源和与之相对应的生态环境变化进行适时监测，及时、准确地获取各种数字化信息，其中ArcGIS软件是"数字林业"发展的重中之重，ArcGIS软件使建立的林业资源信息管理系统能够更好地管理林业资源，具有工作效率高、节省时间等众多优势，相信在林业资源管理中运用ArcGIS软件，能为林业建设及时提供科学依据，进而促进林业的可持续发展。

第二篇 林区资源调查实习

第 4 章　调查技术路线

调查技术路线是以"3S"技术为平台，采用掌上森林资源调查仪（PDA），将传统调查方法与先进实用技术有机结合，全面提升森林资源规划设计调查的技术水平和科技含量，提高调查质量和成果的准确性，为建立森林资源信息管理系统奠定基础。小班划分室内采用卫星影像判读区划，现地采用PDA验证的方法。有林地、疏林地小班采用实测与目测相结合的方法调查各项因子，生长有四旁树的小班采用抽样的方法进行现场调查，其余小班利用有关资料采用实测、目测或遥感判读的方法调查各项因子。

4.1 "3S" 技术应用

4.1.1　遥感（RS）技术及法国SPOT5卫星遥感数据应用

4.1.1.1　遥感技术概念及特点

遥感（RS）技术是一种利用影像进行远距离、非接触目标探测的技术和方法，由于它具有观测范围广、多波段成像、获取信息速度快、周期性重复和综合性、约束少、成本低等特点。自20世纪60年代投入使用以来，发展迅速，现已广泛应用于大范围乃至全球范围的资源调查与开发、环境变化监测和有关部门的规划决策。

遥感技术包括了遥感信息获取和遥感信息处理两大部分。林区资源调查主要使用法国SPOT5卫星10 m分辨率多光谱数据和5 m分辨率全色数据，数据直接从视宝公司采购，只涉及遥感信息处理和遥感数据的使用。

4.1.1.2　SPOT5在调查中的应用及优点

根据森林分布特点，该调查采用最新时相的法国SPOT5卫星10 m分辨率多光谱数据和5 m分辨率全色数据进行融合，作为遥感数据源。利用专业遥感影像处理软件（如GEO image），结合调查区1∶10000地形图（或地面控制点）和DEM，对遥感数据进行几何精校正、图像增强、地理信息叠加等技术处理，将处理后的遥感数据作为底图，结合已有档案、近年来各类作业设计及检查验收等有关资料，利用计算机及地理信息系统（Geographic Information System，简称GIS）软件，进行目视解译判读并划分小班。

SPOT5遥感数据源（10 m分辨率多光谱数据和5 m分辨率全色数据融合）分辨率较高，不仅使小班划分更细、更准确，而且可以根据建立的解译标志，直接对一些区域的小班进行判读解译，填写地类因子。利用SPOT5作为数据源进行林区资源调查，与过去将地形图作为底图进行林区资源调查相比，具有显著优势，不仅省时省力，而且提高了调查成果质量。

4.1.2　地理信息系统（GIS）及软件应用

4.1.2.1　地理信息系统概念及特点

地理信息系统（GIS）就是能够输入、存储、管理并处理分析地理空间数据的信息系统。从应用的角度来看，地理信息系统由硬件、软件、数据、人员和方法五部分组成。硬件和软件为地理信息系统建设提供环境，数据是GIS的重要内容。硬件主要包括计算机和网络设备，存储设备，数据输入、显示和输出的外围设备等。软件主要包括以下几类：操作系统软件、数据库管理软件、系统开发软件、GIS软件等。

4.1.2.2　地理信息系统在林区资源调查中的应用及优点

林区资源调查主要是地理信息系统软件的应用和管理系统的应用。目前，常用的GIS软件有国外公司开发的ArcGIS、ArcView GIS、Mapinfo、Germap等软件，有国内公司开发的Supermap、MapGis等软件。林区资源调查过程中主要使用ArcGIS、ArcView GIS等。通过GIS软件，可以在底图上进行各类界线和小班划分，直接对属性库进行管理。

与传统林区资源调查方法相比，利用GIS软件具有以下优点：

（1）可以很容易地在计算机上进行小班划分。

（2）对各个属性的统计和小班面积的求算更方便、准确。

（3）数据库、图形库的管理更方便。

（4）对各类专题图的制作更简单、方便。

4.1.3　全球定位系统（GPS）应用

全球定位系统（GPS）是全球性的卫星定位和导航的三维测量系统，能提供连续、实时的位置、速度和时间信息，具有观察方便、定位精度高和费用低等优点而被许多行业广泛应用。GPS在林业中主要是应用于林区测量控制网的建立，林区道路勘测设计，与航空遥感（RS）技术相结合进行森林资源清查，病虫害监测，与地理信息系统（GIS）相结合建立森林资源管理系统等方面。该调查主要是使用与PDA结合的蓝牙GPS。通过蓝牙GPS，可以实现PDA实时定位与导航，小班调查更方便、准确。

4.2　掌上森林资源调查仪（PDA）

PDA是集移动GIS、GPS和现代通信及微电脑等于一体的高新技术产品。产品由硬件和软件两部分构成，硬件部分主要为PDA掌上电脑，其产品技术已基本成熟；软件部分可根据项目需要编制。PDA能储存、显示大量的遥感图像和矢量地形图，既有PC机GIS的基本功能，又有GPS现场定位和导航功能，可广泛应用于森林资源一类清查、二类调查、荒漠化土地监测、各种林业检查及核查等林业调查领域。

4.2.1　系统组成

PDA由硬件和软件两部分组成（如图4-1所示）。

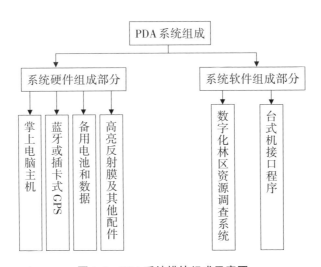

图4-1　PDA系统模块组成示意图

4.2.2　PDA的主要功能特点

PDA具有图形、图像显示，动态导航、定位功能，野外测点、配准功能，实地面积量测，资源调查，地物勾绘，图上距离和面积量算功能。

4.2.2.1　图形、图像显示

PDA能显示各种空间分辨率的遥感图像、扫描地形图或传统矢量地图，在256 M的存储卡上可存储、快速显示3G的遥感图像或扫描地形图；能处理已配

准的图像或未配准的图像。配准图像可采用ERDAS、ENVI或MapInfo等软件配准，配准坐标可以是大地坐标，也可以是平面坐标；可同时加载多幅已配准的扫描地形图或遥感图像，包括自动接边、缩略图智能生成等。

4.2.2.2 动态导航、定位功能

PDA可借助蓝牙或插卡式GPS接收机，直接接收GPS卫星信号，确定用户当前位置，并在配准后的遥感图像或扫描地形图上显示出来；以当前GPS确定的用户位置作为起点，可以通过多种方式选择目标点，如样地位置、村庄或乡镇位置等，对用户进行动态导航；可以使用电子罗盘动态导航定位，也可以使用图形、图像模式进行动态导航定位；可以非常方便地应用于林区资源调查的林班、小班勾绘等。

4.2.2.3 野外测点、配准功能

PDA可在野外测点、配准图像，测点、配准可交互式进行；可提供图像几何配准精度信息，以便用户了解当前地图几何位置精度状况。

4.2.2.4 实地面积测量

在接收GPS卫星信号后，可以实地测量地类、林班、小班面积。当林班、小班面积在0.0667 hm² 以上时，实地面积测量误差在1%～5%的范围。面积测量能处理以下几种情况：

（1）面积测量采用GIS图层的概念进行管理，可以实时显示所测地块的边界。

（2）当地块很大时，能多人或同一人进行分段测量，对所测分段能智能组合成一个闭合图形。

（3）能有效处理诸如断电、跨越障碍物等情况。

（4）GPS实测和手工勾绘可组合进行。

（5）能智能探测GPS定位粗差，并对所测地块边界进行插值拟合，能有效提高面积测量精度及GIS制图的美观效果。

（6）地块属性库方便定制及填写。

4.2.2.5 资源调查

PDA可在遥感图像或扫描地形图上连续勾绘或编辑林班、小班边界，并通过内嵌数据库填写相应的属性信息。小班边界也可以在室内GIS软件平台上勾绘后导入并显示在PDA上，在野外进行检查、修改和编辑，以便加快外业调查速度。勾绘的林班、小班边界，可通过台式机接口程序自动生成ArcGIS、MapInfo等常用GIS软件数据格式；小班边界也可通过GPS实测的方式进行区划。

4.2.2.6 地物勾绘

遥感图像或扫描地形上可以勾绘线状地物和点状地物，也可以以线状地物为基础勾绘小班，勾绘的线状地物可自动捕获为小班边界。

4.2.2.7 图上距离和面积量算

在已经配准的遥感图像或扫描地形图上计算任意地块和线段的面积和距离。

4.2.3 调查中使用PDA的优点

PDA的使用改变了传统的手工记录方法，在工作效率和调查质量等方面优势显著，实现了资源调查无纸化工作，并为实现森林资源、林区资源调查工作全程信息化奠定了基础。

4.2.3.1 数据采集方便准确

改变了林业调查野外采集数据传统的手工记录方法，实现了无纸化采集数据。数据采集的快捷输入和选项输入、数字小键盘、自动计算、复制重复等功能，使调查数据随时录入，随时存储，自动备份，将数据备份到CF卡或SD卡中具有恢复功能，实现了数据采集方便准确，做到了数据存储安全可靠。

4.2.3.2 提高工作效率

传统的调查方法，外业需要手工将大量的数据记录到卡片，内业需要将各项因子输入到计算机，不但费时、费力，而且容易出现差错。PDA应用于林业野外调查与数据采集工作，其具有便携、移动性、实时通信、集成与定位等特点，而且利用PDA调查，数据已存储在存储卡中，可直接连接计算机方便传输，内业不需要做大量的录入、复制工作，且调查系统设计了因子之间的逻辑关系，可避免输入时可能产生的错误，减少逻辑检查所用时间。因此，PDA的使用真正提高了工作效率，实现了数据及时汇总、及时分析。

4.2.3.3 提高调查质量

在PDA中大量数据制定为选择项目输入方式，只能在规定的范围内选择输入，因此更加准确、快捷，并有效杜绝了外业调查过程中的缺漏项和因子间的逻辑错误，提高了调查质量。同时，利用传统的采集数据方法，采集数据过程中对需要计算的调查因子也只能靠经验给出，如优势树种（组）和平均直径，利用PDA采集数据，外业能及时查看结果，提高了对其他相关因子，如平均树高、优势树种（组）的调查精度。通过现地的逻辑检查可及时发现问题，解决问题，进一步保证了调查质量。自动采集和记录GPS坐标的方式使得通过查看采点方式便可看出调查者是否到现地采集数据，大大提高了调查者的责任心。有效杜绝粗制滥做、弄虚作假现象的发生，保证了调查成果的客观性。

4.3 统计汇总软件

数据处理一直是林区资源调查中非常重要而复杂的工作。当"3S"技术结合PDA等高新技术应用于数据采集和数据管理过程中，其生成的森林资源数据更加复杂，数据量更大，在结构、内容、存储方式等方面都与过去有很大区别。

省级林区资源调查统计软件是针对林区资源调查工作需要，将软件技术、数据库技术应用于PDA调查小班数据的后期处理，以完成林区资源调查数据查询、数据逻辑检查、数据转换、数据统计汇总为目标而编制的。该软件以Visual Foxpro 9.0（sp2）软件为主要开发平台，结合VBA（Visual Basic for Application）语言，界面友好，设计较合理，可操作性强，减轻了技术人员的工作量，实现了对调查数据信息进行快速动态的可视化处理，有效地提高了林区资源调查数据处理的精度和效率。

4.3.1 软件结构

森林资源规划设计调查统计软件模块构成如图4-2所示。

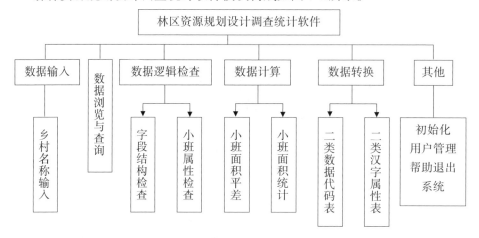

图4-2 森林资源规划设计调查统计软件模块构成图

4.3.2 各模块功能

该软件采用模块化结构设计，由总控模块和各子模块组成，总控模块直接调用各子模块，各子模块大体可分为数据输入、数据浏览与查询、数据逻辑检查、数据计算、数据转换、其他六个部分，各自具有独特的功能。

4.3.2.1 数据输入子模块

调查数据中，小班属性表各字段值均为代码，在操作过程中，通过数据计算、数据转换等提供的统计结果或其他数据，需显示各级单位的中文名称。因此，软件须提供相应功能，即数据输入子模块，输入相应调查乡（林场或管护站）、村（林班）的中文名称，其他功能模块才能以此数据进行汇总或转换，得到相应结果。

4.3.2.2　数据查询子模块

通过小班数据浏览与查询，可以方便得到调查数据表所涉及的乡（林场或保护站）、村（林班）的数目，小班的最小和最大面积，以及调查时段；也可以通过选择不同查询类别，如乡（林场或保护站）、村（林班）、土地使用权、林木使用权、地类、起源、林种、工程类别等查询出相应的小班数据及相关信息。

4.3.2.3　数据逻辑检查子模块

准确、完整的小班调查数据是进行汇总或其他计算过程的前提。例如，地类、权属、林种等存在逻辑错误，将无法完成统计过程，存在重复小班号，将无法进行平差计算。因此，通过逻辑检查程序，对所输入的调查数据各字段、调查因子以及各因子之间相关关系进行检查非常必要，以判断其是否满足规定《森林资源规划设计调查属性数据库标准》的要求。

调查数据错误类型主要有：字段名称错误、字段类型错误、字段长度错误、字段顺序错误、字段数量错误、数值丢失、数值超界、数值逻辑关系错误。

4.3.2.4　数据计算子模块

面积平差和统计有关森林资源的各种报表是一项重要的工作内容，如各类土地面积统计表、森林蓄积、面积统计表等，是编制调查报告、森林经营方案、制订各种计划的基础和依据。因此，该软件以实现小班面积平差和统计的计算过程为核心，根据需要，能准确、快速生成不同汇总级别和汇总类型的森林资源统计报表。

（1）小班面积平差

小班面积采用计算机自动求算，面积以公顷为单位，保留一位小数。根据林区资源调查数据汇总要求，需要对小班面积进行平差计算。使用该软件的面积平差功能，输入相应的平差面积，程序检测各级平差面积达到整化要求后，计算出每个小班的平差面积。

（2）小班面积统计

小班属性数据的统计与汇总是本系统重要的功能之一。运用 Visual Foxpro 和 VBA 编程功能，Excel 方便的报表定义方法以及灵活的显示、打印功能，可以实现各种形式的报表。对于通过数据逻辑检查的调查数据，可进行统计汇总。

根据需要，选择不同的数据汇总级别和汇总类型，计算出林区资源调查中12个统计报表，报表结果为Excel文件，便于打印、存储与拷贝。

4.3.2.5　数据转换子模块

林区资源调查数据的属性表各字段值均为代码，不直观。使用二类数据表代码–汉字转换功能，可将各项调查因子，如地类、权属、林种等由代码转换为相应的汉字，生成汉字属性表，而且可以将生成的汉字属性表导出为DBF格式的文件（与原代码数据表格式相同）。

4.3.2.6　其他

除各项业务模块外，搭建软件框架使用户熟悉软件的操作方法，以及便于管理用户，该软件还需具备软件初始化、用户管理、帮助、退出系统等模块，确保软件的完整性、可靠性和易用性。

第 5 章　调查方法

5.1　调查等级与精度

5.1.1　调查等级

根据《××省森林资源规划设计调查技术操作细则》要求，调查等级可定为 C 级。

5.1.2　调查精度

最小小班面积以能在基本图上反映出来为准（不小于图上面积 4 mm²）。小班调查因子允许误差：小班面积 5%、树种组成 20%、平均树高 15%、平均胸径 15%、平均年龄 20%、郁闭度 15%、每公顷断面积 15%、每公顷蓄积量 25%、每公顷株数 15%。

5.2　区划

5.2.1　区划系统

根据《××省森林资源规划设计调查技术操作细则》要求，自然保护区区划系统分为三级区划，即自然保护区管理局、保护站、林班。

5.2.2　区划原则

（1）保护局、保护站区划：保护局、保护站界限以林权证确定的界限为依据。

（2）林班区划：林班以自然区划为主，利用明显的自然界限作为林班界线，原则上与前期林区资源调查或资源档案保持一致，无特殊情况不得更改。

5.2.3　区划方法

将林权证确定的各保护站界限和前期林区资源调查时区划的林班界限转绘到 1∶5000 地形图上，并根据地形图划定的界限在 SPOT5 卫星影像图上进行区划。

5.3 小班调查

根据野外调查实习区森林资源特点、调查精度及技术方案的要求，采用实测和目测的方法进行小班调查。

5.3.1 小班划分原则

小班是林区资源调查最小划分单位，是森林资源调查、统计和经营管理的基本单位，也是建立资源档案的基本单位。小班划分应尽量以明显的地形地物界线为界，同时兼顾资源调查和经营管理需要。

在林班内，符合下列条件之一者，单独划分小班：

（1）权属不同。

（2）森林类别及林种不同。

（3）生态公益林的事权与保护等级不同。

（4）自然保护区功能区不同。

（5）林业工程类别不同。

（6）地类不同。

（7）起源不同。

（8）优势树种（组）比例相差两成以上。

（9）Ⅵ龄级以下相差一个龄级，Ⅶ龄级以上相差两个龄级。

（10）立地类型（或林型）不同。

5.3.2 小班划分方法

5.3.2.1 遥感判读数据源

采用最新时相的法国SPOT5卫星5 m分辨率全色数据和10 m分辨率多光谱数据进行融合和TM卫星遥感影像作为遥感数据源。

5.3.2.2 建立解译标志

（1）选设线路：以卫星遥感数据景幅为单元，参照林相图、森林分布图等资料，选择3~5条能覆盖区域内所有地类和主要树种（组）、色调齐全且有代表性的线路。

（2）现地调查：利用PDA等定位工具，在每条线路上选择不同地类和不同森林类型的样点，现地调查记录地类、优势树种（组）、龄组、郁闭度等因子，简要描述地面形态特征（地貌类型、地形、植被类型特征等），并拍摄地面实况照片，建立遥感影像与实地相对应的解译判读样片。

（3）建立解译判读标志：将实地调查获得的判读样片归类、整理，形成解译判读标志。

5.3.2.3　小班判读划分

在经过几何精校正的卫星影像上，根据解译判读标志，结合已有档案、近年来各类作业设计及检查验收等有关资料，利用计算机采用人机交互的方式进行目视解译判读并划分小班，对未成林地等难以判读区划的小班应到现地进行区划，然后抽取5%以上的小班到现地验证和修正界线。当小班区划正判率达到95%以上时，根据现地验证情况修正界线；小班区划正判率达到95%以上时，必须重新进行判读划分。

5.3.3　小班调查

小班调查内容分为空间位置和小班因子。

5.3.3.1　空间位置

（1）保护局：调查范围内均为"×××自然保护区管理局"。

（2）保护站：填写小班所在的保护站名称。

（3）管护站：填写小班所在的管护站名称。

（4）林班：填写区划后林班编号。

（5）地形图的图幅号：填写小班所在地形图的图幅号。

（6）卫片号：填写小班所在的卫片号。

5.3.3.2　小班因子

小班调查因子共有75项，不同的地类涉及全部或部分因子。《××省森林资源规划设计调查技术操作细则》明确规定了各项因子的调查方法，该调查严格执行细则规定。

5.3.4　调绘成图

该调查以经过几何精校正的SPOT5、TM卫星影像图为基本底图进行区划，利用计算机地理信息系统（GIS）软件绘制成林相图、森林分布图、森林分类区划图，图式按照《林业地图图式》。

5.4　总体蓄积量计算

以野外调查实习区为例对有林地、疏林地的蓄积量进行抽样控制。

5.5 面积量算

利用计算机对各级界限进行数字化处理。小班面积采用GIS自动求算。按照"层层控制，分级量算，按比例平差"的原则，根据总体面积由计算机进行平差形成小班面积。面积量算以公顷为单位，保护区、保护站面积整化到十位，林班面积整化到个位，小班面积保留一位小数。

第三篇　林区生态环境调查实习

第 6 章　标准地设置实习

6.1　标准地的选择和确定

标准地通常是在调查林分内，实测一定的局部地块，据此对全林进行推测和估算。通过典型选样的方法，选取的局部地块称为典型样地，通常称为标准地。标准地是根据人为主观判断选取的，选出的标准地期望能代表被调查林分的平均状况，应该是整个林分的缩影。

选择标准地需要对所调查林分做全面踏查，掌握林分的特点，选出具有代表性、原始性、典型性的地段设置标准地；标准地不能跨越河流、道路或伐开的调查线，且应远离林缘。坡度5°以上应改算为水平距，闭合差一般要求不超过各边总长的1/200。我们此次用固定标准地，这是为了进行多次定位调查而设置的，一般用于林分调查和其他专业调查。

6.2　标准地面积

标准地面积为 1 hm²，规格为正方形或长方形。根据调查林分的实地情况，确定标准地的形状，可以为 100 m×100 m、50 m×200 m 等，要求标准地面积保证 1 hm²（水平投影面积）。

6.3　仪器与用具

仪器与用具有标准地标志物、水泥桩、围栏用铁丝、铁钉、皮尺、测绳、钢卷尺、标牌、罗盘仪、塔尺、GPS等。

6.4　操作步骤

6.4.1　固定样地的设置

（1）选择适合于定期观测或试验目的的林分，确定标准地的形状。

（2）用罗盘仪测角，皮尺或测绳量距离，按预先确定的形状打标准地，用塑料绳围成正方形或长方形。

（3）在样地每边的 0 m、25 m、50 m、75 m、100 m 处和样地中心埋好木制标桩，标桩粗为 15 cm，露出地面 1 m，标桩上头削成尖形。水泥桩制作完成后，用它代替木制标桩，用铁丝网把整个样地围起来。

（3）标准地坡度大于 5°时，要将标准地的边长 100 m（水平投影长度）换算成坡面长度。

（4）用皮尺在标准样地内订好网格，网格为 20 m×20 m，然后以此为基准测定每株林木的坐标。

（5）以标准地左下角为原点，在乔木胸高处（1.3 m）用铁钉挂上带有树号的标牌，标牌面朝中心桩。

（6）树种更新及灌木、草本层和枯落层的样方规格和数目另行规定。

6.4.2　固定标准地的复测

（1）不同林分类型均是一年复测两次，测定时间为每年的 5 月中旬和 10 月中旬。

（2）按树号顺序测量胸径、树高、冠幅等指标，测量精度和卷尺型号要与初测时相同，树木号牌不清楚的要根据树冠投影图查出树号，换上新的同号标牌，新进界植株要接续最后一树号挂号，枯死木另测，并在号牌中去掉。

（3）按与初测时相同的调查标准，复测每个小样方的树种更新及灌木、草本的指标。

（4）检查标桩和修补界标（铁丝网）。

6.4.3　注意事项

（1）固定样地用途广泛，不仅可以对林木生长进行观测，还可以对气象等进行观测，因此人员出入比较频繁，为了避免对林地自然环境的破坏，需要在样地中用木板搭建一条离地面有一定距离的小路，供科研人员专用。

（2）固定样地的初测和复测要选好季节，以获得较全面的林分资料并尽量减少对林分的干扰。保护好标准样地周围的林木，使样地内保持较自然的林分状况。

（3）在固定标准样地内不得做破坏性试验，如伐树、取土样和凋落物等。要说服当地居民和部门配合做好对固定样地的长期保护。

第7章　植被调查实习

7.1　调查目的

通过对标准地乔木、灌木和草本的详细调查，得到林分内的乔木的种类、数量、平均胸径、林分条件平均高、平均蓄积和总蓄积、幼苗更新状况，林木的水平分布格局，灌木和草本的种类、数量、盖度和分布状况，标准地的生物多样性指数。

7.2　仪器与用具

仪器与用具有GPS定位仪（1个）、望远测树仪（2个）、罗盘仪（1个）、生长锥（1把）、胸径尺（3个）、游标卡尺（1把）、钢卷尺（3个）、皮卷尺（30 m或50 m的3个）、标杆（2个）、测绳（50 m的25捆）、记录夹（3个）、铅笔（6支）等。

7.3　调查内容与方法

标准地设定后，对样地边界点（如图7-1所示）用GPS进行定位（注：边界点注释顺序为逆时针记录），记录后，开始对标准地内的林分进行详细调查。通常包括的样地概况有坡度、坡向、坡位、海拔、林分类型、土壤类型、演替阶段等。调查主要内容包括乔木每木检尺、幼苗更新状况、灌木和草本调查。

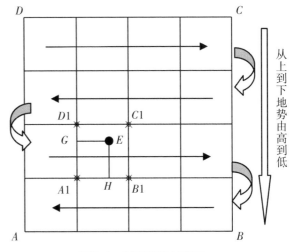

图7-1　调查路线示意图

7.3.1 乔木每木调查

在标准样地内用测绳打出小网格，并简单标定小网格的边界点（如图7-1所示）。按照S形沿等高线进行调查，并按调查顺序依次对网格小样地进行编号记录。小网格具体尺寸视样地状况而定，建议20 m×20 m；然后在小网格内对每木进行定位记录，分别测出每木（如树木E）到小网格边界的垂直距离EG、EH，分别记录为D1、D2，将量测数据结果记入表7-1，并画出每木位置示意图（注：在示意图中应对每棵树标注位置和相应的编号，并示意标注出一棵树的D1和D2）。对树种、胸径、树高、枝下高、冠幅、树种起源、优势度、损伤、干形质量和病虫害状况等进行调查并记入表7-1（对于植物名称不确定的种类，应采集标本，拴上标签，写明样地号及标本编号）；四人一组，两人测胸径和冠幅，并挂牌标记，一人测树高和枝下高，一人记录。调查步骤：

（1）胸径的量测：胸径从树高1.3 m处用胸径尺进行量测，精度要求到0.1 cm。起测值为树高高于1.5 m。

表7-1　标准样地每木检尺记录表

地　　点：　　　　　样 地 号：　　　　　林分类型：　　　　　土壤特性：

自然植被：　　　　　演替阶段：　　　　　近自然度：　　　　　日　　期：

坡　　向：　　　　　坡　　度：　　　　　海　　拔：　　　　　调查员：

样地坐标：　A. （　　　　）　　B. （　　　　）　　C. （　　　　）　　D. （　　　　）

编号	树种	距离1 /m	距离2 /m	胸径 /cm	树高 /m	枝下高 /m	冠幅 /m	树种起源	优势度	损伤	干形质量	病虫害状况

（2）冠幅的量测：对树木冠层的垂直投影面积进行东西和南北测定。

（3）树高和枝下高量测：利用望远测树仪对树木高度进行量测，枝下高可用标杆量测。

（4）优势度按以下顺序进行记录：优势木→中庸木→被压木→濒死木→枯立木。

（5）树种起源按以下顺序进行记录：植苗实生→播种实生→天然实生（由种子起源）→天然萌生（由根株上萌发）。

（6）损伤按以下顺序进行记录：无损伤→轻度损伤→中度损伤→重度损伤。

（7）林分类型：油松林、油松侧柏混交林、杂木林、油松杂木林、灌木林。

（8）干形质量按以下顺序进行记录：通直完满→多分枝→二分枝→弯曲（扭曲）。

（9）树龄量测：按径阶，选3～5株用生长锥量测；同时，测量所取样本去皮前、去皮后的总长度和近三年年轮每年的生长宽度（两边各取一值），并记录在表7-2中。

表7-2　标准样地树木生长锥测量记录表（样表）

编号	树种	树龄	样本长度		年轮近三年生长宽度		
			去皮前/cm	去皮后/cm	1 cm	2 cm	3 cm

（10）病虫害状况按以下顺序进行记录：无→轻微→中等→严重。

7.3.2　幼苗更新调查

在标准地内均匀选取25个小样方，按照顺序对小样方进行编号和分别量测记录。样方取10 m×10 m，并用测绳标出界线。调查内容有幼苗的树种、树高、株数和病虫害状况。将所量测的数据填入表7-3（对于植物名称不确定的种类，应采集标本，拴上标签，写明样地号及标本编号）。

表7-3　标准地幼苗更新调查表（样表）

地点：　　　　　　样地号：　　　　　林分类型：　　　　　土壤特性：

坡向：　　坡度：　　海拔：　　　　样方设置：　　　　　日期：

样地坐标：　　　　　　　　　　　　　　　　　　调查员：

样方号	树高≤0.3 m的更新幼苗				0.3 m<树高<1.5 m的更新幼苗			
	树种	幼苗株数	病虫害状况	树高/m	树种	幼苗株数	病虫害状况	树高/m

7.3.3　灌木调查

在标准地内均匀选取20～25个小样方进行量测，小样方5 m×5 m大小，并用测绳标出界线。调查内容有植物名称、高度、地径、生长状况和分布状况等，并将量测的数据记入表7-4（对于植物名称不确定的种类，应采集标本，拴上标签，写明样地号及标本编号）。用标杆对高度进行量测。用游标卡尺对地径进行量测。生长状况为良、中、差。分布状况为均匀、随机（散生）、群团（丛生）。

表7-4　标准地灌木、草本调查表（样表）

样地号：　　　　林分类型：　　　　灌木样方面积：　　　草本样方面积：

样地坐标：　　　　　　　调查时间：　　　　　记录员：

样方号	调查层次	植物名称	标本号	高度/cm	地径/cm	盖度/%	生长状况	分布状况

备注：（1）生长状况为良、中、差；（2）分布状况为均匀、随机（散生）、群团（丛生）。

7.3.4　草本调查

在标准地内均匀选取20～25个小样方进行量测，小样方1 m×1 m大小，用测绳标出界线。调查内容有植物名称、高度、生长状况和分布状况等，应将量测的数据填入表7-4（对于植物名称不确定的种类，应采集标本，拴上标签，写明样地号及标本编号）。用钢卷尺对地径进行量测。生长状况为良、中、差。分布状况为均匀、随机（散生）、群团（丛生）。

7.3.5　灌草生物量调查

在每一标准地内均匀设置灌木和草本植物样方各5个，灌木样方2 m×2 m，草本样方1 m×1 m，两种样方重叠。用收割法称量地上部鲜重，再挖样方地下20 cm范围内的根，冲净晾干表面水分，用1%天平称重，再将样品烘干求得含水率，并计算干重，将所测数据填入表7-5。

表7-5　标准样地灌木、草本生物量调查表（样表）

调查时间		调查时间		调查时间	
林分类型		林分类型		林分类型	
样地号		样地号		样地号	
样方号		样方号		样方号	
灌木种类		灌木种类		灌木种类	
灌木鲜重		灌木鲜重		灌木鲜重	
样袋号		样袋号		样袋号	
灌木干重		灌木干重		灌木干重	
草本种类		草本种类		草本种类	
草本鲜重		草本鲜重		草本鲜重	
样袋号		样袋号		样袋号	
草本干重		草本干重		草本干重	
根系鲜重		根系鲜重		根系鲜重	
样袋号		样袋号		样袋号	
根系干重		根系干重		根系干重	

7.4　植被调查内业处理

7.4.1　每木调查

（1）林分平均胸径（$\overline{D}$）求算

采用胸高断面积加权平均法。

①径阶组距的确定。

我国《森林专业调查办法（草案）》（1960）规定："林分平均直径大于12 cm时，以4 cm为一个径阶（阶距），6～12 cm时，以2 cm为一个径阶（阶距），林分平均直径小于6 cm时，可采用1 cm为一个径阶（阶距）。"为统一起见，在林分调查中划分径阶时，采用上限排外法，即若以2 cm为径阶，则10 cm径阶的直径范围定为9.0～10.9 cm。

②所测的数据录入Excel表格，并进行径阶整化和统计株数等。

径阶整化就是将实测的径阶（带有小数）整化为不带小数，并归于某一径阶之内。例如确定径阶组距为1 cm时，那么记载的径阶序列应该是……4、5、6、7、8……每一个径阶都代表该径阶组成的组中值，如径阶为5 cm，即代表4.5～5.4 cm之间的所有实测径阶值，若某株树实测直径是4.4 cm，那么就应该记入4 cm径阶，若实测径阶为4.6 cm，则应该记入5 cm径阶。

③平均胸径计算：

$$\overline{D} = \sqrt{\frac{4}{\pi}\,\overline{g}} = \sqrt{\frac{4}{\pi}\frac{1}{N}\sum_{i=1}^{k}g_i} = \sqrt{\frac{1}{N}\sum_{i=1}^{k}n_i d_i^2}$$

式中：

$\overline{D}$ 为林分平均胸径，如为混交林，实则是某一树种平均胸径；

k 为径阶个数；

d_i 为第 i 径阶株数；

n_i 为第 i 径阶胸径大小；

N 为标准地内某树种总株数；

$\overline{g}$ 为某树种平均胸高断面积（m²）。

当林分为混交林时，$\overline{D}$应分别对不同树种求算。

（2）林分条件平均高（$\overline{H}$）求算

将对所测得数据进行径阶整化，统计好株数的Excel表格对应各径阶，计算出平均胸径、平均高之后，以横坐标表示胸径、纵坐标表示树高，用Excel绘制散点分布图以及圆滑曲线图（如图7-2所示），然后依据林分平均直径（$\overline{D}$）在树高曲线上查找相应的树高，即为林分条件平均高（$\overline{H}$）。

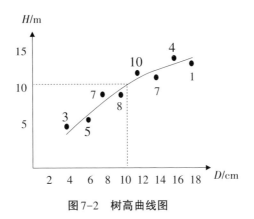

图7-2　树高曲线图

（3）蓄积量（V）求算

采用平均标准木法：

①找标准木：根据林分平均胸径和林分条件平均高，选取标准木。

②计算形数：量测标准木1/2处直径$D_{1/2}$，计算形率$q=D_{1/2}/D_{1.3}$，并由此得出形数$f_{1.3}=q^2$。

③计算林分蓄积量：

$$V=H_{标}f_{1.3}\sum G$$

式中：

　　$H_{标}$为标准木树高（m）；

　　$\sum G$为林分总断面积。

（4）林分平均年龄求算

采用断面积加权平均法：

$$\overline{A}=\frac{\sum\limits_{i=1}^{n}G_iA_i}{\sum\limits_{i=1}^{n}G_i}$$

式中：

　　$\overline{A}$为林分平均年龄；

　　n为查定年龄的林木株数（$i=1$，2，…，n）；

　　A_i为第i株林木的年龄；

G_i 为第 i 株林木的胸高断面积。

（5）郁闭度求算：

$$D=\frac{C}{S}$$

式中：

D 为郁闭度（%）；

C 为林冠投影面积（m²）；

S 为标准地的总面积（m²）。

（6）林分密度：

$$ND=\frac{N}{S}$$

式中：

ND 为样地的林木密度（株/m²）；

N 为样地的所有个体（株）；

S 为标准地的总面积（m²）。

（7）林分密度指数：

$$\mathrm{Lg}N=a_0+a_1\mathrm{Log}D$$

式中：

N 为单位面积株数（株/m²）；

D 为平均胸径（cm）；

a_0 为随树种而变化的回归系数；

a_1 为回归系数。

7.4.2 幼苗（树高小于1.5 m）更新调查

（1）幼苗密度公式：

$$P=\frac{N}{S\times n}\times10000$$

式中：

P 为幼苗的密度（株/hm²）；

N 为幼苗的总个体（株）；

S 为样方面积（m²）；

n 为样方总数。

（2）幼树更新频度公式：

$$F = \frac{Q}{n} \times 100$$

式中：

　　F 为更新频率（%）；

　　Q 为某种幼树出现样方数；

　　n 为样方总数。

7.4.3　灌木、草本调查

（1）样方中第 i 种植物的密度：

$$D_i = \frac{n_i}{S} \times 10000$$

式中：

　　D_i 为样方中第 i 种植物的株数（株/hm²）；

　　n_i 为标准样方中第 i 种植物的株数（株）；

　　S 为标准样方的面积（m²）

（2）盖度和：

$$C_{总} = \sum_{i=1}^{n} C_i$$

式中：

　　$C_{总}$ 为总盖度（%）；

　　C_i 为第 i 样方的盖度（%）。

（3）频度：

$$F_i = \frac{n_i}{k} \times 100$$

式中：

　　F_i 为第 i 种植物的频度（%）；

　　n_i 为出现第 i 种植物的样方数；

　　k 为标准样方总数。

（4）重要值：

$$IV_i = \frac{RD_i + RC_i + RF_i}{3}$$

式中：

　　IV_i 为第 i 种植物的重要值（%）；

RD_i为第i种植物的相对密度（%）；

RC_i为第i种植物的相对盖度（%）；

RF_i为第i种植物的相对频度（%）。

7.4.4 多样性指数

（1）Shannon-wiener指数

$$H' = -\sum_{i=1}^{s} P_i \ln P_i \text{（Magurran，1988）}$$

（2）Pielou均匀度指数

$$E = H'/\ln S \text{（Magurran，1988）}$$

（3）Simpson多样性指数

$$P = 1 - \sum_{i=1}^{s} P_i^{\,2} \text{（Magurran，1988）}$$

（1）～（3）式中：

P_i为物种i的重要值；

S为样地内所有物种种数。

记录标准地多样性指标汇总于表7-6中。

表7-6　标准地多样性指标汇总表（样表）

样地号		指数		
		Pielou均匀度指数	Shannon-Weiner指数	Simpson多样性指数
1	乔木层			
	灌木层			
	草本层			
	完整林分			
2	乔木层			
	灌木层			
	草本层			
	完整林分			

7.4.5　植被调查指标汇总

样地树木分布示意表见表7-7，标准地植被调查因子汇总于表7-8中。

表7-7　样地树木分布示意表（样表）

地　点：　　　　　　样地号：　　　　　　日　期：　　　　　　调查员：

样地区备注：

表7-8　标准地植被调查因子汇总表（样表）

标准地号	乔木						灌木平均高/m	更新树种/株·hm²
	树种组成	平均胸径/cm	平均高/m	蓄积量/m³	郁闭度	株数密度/株·hm²		

第 8 章　枯落物及当年凋落物调查实习

8.1　调查目的

通过枯落物调查，得到样地枯落物现存量，并为枯落物的持水试验、枯落物自然含水量以及枯落物阻滞径流试验提供材料。

8.2　调查用具

通常有钢卷尺、枝剪、塑料袋、凋落物收集器、胶带、笔、纸、防水标签、铲子、手套等。

8.3　研究方法及步骤

（1）在林内分坡上、中、下各均匀布置面积为 1m×1m 的样方 5 个，纵列间隔 16 m，横行间隔 24 m（如图 8-1 所示）。

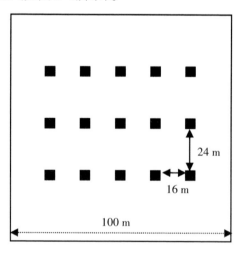

图 8-1　样地内样方设置示意图

（2）采取枯枝落叶：在取样点用钢卷尺量出一个边长为1 m的正方形，用小铲子划出边界，用砍刀、枝剪等工具细心除去样方内植物活体部分，用钢卷尺测量各层厚度。

（3）将未分解层和半分解层的枯落物分别收集，装塑料袋称重，取部分样品装塑料袋密封（防止水分蒸发）带回。记录总重和样品重量。塑料袋应贴有标签，标明取样时间、地点、小样方号、取样人等。

枯落物现存量（t/hm²）=（未分解枯落物重kg/m+半分解枯落物重kg/m）×10

枯落物调查数据记录在表8-1中。

表8-1 枯落物调查表（样表）

调查时间： 记录员： 样地号：

林分类型： 枯落物层厚度：

林分类型	样地号	样袋号	枯落物	厚度/cm		总重/g		样重/g	
				未分解	半分解	未分解	半分解	未分解	半分解

（4）在以上的样方中，坡上、中、下分别取2～3个面积为1 m×1 m的样方，在取枯枝落叶后原位放置凋落物收集器，也可用3 mm以下孔径的金属网或尼龙纱网作为箱底。一般在生长季前放入林内，每个月收集测定一次，以一年为一个周期，以便获得一个完整的季节动态过程。每次测定时，将收集器内凋落物全部用塑料袋装回，区分叶、枝、皮、果、虫鸟粪等，称量鲜重、80 ℃烘至恒重后称量干重，算出含水率，然后换算成样地或单位面积的凋落量，将调查数据记录在表8-2中。

表8-2 林地当年凋落量调查表

调查人员：

设样时间	调查时间	林分类型	样方号	样地号	枯落物鲜重	样袋号	干重

第9章 土壤调查实习

土壤调查，各分析项目如土壤分析样品的采集与制备、土壤含水量测定和土壤水分-物理性质测定等结合起来，挖土壤剖面进行综合取样分析。

9.1 土壤剖面的挖制

9.1.1 土壤剖面地点选择

土壤剖面分自然剖面和人工剖面两种，土壤调查采用人工剖面。人工剖面是由调查者根据试验设计亲自挖掘的土壤剖面。按用途划分，土壤剖面分为主要剖面（或称典型剖面）、检查剖面和定界剖面，调查挖掘主要剖面，用于确定土壤的类型和研究土壤性状特征。土壤剖面点的选择，要根据试验总体设计和调查林分的特征，结合标准地的选择进行。该调查设置固定标准地进行林分研究，为不破坏固定标准地的植被，土壤剖面点选择在标准地外，与标准地情况基本一致的地点选择土壤调查区域，挖制土壤剖面进行调查，具体剖面点分布在标准地的旁边。

9.1.2 土壤剖面的数目

固定标准地的面积为 1 hm²，挖土壤典型剖面3个，具体位置分坡上、中、下位，选择代表性地点（如图9-1所示）。

9.1.3 仪器与用具

常用的仪器与用具有小土铲、铁锨、削面刀、尺子、罗盘、海拔仪、比色卡、土壤袋、取原状土工具、铅笔、橡皮、塑料袋、标签、胶带、记载表等。

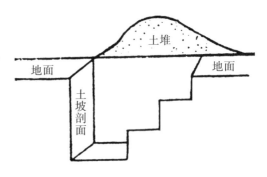

图9-1 土壤剖面挖掘示意图

9.1.4 操作步骤

（1）根据植被、小气候、小地形、岩石和母质类型等因素，选择有代表性的地点，一般不以路边断面和人为影响较大的地方（如肥堆、陷阱、路旁等）设点观察或采集土样。

（2）选好挖土壤剖面的位置后，挖一个长方形土坑，其长为1.0~2.0 m，宽为0.8~1 m，具体深度根据调查林分最大土层深度确定，一般要求达到母质或地下水即可，大多在1.0~1.5 m之间，长方形较窄的向阳一面作为观察面，观察面要保持垂直立面，在观察、记录和采样过程中，剖面均能受到阳光照射，不要踩踏和堆土，保持植被和枯落物的完整。观察面的对面坑壁，修成阶梯状，便于观察者上下工作。在山坡上挖掘剖面，应与等高线平行，与水平面垂直。

（3）挖出的土壤应顺序放在土坑两侧，以便按原来层次填土。剖面挖掘完成后，将观察面一边修成光滑面，另一边剔成自然状态，然后进行观察记载。

9.2 森林土壤剖面观察与描述

9.2.1 目的和内容

在生产实践中及进行各种资源调查时，为了取得必要的土壤资料，对土壤进行现场观察是最基本的工作内容。土壤的表征是它内在本质的反映，土壤的各种形态特征，可以帮助了解某些土壤特性。为了仔细研究土壤，取得可靠资料和采集土壤标本及分析样本，通常需要挖掘土壤剖面对剖面进行观察。

9.2.2 观察方法

9.2.2.1 土壤剖面的观察与记载

在已经挖掘好的典型剖面上，进行观测记录。为了现场工作方便和统一记录标准，土壤现场观察常用一定的记录格式和表示术语加以说明。

9.2.2.2 观察点基本情况记载

（1）剖面编号：该调查按调查样地分不同林分类型，标准地对剖面进行统一编号。

（2）地点：观察点的详细地点，如省、市、县、乡、村及小地名，或林场、作业段及标准地等。

（3）剖面位置：土壤剖面位置记录见表9-1。

剖面位置图中应注明附近地物（房屋、河流、其他固定标记）、方位角、剖面位置、距离等。

表 9-1　土壤剖面位置记录表

剖面编号：＿＿＿＿＿＿　地点：＿＿＿＿＿＿＿＿＿＿＿＿＿＿＿

经度：＿＿＿＿＿＿＿　纬度：＿＿＿＿＿＿　林分类型：＿＿＿＿＿＿

裸岩比：＿＿＿＿＿＿＿＿＿＿＿＿＿＿＿＿＿＿＿＿＿＿＿＿＿＿＿＿

剖面位置图

大区地形：＿＿＿＿＿＿＿＿＿＿　小区地形：＿＿＿＿＿＿＿＿＿＿＿

坡向及坡度：＿＿＿＿＿＿＿＿　海拔高度：＿＿＿＿＿＿＿＿＿＿＿＿

母岩种类：＿＿＿＿＿＿＿＿＿＿　母质类型：＿＿＿＿＿＿＿＿＿＿＿

地面侵蚀情况：＿＿＿＿＿＿＿＿

地下水位深度及地表水情况：＿＿＿＿＿＿＿＿＿＿＿＿＿＿＿＿＿＿＿

土地利用情况：＿＿＿＿＿＿＿＿＿＿＿＿＿＿＿＿＿＿＿＿＿＿＿＿＿

植被覆盖度及厚度	灌木盖度：　　灌木高度：　　灌木株数：						
	主要灌木种类：						
	草本盖度：　　草本高度：　　草本丛数：						
	主要草本种类：						
	枯落物层厚度：　　半分解层厚度：　　未分解层厚度：						
	苔藓厚度：　　　　苔藓盖度：						
	主要地被植物种类：						

林木调查	调查因子	林木组成	林木起源	优势树种			郁闭度	木材蓄积量
				林龄	平均树高	平均直径		
	目测							
	实测							

调查日期：　　　　天气：　　　　　　　　　　　　　第　　页

（4）地形：可分为大地形和小地形。

大地形系在相当大面积内，其海拔高度变化从数十米到数百米以上，大地形包括高山、中山、低山、丘陵、平原及盆地等。小地形系某种地形面积较小，相对高差在 10 m 以下。小地形可分为平坦（高差<1 m）、较平坦（高差 1～2 m）、起伏（高差>2 m）等。

（5）坡向：根据手持罗盘和 GPS 确定。坡向用方向角表示，如南偏东 25°（SE25°），北偏西 80°（NW80°）。坡向以八个方向记载，即 N、NE、E、SE、S、SW、W、NW 八个方位或方向即可满足要求。一般东坡近于北坡，称华阴坡；西坡近于南坡，称半阳坡。

（6）坡度：利用罗盘确定。在坡度的划分方面，可以采用<3°、3°～7°、8°～15°、16°～25°、26°～35°和>35°六级。根据水土保持的实践，对地形坡度有如下的划分：

①<3°，在常规降雨情况下一般不易产生大量的地表径流，采用土壤栽作措施可以防止水土流失。

②3°～7°：会明显产生地表径流，一般可以采用等高平整田等措施来防止。

③8°～15°：必须采用工程措施如坡式梯田或水平梯田等。

④16°～25°：必须修筑水平梯田方可种植。

⑤26°～35°：不宜农用。

⑥>35°：容易产生活塌等重力侵蚀。

（7）坡度与坡形总体描述上可以划分为：

①接近水平的：水平的、接近水平的。

②缓坡的：极缓坡、缓坡。

③较大坡度的：坡度的、较大坡度的。

④波状的：缓波状的、波状的。

⑤起伏的：起伏的、较大起伏的。

（8）海拔高度：根据地形图上标高或海拔仪（与 GPS 结合）指示高度记载，也可按附近高程点估算。

（9）母岩种类：与土壤剖面形成有关的岩石种类（基岩），如石英、正长石、斜长石、云母、辉石、方解石、白云母、高岭土、滑石、石膏、赤铁矿、磁铁矿、橄榄石等。

（10）母质类型：包括残积物、坡积物、洪积物、冲积物、冰积物、重积物、黄土、黄土性母质及古土母质等。母质中夹杂的岩石种类应予注明。人工堆积物应写明物质种类及来源，如垃圾土、山泥、建筑砂石、炉渣等。

（11）地面侵蚀情况：记载以水蚀为主，如遇有风蚀及重力侵蚀，需另行详细记载。

（12）地下水位深度及地表水情况：根据剖面挖掘时地下水出露深度记载，或从附近水井中观测得到。地表水情况归纳为土壤排水情况良好、中等或不良。

（13）土地利用情况：如林地、采伐迹地、农田、草场等。

（14）植物种类：包括天然植被或栽培植物的主要种类、生长情况及覆盖度等。各种植物应根据数量由多至少，依次记载。植被覆盖度指全部植被冠幅投影面积的百分数。

（15）林木调查：各调查因子可与森林调查结合或估测。

9.2.2.3　土壤剖面形态记载

（1）现将各种土壤发生层次说明如下，土壤剖面形态记录见表9-2。

A0为残落物层。根据分解程度不同又可分为三个亚层。

A01为分解较少的枯枝落叶层。

A02为分解较多的半分解枯枝落叶层。

A03为分解强烈的枯枝落叶层，已失去其原有植物组织形态。

A1为腐殖质层，可分为两个亚层。

A11为聚积过程占优势的（当然也有淋溶作用）、颜色较深的腐殖质层。

A12为颜色较浅的腐殖质层。

A2为灰化层，灰白色，主要通过淋溶作用形成。

B为淀积层，里边含有由上层淋洗下来的物质，所以B层在一般情况下大都坚实。B层根据发育程度还可以分出B1、B2、B3等亚层。

AB层为腐殖质层与淀积层的过渡层。

C层为母质层。

BC层为淀积层与母质层的过渡层。

D层为母岩层。

CD层为母质层与母岩层的过渡层。

G层为潜育层。

Cc表示在母质层中有碳酸盐的聚积层。

Cs表示在母质层中有硫酸盐的聚积层。

根据土壤剖面发育的程度不同，可以有不同的土壤类型。

表9-2　土壤剖面形态记录表

剖面编号：＿＿＿＿＿＿＿＿＿＿　地点：＿＿＿　经度：＿＿　纬度：＿＿

调查日期：＿＿＿＿＿＿＿＿＿　调查人：＿＿　天气：＿＿

深度/cm					
土层代号					
颜色					
结构					
湿度					
质地					
紧实度					
新生体					
侵入体					
碳酸盐反应					
pH值					
根量(根形态、根密度)					
石砾含量					
层次过渡情况					

剖面综合特征：

采样记事(样本种类、采集深度、数量等)：

土壤定名：	备注：

（2）发生层次的过渡特征

①过渡的明显性主要根据相邻两层的对比特性可分为：突然的，相邻两层的界面厚度小于2 cm；明显的，相邻两层的界面厚度在2～5 cm；逐渐的，相邻两界面厚度在6～15 cm；不清楚的，相邻两界面厚度大于15 cm，即很难划分，例如有时可能某一层既像Au_2层，又像Bu_1层，则往往用Au_2/Bu_1表示。

②过渡的形态往往与地形、母质等有关，一般有以下几种过渡形态：平滑而整齐的，即界线基本在一平面上；倾斜的；波状的；舌状的，即波幅很大，而且不一定连续。

（3）层次深度及其代表符号

从地面开始起算，逐层记载各层范围，如0～9 cm，10～20 cm，21～40 cm，41～60 cm。森林土壤在对整个剖面形态观察之后，还须标明层次代表符号，如Ao，A1，B，Bc等。

（4）颜色：土壤颜色是辨别土壤最明显的标志。观察土壤颜色，用湿润土壤。颜色命名以主色在后，次色在前，如"红棕色"即棕色为主色，红为次色。

（5）结构：由土粒排列、胶结形成的各种大小和不同形状的团聚体。常见土壤结构种类见表9-3。

表9-3　常见土壤结构类型

结构类型			结构形状	直径(厚度)/mm	结构名称
团聚体类型	立方体状	不明显裂面和棱角	形状不规则，表面不平整	>100	大块状
				51～100	块状
				5～50	碎块状
		明显裂面和棱角	形状较规则，表面较平整，棱角尖锐	>5	核状
			近圆形，表面粗糙或平滑	≤5	粒状
			形状近圆浑，表面平滑，大小均匀	1～10	团粒状
	柱状	不明显裂面和棱角	表面不平滑，棱角圆浑，形状不规则	30～50	拟柱状
				>50	大拟柱状
		明显裂面和棱角	形状规则，侧面光滑，顶底面平行	30～50	柱状
				>50	大柱状
			形状规则，表面平滑，棱角尖锐	30～50	棱柱状
				>50	大棱柱状
	板状		呈水平层状	>5	板状
				≤5	片状
	微团聚体			<0.25	微团聚体
单粒类型			土粒不胶结，呈分散单粒状		单粒

（6）湿度：现场鉴定湿度的手测法。

（7）质地：将土壤湿润后，用手测法鉴别。

（8）紧实度：反映土壤的紧密程度和孔隙状况，现场可按以下标准鉴别。

①极紧实：用力也不易将尖刀插入剖面，划痕面显且细，土壤用手掰不开。

②紧实：用力可将尖刀插入剖面1～3 cm，划痕粗糙，用力可将土块掰开。

③适中：稍用力可将尖刀插入剖面1～3 cm，划痕宽而匀，土块容易掰开。

④疏松：稍用力可将尖刀插入剖面5 cm以上，但土不散落。

⑤松散：尖刀极易插入剖面，土体随即散落。

（9）新生体：是判断土壤性质、物质组成和土壤生成条件极重要的依据。常见的新生体有下列种类：

①易溶盐类：盐带、盐结皮、盐脉。

②碳酸钙类：假菌丝、结核、石灰斑。

③铁锰质类：锈纹、锈斑、铁锰结核、铁盘、胶膜。

④有机质类：腐殖质斑痕。

⑤生物类：虫穴、蚓粪。

（10）侵入体：土壤掺杂物，如砖块、瓦片、木炭、填土、煤渣等。

（11）碳酸盐反应：用1：3 HCl滴加在土壤上，根据泡沸反应的强弱以"+++""++""+"表示。

（12）pH值：用混合指示剂现场测定。其测定方法可以用混合指示剂、6孔或12孔的比色瓷盘及比色卡片即可。其指示剂也可以固态化。分层取其如豆粒大小的土粒，加蒸馏水（如用液体指示剂等，可以不加），用棒状固体指示剂与之磨研即可显色，然后与标准比色卡片相比即可得出。

（13）根量：根据密集程度分为盘结（占土体50%以上）、多量（占土体25%～50%）、中量（占土体10%～24%）、少量（占土体10%以下）及无根系五级。根量密度：单位面积上根的数量。

（14）石砾含量：以裸露石砾占土壤剖面积的百分比估算。

（15）剖面综合特征：综合可被利用土层的特征，为土地利用直接提供参考资料。

（16）土壤定名：沿用学名或记载生产中习用名称。

9.3　森林土壤样品的采集与制备

9.3.1　森林土壤样品的采集

9.3.1.1　目的与内容

分析森林土壤的目的是提供关于对森林土壤管理建议时的科学依据。森林土壤样品的采集是森林土壤研究工作和森林土壤分析工作中的一个重要环节，是关系到森林土壤分析结果和由此得出土壤管理的结论是否正确的一个先决条件。因此，森林土壤样品的采集必须考虑到自然因素及人为因素影响土壤的不均一性，要求选择有代表性的地点和代表性的土壤，并且要根据采样目的及分析项目不同而采用不同的采样方法和制备方法。

9.3.1.2　仪器与用具

常用仪器与用具有小土铲、铁锹、削面刀、尺子、罗盘、海拔仪、土壤袋、取原状土工具、铅笔、橡皮、塑料袋、标签、胶带、记载表等。

9.3.1.3　采集方法

（1）森林土壤剖面分析样品的采集

根据土壤剖面的颜色、结构、质地、坚实度、湿度、植物根系分布等自上而下地划分土层，按0～10 cm、11～20 cm、21～40 cm、41～60 cm、61～80 cm、81～100 cm（根据土壤最大土层厚度划分）进行剖面特征的观察记载，作为土壤基本性质的资料及分析结果审查时的参考；然后自下而上逐层采集布袋装的土壤分析样品和纸盒标本，一般采样时在各层次的中部采集，而不是在整个层都采，这样可克服层次间的过渡现象，从而增加样品的典型性或代表性；随后将所采样品放入布袋和纸盒内，布袋装土壤分析样品，一般采集1.0～2.0 kg，在土壤袋内、外均应附上土壤标签，写明剖面号数、采集地点、土层深度、采样深度、土壤名称、采样人和采样日期。如果土壤样品还很潮湿，则需敞开袋口，直到土壤样品风干，再进行包装托运。

从每层中部采取（如图9-2所示），分析样品不应少于1.0～2.0 kg，含大量石块和侵入体时，应采样3.0 kg以上。取样先从下部层次开始，分别装入布袋内（含水较多样品可用塑料袋）。样品采集后，用铅笔填写土样标签。标签下部撕下放入袋内，上部绑在样袋外面，将一个剖面的各层土袋捆在一起带回。没有标签或标签填写模糊的土袋都是没有意义的样品。

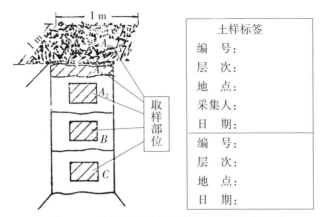

图9-2　土壤剖面采样部位示意图和土样标签

（2）森林土壤季节性变化定位研究样品的采集

研究土壤水分、养分、温度在森林土壤剖面中的分布和变动时，不必按土壤发生层次进行采样，而是只要求从地表起按0～10 cm、11～20 cm、21～40 cm、41～60 cm、61～80 cm、81～100 cm（根据土壤最大土层厚度划分）采集样品。森林土壤含水量样品的采集可按0～10 cm、11～20 cm、21～40 cm、41～60 cm、61～80 cm、81～100 cm（根据土壤最大土层厚度划分）采集样品，一般采到100 cm左右为止，可用土钻（湿润疏松土壤）或土铲（含石砾多或干燥、坚硬的土壤）取样，重复3次，然后将样品集中起来，混合均匀放入铝盒（Φ50 mm×40 mm）内。森林土壤物理性质和水分-物理性质样品的采集，可直接用环刀（Φ100 mm×63.7 mm用于含石砾较多的土壤，Φ70 mm×52 mm用于含石砾少的土壤）在各土层中部采取原状土。森林土壤水稳性团聚体结构样品的采集要保留原状土壤，采集时将其放入铝盒（Φ100 mm×50 mm）中，使其不受挤压、变形。森林土壤温度用插入式温度计或地温计测定。森林土壤养分及可溶性物质样品的采集可按每20 cm采集一个样品，一般采到40 cm（主要根系分布层）左右，对主要根系分布较深的土壤可适当增加采样深度，采取土壤养分及可溶性物质样品可用土钻或土铲，重复3次，然后将样品集中起来，混合均匀放入铝盒（Φ80 mm×40 mm）内，带回后用湿土进行测定。

（3）森林土壤物理性质原状样品的采集

森林土壤水分及部分土壤物理性质的测定，须采取原状样品，如测定土壤容重、孔隙度等，其样品可直接用环刀在各土层中部取样。对于研究土壤结构性的样品，采样时须注意土壤湿度，不宜过干或过湿，最好在不粘铲的情况下采取。此外，在采样过程中，须保持土块不受挤压，不使样品变形，并剥去土块外面直接与土铲接触而变形的部分，保留原状土样，然后将样品置于铝盒（Φ100 mm×50 mm）中保存，带回室内进行处理。

9.3.2 森林土壤样品的制备

9.3.2.1 处理目的和内容

样品处理的目的：

（1）挑出残茬、石块、砖块等，以除去非土壤的组成部分。

（2）适当磨细，充分混匀，使分析时所称取的少量样品具有较高的代表性，以减少称样误差。

（3）全量分析项目，样品需要磨细，使分析样品的反应能够充分均匀。

（4）使样品可以长期保存，不致因微生物活动而霉坏。

土壤样品处理内容主要包括风干、去杂、研磨、过筛、混合分样、贮存。

9.3.2.2 试验用具

试验用具有土壤筛、木板、胶塞、圆木棍、广口瓶等。

9.3.2.3 风干

从林地采回的土壤样品，应及时进行风干，以免发霉而引起性质的改变。其方法是将土壤样品弄成碎块平铺在干净的纸上，摊成薄层放于室内阴凉通风处风干，经常加以翻动，加速其干燥，切忌阳光直接暴晒，风干后的土样再进行研磨过筛、混合分样处理。风干场所要防止酸、碱等气体及灰尘的污染。

9.3.2.4 研磨过筛

在森林土壤生态系统定位研究中，对于土壤含水量、土壤水分-物理性质、水化学分析、土壤速效性养分和可溶性钙、镁、硫、亚铁、高铁、pH值以及土壤微生物数量等的测定，需要用新鲜样品（湿土）进行测定，不需研磨过筛，如果条件不允许，则只能将土样风干带回测定。土壤含水量、土壤微生物数量等测定项目必须用湿土立即进行测定。用新鲜样品（湿土）测定的最大优点是反映了土壤在自然状态时的有关理化性状，具有真实性。但新鲜土样较难压碎和混匀，称样误差较大，因而要用较大的称样量或较多次的平行测定，才能得到较为可靠的平均值。

在进行土壤物理分析时，样品处理的方法是取风干土样100～200 g，挑去大的有机物及石块，用研钵研磨，通过2 mm孔径筛的土样作为物理分析用。做土壤颗粒分析时，要通过3 mm（6～7目）筛及2 mm（10目）筛，称出2～3 mm粒级的砾量，计算其2～3 mm粒级的砾含量百分数；然后将通过2 mm（10目）

筛的土样分别混匀、称量后盛于广口瓶内。倘若土壤中有铁锰结核、石灰结核、铁子或半风化体，应细心挑出称其质量，保存，以备专门分析之用。

在进行土壤化学分析时，样品制备的方法是取风干样品一份，仔细挑去石块、根茎及各种新生体和侵入体。研磨，使全部通过 2 mm（10 目）筛，这种土样可供速效性养分、交换性能、pH 等项目的测定。分析有机质、全氮、全磷、全钾等项目时，可多点分取 20～30 g 已通过 2 mm（10 目）筛的土样进一步研磨，使其全部通过 0.25 mm（60 目）筛为止。如用碱熔法测定全磷、全钾等项目时，需将通过 0.25 mm（60 目）筛的土样取一部分继续研磨，并全部通过 0.149 mm（100 目）筛为止。如用酸溶法分析全钾、全钠等项目时，必须通过 0.074 mm（200 目）筛备用（如果分析微量元素，避免用铜丝网筛，须改用尼龙丝网筛）。

9.3.2.5　混合和分样

研磨过筛后将样品混匀。如果采来的土壤样品数量太多，则要进行混合和分样。样品的混合可以用来回转动的方法进行，并用土壤分样器或四分法将混合的土壤进行分样，一般有 1 kg 左右的土壤样品可够化学、物理分析之用。四分法的方法是：将采集的土样弄碎混合并铺成四方形，平均划分成四份，再把对角的两份并为一份，如果所得的样品仍然很多，可再用四分法处理，直到所需数量为止。

9.3.2.6　贮存

过筛后的土样经充分混匀，然后装入玻璃塞广口瓶或塑料袋中，内、外各贴标签一张，写明编号、采样地点、土壤名称、深度、筛孔、采样日期和采样者等项目。所有样品都须按编号用专册登记。制备好的土样要妥善贮存，避免日光、高温、潮湿和有害气体的污染。一般土样保存半年至一年，直至全部分析工作结束，分析数据核实无误后，才能弃去。

9.4　森林土壤水分–物理性质的测定

9.4.1　调查内容和要求

测定森林土壤水分–物理性质的项目有容重、最大持水量（饱和持水量）、毛管持水量、最小持水量（田间持水量）、非毛管孔隙、毛管孔隙、总孔隙度、土壤通气度、最佳含水率下限（抑制植物生长发育的水分含量）、排水能力（出水系数、土内径流量）、最大吸湿水、稳定凋萎含水量、有效水分含量、有效水分含量范围、合理灌溉定额等。

研究森林土壤一系列的水分–物理性质，必须采取土壤结构不破坏的原状土壤。在石砾含量不是很多的情况下，可采用环刀法来测定。取原状土后，用水浸泡一定时间，使其达到水饱和，然后放置不同时间将土壤孔隙中多余的水排出，计算土壤不同持水性能下的持水量。

9.4.2 仪器与用具

仪器与用具有环刀（容积500 cm³、100 cm³和200 cm³），粗天平（感量2 g，最大称量2000 g），烘箱，铝盒，干燥器，盆或盘（高150 mm），滤纸（Φ110 mm）等。

9.4.3 测定方法

用环刀法测定土壤物理性质各项指标。

9.4.4 测定步骤

（1）用粗天平称空环刀质量（带上孔盖，垫有滤纸）。

（2）选定代表性的测定地点，挖掘土壤剖面，根据土壤发生层次按0～10 cm、11～20 cm、21～40 cm、41～60 cm、61～80 cm、81～100 cm用环刀采取土样（必须保持环刀内土壤的结构不受到破坏），用锋利的土壤刀削平环刀表面，盖好，带回待测定。

（3）用粗天平称环刀（去上盖）加湿土质量（计算土壤水分含量时用）。

（4）将装有湿土的环刀，揭去上盖，仅留垫有滤纸的带网眼的底盖，放入平底盆（或盘）中，注入并保持盆中水层的高度至环刀上沿为止，使其吸水达12 h（质地黏重的土壤放置时间可稍长），此时环刀土壤中所有非毛管孔隙及毛管孔隙都充满了水分，水平取出，立即称量（A），即可算出最大持水量。

（5）将上述称量（A）后的环刀，放置在铺有干沙的平底盖中2 h，此时环刀中土壤的非毛管水分已全部流出，但环刀中土壤的毛管仍充满水分，立即称量（B），即可计算出毛管持水量。

（6）再将上述称量（B）后的环刀继续放置在铺有干沙的平底盘中，保持一定时间（沙土1昼夜、壤土2～3昼夜、黏土4～5昼夜），此时环刀中土壤的水分为毛管悬着水，立即称量（C），即可称出最小持水量（田间持水量，mm）。

（7）将上述称量（C）后的环刀放入烘干箱内烘干，至少12 h，取出后称环刀+干土重量和环刀重量，即可计算出土壤水分含量（湿度）（质量百分比、容积百分比）、容重（g/cm³）和其他物理性质指标。

（8）土壤水分–物理性质外业取样记录表见表9-4，土壤水分–物理性质测定记录表见表9-5。

表9-4　土壤水分-物理性质外业取样记录表

剖面编号：_____　　　调查日期：_____　　　调查人：_____

林分类型：_____　　　最大土层厚度：___cm　　　枯落物总厚度：___cm

枯落物未分解层：___cm　　枯落物半分解层：___cm　　腐质殖层：___cm

地面侵蚀程度：（无、轻度、中度、严重）坡向：_____　　　坡位：_____

土层厚度/cm	发生层符号	环刀号		土壤袋号		备注

表9-5　土壤水分-物理性质测定记录表

剖面号：_____　　标准地号：_____　　记录人：_____　　取样时间：_____

剖面编号	林分类型	土层厚度/cm	环刀号	环刀+湿土重/g	环刀盖重	浸水12h重/g	置沙2h重/g	置沙48h重/g	环刀干土重/g	环刀重/g

9.4.5　计算方法

（1）容重 $= \dfrac{环刀干土重 - 环刀重}{环刀容积}$。

（2）最大持水量 $= \dfrac{浸水12h重 - 环刀干土重}{环刀干土重 - 环刀重} \times 100$。

（3）最小持水量 $= \dfrac{置沙48h重 - 环刀干土重}{环刀干土重 - 环刀重} \times 100$。

（4）毛管持水量=$\dfrac{\text{置沙2 h重} - \text{环刀干土重}}{\text{环刀干土重} - \text{环刀重}}\times 100$。

（5）非毛管孔隙=（最大持水量−毛管持水量）×容重。

（6）毛管孔隙=毛管持水量×容重。

（7）总孔隙=非毛管孔隙+毛管孔隙。

9.5 土壤侵蚀量的测定

9.5.1 径流小区的设计

按不同坡度、不同措施修建因子径流小区和标准径流小区。根据区域地形条件选择较为平整的坡面布设小区，径流小区采用宽5 m、长20 m（水平投影距离），其长边垂直于等高线，短边沿着等高线。径流小区主要由小区（集流区）、拦水边墙、承水槽、输水管和集水桶（池）等部分组成。

布设无林（荒草坡）天然坡面径流场和有林天然坡面径流场，两个天然坡面径流场进行对比试验，分别安装光电数字水位计，记录流域内的径流量。

9.5.2 调查的内容及样品的采集

9.5.2.1 降雨观测

径流场应设置一台自记雨量计和一台雨量筒，相互校验，若径流场分散，可适当增加雨量筒数量。降雨观测，是在降雨日按时（早8时或晚6时）换取记录纸，并相应记录雨量筒的雨量。

9.5.2.2 径流观测

（1）量水设备为集流箱或集流池时，产流结束后可直接量水，根据事先确定的水位−容积曲线推求径流总量。

（2）量水设备有分流箱时，要用分水系数和分水量推求径流总量。当分流一次时，径流总量=分水量×分水系数+分水容积；当分流数次时，可依次从最后的分水量逐级推求，即径流总量=分水量×分水系数1×分水系数2……+分水容积。

9.5.2.3 泥沙观测

在降水结束、径流终止后应立即观测，首先将集流槽中泥、水扫入集流箱中，然后搅拌均匀，在箱（池）中采取柱状水样2~3个（总量在1000~3000 cm³），混合后从中取出500~1000 cm³水样，作为该次冲刷标准样。若有分流箱时，应分别取样，各自计算。含沙量的求取，是将水沙样静置24 h，过滤后在105 ℃下烘干到恒重，再进行计算；然后将测量数据记录在表9-6中。

表9-6 土壤侵蚀量测定记录表

时间	径流场号	措施	植被类型	坡度/°	降雨/mm	径流量/mm	产沙量/t

测定日期： 记录人： 第 页

9.5.3 土壤侵蚀模数的测定

土壤侵蚀模数是土壤侵蚀量的度量方法，单位为 $t/(km^2 \cdot a)$。土壤侵蚀量可用土壤流失方程求得，其式为：

$$A = R \cdot K \cdot L \cdot S \cdot C \cdot P$$

式中：

A 是土壤流失量；

R 是降雨侵蚀力；

K 是土壤可蚀性因子；

L 是地块长度因子；

S 是地面坡度因子；

C 是作物经营因子；

P 是土壤保持措施因子。

9.5.4 保肥能力的测定

将泥沙观测中取的水样进行水和沙分离后，分别测定水和沙中 N、P、K 等养分的含量，水和沙中养分的含量即为土壤流失养分的量，同时也反映该试验区的保肥能力。测定后将测定结果记录在表9-7中。

表9-7　土壤保肥能力测定记录表

取样点号：_____　林分类型：_____　坡度：_____　坡向：_____海拔：_____

坡位：_____　　　土壤类型：_____　土层深度：_____

测定时间	径流场号	样品号		N含量	P含量	K含量
			径流水样中			
			径流冲积壤中			
			径流水样中			
			径流冲积壤中			
			径流水样中			
			径流冲积壤中			

第10章　水质等级的测量实习

10.1　调查的内容及要求

水质等级的测定，采用美国得克萨斯州 Hydrolab 公司的 Datasorxle 4 多参数水质监测仪，主要用于检测工厂废水、城市生活废水、江河湖海水质、渔业养殖水质以及农业灌溉水质等。其结构紧凑，便于现场测量。测量时将多个传感器集中在一个探头上，可以一次测定温度、溶解氧、酸碱度、总盐度、浑浊度、硝酸盐（NO_3^-）和氨氮（NH_4^+）等水质参数，采集水样的有效监测时间为 2 h。

10.2　样品的采集

根据试验区的气候特点，选择雨季采集样品，一般为两个月。采样地点的水样包括大气降水、林内穿透水、径流水、渗滤水、河水和地下泉水 6 个部分。大气降水收集桶为塑料制品。林内穿透水的采集，按实际情况选择具有代表性的试验林。在每片试验林内分坡上、中、下各设置 2～3 个采样点，采用塑料膜收集穿透降水，采样器为清洁的塑料装置（因为林冠下各点郁蔽度不尽相同，同时为防止出现意外情况，每棵样树下应布设多个收集容器）。径流水在径流场采集（并记录径流水量），渗滤水用排水采集器采集（并记录渗滤水量），地下泉水和河水的取样根据实际情况而定，直接用水样采集瓶采集（记录月降水量及月流速、流量），水样的采集量为 2 kg 左右。以上采样均进行现场监测。

10.3　监测时间

水质每 2 d 监测 1 次。大气降水、林内穿透水、径流水、渗滤水和地下泉水，降雨后必须采集，采样后快速测定，一般不会超过 2 h。数据统计分析采用平均值算法，水质等级统计数据表见表 10-1。

表 10-1　水质等级统计数据表

水样	采样点	温度/℃	溶氧/mg·L⁻¹	pH	总盐/%	浊度/NTU	NO₃⁻/mg·L⁻¹	NH₄⁺/mg·L⁻¹
降水								
林内穿透水	上							
	中							
	下							
径流水								
渗滤水								
地下泉水								
河水								

第11章　空气负氧离子含量测定实习

11.1　调查仪器

空气负离子测量仪器有很多种，如SD-8003型大气离子浓度测定仪，DLY-3型大气离子测定仪，DLY-Ⅱ型大气离子测量仪，DLY-3G型空气离子测量仪等。这些仪器一般用于城市及郊区的大气离子测量，但是对于高湿度的地区如森林等地方的测定却不能使用。DLY-3F型森林大气离子测量仪能在高湿度（相对湿度<98%）下进行，该仪器离子浓度的检测范围是$10\sim1.99\times10^9$个/cm^{3}负离子，离子浓度的误差是±10%，迁移率的误差是±10%。

11.2　调查方法及时间

采用的基本方法是在每个月选择有代表性的天气，在各测点分组观测，每天从8:00开始到18:00停止，每隔1 h观测1次，选择静稳天气测量。

空气负离子测量时，在同一测点测量5个方向的空气负离子和空气正离子浓度，待仪器显示的数值稳定后取5个最大的读数；同时，调查记录周围的环境状况和天气状况（见表11-1）。在读取空气离子含量的数据时为保证数据的真实可靠，一般读数要在1 min之内完成。为了能真实、直接地反应各测点的离子分布，分析时的数据为多次的平均值。

温度、湿度测量时，将仪器的探测头举至人头顶以上（防止人的呼吸影响测量数据的真实性），开启仪器后待仪器读数稳定之后，依次记录5个数据，分析时的数据为多次的平均值。

注意选点时应避开瀑布等水源周围，因为水源周围负离子浓度过高，不能代表正常状况，会严重影响空气负离子测定统计（见表11-2）结果。

表11-1 空气负离子调查记录表

测定日期：			测点名称：			天气状况：			
时间	温度	相对湿度		1	2	3	4	5	平均值
			正离子						
			负离子						
			正离子						
			负离子						
			正离子						
			负离子						
			正离子						
			负离子						
			正离子						
			负离子						

表11-2 空气负离子测定统计表

测定日期	测点名称	天气状况	温度/℃	相对湿度/%	负离子/个·cm⁻³		正离子/个·cm⁻³		Q	CI	空气清洁度
					平均值	最大值	平均值	最大值			

注：Q=正离子均值/负离子均值，CI=负离子均值/1000Q。

第12章　生物种类调查实习

生物资源是森林生态系统的重要组成部分，包括动物、植物和微生物有机体等，它们对森林健康发挥着重要的作用；而病虫害的发生会严重威胁我国森林健康的持续发展，因此，摸清森林的生物种类、数量和分布是森林健康经营的必要环节。

12.1　调查目的

掌握森林动物的种类，分析主要病虫害和天敌的关系。

12.2　仪器与用具

仪器与用具有望远镜、捕虫网（2个）、昆虫包（2个）、标本盒（10个）、塑料袋（1包）、毒瓶（2个）、矿泉水瓶（10个）、镊子（2个）、酒精（1 L）、乙酸乙酯（1 L）、泡沫板、大头针（2袋）、枝剪（2把）、数码相机（1台）、白布（用于灯诱）、白炽灯（用于灯诱）、夜视仪、钢卷尺等。

12.3　调查内容

调查林分的动物种类和病虫害的种类。

12.4　调查方法

野生动物数量调查方法一般可分为绝对调查和相对调查两种。绝对调查是指准确计数野生动物在某时、某地的数量方法，较费人力、财力和时间，也难于做到绝对准确，故该调查应用并不多。相对调查是利用某种方法来推算某时、某地的野生动物数量的方法。它又可分为直接法（调查对象为动物实体本身）和间接法（依据一些与动物本身有关的标志，如巢穴、足迹、粪便、食物残迹等作为调查对象，从而推算实体数量）。这两种方法在调查时往往是并用的，但是由于野生动物的听觉和嗅觉非常灵敏，活动迅速和机警，又多在晨昏或夜间活动，在自然条件下直接调查它们的数量是很困难的，因此多采用间接法来推算它们的数量，这种推算必须用一个换算系数将活动痕迹数换算成现有的动物数量。

（1）林内动物可采取样线调查的方法，样线的长度应该和样地最大长度一致（见表12-1）。对遇见的动物痕迹和活动都要做调查记录，除记录所遇见的一切活动外，统计实体时，一般记录前方或左右两侧的鸟兽。调查时间：1年调查3次，预计在每年5月初、6月下旬、9月中旬完成。因为昆虫出现的时间可以分为昼行性和夜行性，所以调查应分为白天调查和夜间调查。夜间调查以灯诱为主。

表12-1　动物样线调查表

样地号：_____。　调查员_____。

调查时间：____年____月____日自____时____分至____时。

样地其止点：_____，长___m × 宽___m，面积___hm²。

样线通过的环境（地形、林分、水系、特点）_____。

调查时的天气状况：_____。

动物名称	足迹数	观测实体数	粪堆	巢穴	食残	卧迹	其他

（2）森林昆虫群落调查分为树冠层昆虫群落、灌木层昆虫群落、草本层昆虫群落（见表12-2）。

表12-2　昆虫和病虫害（包括地下）调查记录表

样地号：_____。　样地概况：_____。

主要病虫	分布地及寄主	虫体长度	数　量	有虫株率	危害等级

①树冠层昆虫：采取样枝法，在样地内用棋盘法选取5棵样树，每棵样树按东、南、西、北方向剪取40 cm长小枝条1枝，每样树共剪取4枝，每样地共剪取20枝；把枝条放入塑料带内，将昆虫抖落，放入毒瓶；标明样地号及采集层，带回室内鉴定。

②灌木层昆虫：采取扫网法和样枝法，每条对角线扫网30网，将扫入昆虫放入毒瓶；对小型昆虫如蚜虫采用样枝法，每条对角线采集40 cm长枝条10枝，把枝条放入塑料带内，将昆虫抖落，放入毒瓶；标明样地号及采集层，带回室内鉴定。

③草本层昆虫：采取小样方法，每样地用棋盘法选取5个样方，样方大小为1 m×1 m，将样方内昆虫采集放入毒瓶；标明样地号及采集层，带回室内鉴定。

④地下病虫害，选取样地中危害主要树种的一种昆虫进行采样，将采集的昆虫带回室内进行分类鉴定，记录各样地昆虫种类和数量，测量昆虫的长度。选取常用监测因子虫体长度（用L表示）、虫口密度（用M表示）、有虫株率（用W表示）三项因子综合评价害虫的危害等级。

（3）统计样地昆虫种类

①丰富度指数使用Margler指数：$D=(S-1)/\ln N$，S表示物种数，N表示各物种的个体数。

②多样性指数使用Simpson指数：$D=1-\dfrac{\sum N_i(N_i-1)}{N(N-1)}$，$N_i$为第$i$种的个体数，$i=1$，$2$，$3$，$\cdots$，$N$（见表12-3）。

表12-3 各样地昆虫群落的丰富度与多样性指数

样地号	林型	物种数	个体数	多样性指数	丰富度指数

第13章　森林防火状况的调查实习

13.1　森林防火的由来与发展

13.1.1　火的由来

火是一种自然现象，它是可燃物与氧等助燃物质发生剧烈氧化反应，并伴有放热发光的燃烧现象。在距今大约46亿年以前，地球刚刚产生时其本身就是一个"火球"，随着天体的不断演化，产生了水和空气，自然界便出现了雷电、火山喷发等自然火现象。在距今大约3.5亿年前的泥盆纪中晚期，地球上才出现了森林，也就产生了林火这一自然现象。

13.1.2　人类对林火的认识发展

13.1.2.1　原始用火阶段

最早，人们发现火可以烧毁森林，烧死野生动物；同时，火烧后留下的"熟食"，味道更美，便开始用火，后来演变为钻木取火等。

13.1.2.2　森林防火阶段

随着工业化的发展，人类对森林的利用迅速增加，外加人为因素或自然因素引起的森林火灾不断发生，使得森林面积越来越少，使人类认识到森林并非是"取之不尽，用之不竭"的资源，人们开始有意识地预防和控制森林火灾。目前，全球森林以每天近3.5万hm²的速度递减。

13.1.2.3　林火管理阶段

林火具有两重性，即有害的森林火灾和有益的营林用火。有害的森林火灾能烧毁森林、牧场，危害野生动物，乃至威胁人类生命财产安全。有益的营林用火可以清除地被物和采伐剩余物，一方面，营林用火可以改善林地的卫生条件，对恢复森林及促进森林更新和生长大有益处；另一方面，营林用火减少了林地可燃物积累，减少了火灾隐患。此外，火烧还可改良牧场，火烧防火线等。这一阶段的主要特点是在控制有害的森林火灾的同时，应将火作为经营森林的工具和手段加以利用，变"火害"为"火利"。

13.1.2.4 现代化林火管理阶段

主要是在高新技术上的不断应用，如卫星林火监测、红外探火等电子计算机技术的飞速发展。这一阶段的特点是在内容上与林火管理阶段相同，即"防火"和"用火"，但是在手段上却有质的飞跃。这一阶段森林火灾基本能得到控制，用火广泛，且有成熟的安全用火技术。目前，世界上只有少数一些国家基本进入了这一阶段。

13.1.3 我国森林防火发展的几个时期

13.1.3.1 新中国成立前的基本空白时期

森林防火通常都是自生自灭。

13.1.3.2 群众防火时期

新中国成立后，1953年国务院发布了"防胜于救"的护林防火方针，于1964年修改为"预防为主，积极消灭"并一直沿用至今。这一时期，虽然国家投资修建了瞭望塔，实行了群众义务扑火制度等措施，但是还远不能满足森林防火的需要，这一时期的森林防火主要还是依靠群众。

13.1.3.3 初期科学防火时期

各级组建森林防火专业队伍，通过森林防火学习班、培训班，开展森林防火网化建设，先后研制出了风力灭火机、灭火水枪、二号工具等森林防火工具，各大林区普遍开展了林火预报。但由于我国地广林少，而且分布不平衡，防火基础设施薄弱，森林防火工作仍需依靠群众，形成了群众防火和依靠科技防火相结合阶段。

13.1.3.4 重视科学防火时期

1987年，黑龙江大兴安岭发生了"5·6"特大森林火灾，历时28天，过火面积101 hm²，直接经济损失约5亿元。从这之后，国家更加重视森林防火工作，组建了森林防火总指挥部。各省（区）也加强了森林防火组织机构建设，投资进行了森林防火科学研究，我国正在向着科学防火的阶段发展。

13.2 森林防火的重要性

13.2.1 森林火灾的危害

（1）烧毁林木。

（2）烧毁林下植物资源（林副产品，如药材、珍贵的野生植物等）。

（3）危害野生动物：破坏生境，甚至直接烧死、烧伤野生动物。

（4）引起水土流失：森林具有涵养水源，保持水土的作用，枯枝落叶层不仅有减缓雨水冲击作用，而且能大量吸收水分，外加树根对土壤的固定作用，很少发生水土流失。

（5）使下游河流水质下降：森林多分布在山区，一旦遭受火灾，林地土壤侵蚀流失要比平原严重得多，大量泥沙带到下游使水质下降，继而影响鱼类等水生生物的生存。

（6）引起空气污染：森林燃烧会产生大量的烟雾，其主要成分是二氧化碳和水蒸气，还可产生一氧化碳、硫化物、氮氧化物等危害人类身体健康及野生动物的生存。

（7）威胁人民生命财产安全：全世界每年由于森林火灾导致千余人死亡，此外，林区的工厂、房屋、道路（桥梁）等常常也会受到威胁。

13.2.2　森林防火的意义

（1）森林防火是保护自然资源的需要。

（2）森林防火是保护生态环境的需要。

（3）森林防火是保护森林发展林业的需要。

（4）森林防火是维护林区社会安定的需要。

13.2.3　我国森林火灾严重的原因

13.2.3.1　气候因素

我国绝大部分地区属于大陆性季风气候，具有明显的干旱季节，而干旱与森林火灾密切相关，另外，厄尔尼诺现象也与森林火灾的发生密切相关。厄尔尼诺现象指太平洋赤道附近海洋水温升高而引发的一系列气候异常现象。

13.2.3.2　植被因素

（1）我国仅有的原始林多集中分布在边远地区，人烟稀少，交通不便，一旦发生森林火灾，常因发现及扑救不及时而酿成特大森林火灾。

（2）我国有大面积次生林，林下及林中空地杂草灌木丛生，大大增加了林分的易燃性。

（3）针叶树种本身含有大量松脂和挥发性物质，易燃性很高。

（4）造林营造的人工幼林、木草、木灌竞发，燃烧性极高。

13.2.3.3　人为因素

就我国而言，由于人为因素而引发的森林火灾占99%以上，而自然因素（雷电等）不足1%。

13.2.3.4 社会经济因素

用于森林防火的资金有限。

13.3 林火基础理论

13.3.1 森林燃烧

（1）森林燃烧是指森林可燃物在一定外界温度作用下，快速与空气中的氧结合，产生放热发光的化学物理反应。

（2）森林燃烧根据其燃烧时有无明火出现可分为有焰燃烧和无焰燃烧两种类型。有焰燃烧是指燃烧时能产生明火的燃烧，如杂草、枯枝落叶；无焰燃烧是指燃烧时没有火焰，如森林中的泥炭、腐殖质、腐朽木等。

13.3.2 森林燃烧三要素

13.3.2.1 可燃物

凡是能与氧或氧化剂起燃烧反应的物质均称为可燃物。森林中的可燃物如乔木、灌木、草本、苔藓、枯枝落叶等。

13.3.2.2 助燃物

凡与可燃物结合能帮助和导致发火的物质均为助燃物。通常指氧气、氯气、高锰酸钾。

13.3.2.3 一定温度

一般干枯杂草的燃点为150～200 ℃，木材的燃点为250～300 ℃，自然蓄热等需要一定温度。

13.3.3 林火种类

林火通常划分为地表火、树冠火和地下火三种类型。地表火是指沿林地表面蔓延的林火。树冠火是指由地表火遇到强风或特殊地形向上烧至树冠，并沿树冠蔓延和扩展的林火；树冠火破坏性大，不宜扑救。地下火是指在地表以下蔓延和扩展的林火，多发生长期干旱有腐殖质层或泥炭层的森林中。

13.4 森林防火预防

13.4.1 防火行政管理

领导机构有国家和地方各级人民政府设立的森林防火指挥部，负责本行政区的森林防火工作。职能部门有县级以上森林防火指挥部在林业部行政主管部门设立办公室，负责森林防火日常工作。护林队伍包括有林单位和林区基层单位，配备专职护林员。

13.4.2 宣传教育

13.4.2.1 目的

大力开展森林防火宣传教育，是做好森林防火工作的前提和基础，其目的是不断强化全民的森林防火意识和法治观念，提高各级领导对做好森林防火工作重要性的认识和责任感，使森林防火工作变成全民的自觉行动。

13.4.2.2 内容

一是森林火灾的危险性、危害性；二是森林防火的各种规章制度；三是介绍预防和扑救林火的基本知识；四是介绍森林防火的先进典型和火灾肇事的典型案例。

13.4.2.3 形式

被群众喜闻乐见的形式，如广播、电视、报刊等（及时性和广泛性）；在交通要道和重点林区建立森林防火宣传牌、匾、碑等（持久性）；印制森林防火宣传单、宣传手册（群众性）；进入森林防火戒严期，悬挂森林火险等级旗和防火警示旗（针对性）。

13.4.3 依法治火

依法治火就是使森林防火工作有法可依，并依据法律手段加强对森林防火工作的管理。

13.4.3.1 转变观念

必须转变进入林区烧荒、野炊、吸烟视为习惯的旧观念，加强法制教育，依法治火。

13.4.3.2 完善法规

要从实际出发，有针对性地制定配套法规，使森林防火工作有法可依。

13.4.3.3 从严执法

加大依法治火力度，各级领导要亲自抓，公安、司法等部门紧密配合，做到见火就查、违章就罚、犯罪就抓，决不姑息迁就。

13.4.4 火源管理

火源可分为自然火源和人为火源两大类。自然火源如雷电、火山爆发、地震、陨石坠落、泥炭自燃等。人为火源如工业用火（林内计划烧除）、农业用火（烧荒、烧秸秆）、牧业用火（取暖、烧饭）、其他用火（汽车喷漏火、施工爆破）。火源管理措施如下：

13.4.4.1 认清特点

人为火源明显增多，开垦耕地、烧荒、旅游、狩猎、野外吸烟、上坟烧纸、故意纵火等都得引起警惕。

13.4.4.2 落实责任

采用签订责任状，防火公约，树立责任标牌等形式，把火源管理的责任落实到人头、林地。一般采取领导包片、单位包块、护林员包点，杜绝一切火种入山，消除火灾隐患。

13.4.4.3 抓住重点

抓住重点时期（防火戒严期和节假日）、重点部位（高火险地域、保护区）、重点人员（外来人员、小孩和痴呆人员）。

13.4.4.4 齐抓共管

火源管理是社会性、群众性很强的工作，必须齐抓共管，群防群治，成立联防小组。

13.4.4.5 绿色防火

利用绿色植物（包括乔木、灌木、草本及栽培植物），通过营林、造林、补植及栽培等经营措施来减少林内可燃物的积累，改变火环境，增加林分自身的难燃性和抗火性，阻隔或抑制林火蔓延。引进抗火、耐火植物，乔木如水曲柳、落叶松、柳树、榆树等，灌木如忍冬、红瑞木等。

13.4.4.6 黑色防火

人们为了减少森林可燃物积累，降低森林燃烧性或为了开设防火线等而进行的林内计划烧除，因火烧后地段呈黑色，故称黑色防火，也称以火防火。

13.5 森林火灾扑救

扑救森林火灾主要有扑打法、土灭火法、水灭火法、风力灭火法、爆炸灭火法、以火灭火法等方法。

（1）扑打法：适用于扑打中、弱度的地表火。工具是树条子、扫帚等。扑打时，将扑火工具斜向火焰，使其呈45°角，轻举重压，一打一拖，但忌使扑火工具与火焰呈90°角，直上直下猛起猛落的打法，以免助燃或使火星四溅造成新的火点。

（2）土灭火法：适用于枯枝落叶层较厚，森林杂乱物较多的地方。

（3）水灭火法：适用于火势不大，范围较小的火灾。

（4）风力灭火法：利用风力灭火机产生的强风，把可燃物燃烧释放出来的热量吹走，切断可燃性气体，使火熄灭的一种方法。风力灭火机一般只能扑灭弱度和中度地表火，而不能扑灭暗火和树冠火。

（5）爆炸灭火法：利用索状炸药、手投干粉灭火弹等爆炸产生的冲击波和泥土直接扑灭强度较大的火。

（6）以火灭火法：这种方法要求有很多的技术，且有很大的危险性，主要有火烧防火线法和点迎面火法。

①火烧防火线法：当火头前方的隔离带（道路、河流等）不能起到有效隔火作用，可以采用火烧法开设防火线。火烧时应尽量选用道路、河流等自然条件作为控制线。在控制线到火场之间点火，通常在控制线一侧点带状顺风火，第一条带宽以5～10 m为宜，不宜过宽，以防止火越过控制线；第二条带可稍宽一些，以11～15 m为宜。待点烧4～5条带（80～100 m宽）时，向火场方向点侧风火，使火逆向火场，遇火头后熄灭。

②点迎面火法：当火势很大，难于扑救时，在火头前方一定位置，火场产生逆风时点火，使火烧向火场方向，当两个火头相遇时，火即熄灭。

第四篇　生态系统遥感调查实习

第14章 土地覆盖野外核查

14.1 土地覆盖类型分类系统定义

野外调查的土地覆盖类型核查参考全国土地覆盖分类系统定义和全国生态十年土地覆盖的定量划分依据（见表14-1、14-2），土地覆盖的植被覆盖度、植被种类和植被功能参考全国生态十年土地覆盖的植被辅助特征（见表14-3）。依据土地覆盖Ⅱ级类型名称填写《全国土地覆盖野外核查表》。

表14-1 全国土地覆盖Ⅰ、Ⅱ级分类系统定义

Ⅰ级编码及名称	Ⅱ级编码及名称		说 明
1 森林			多年生木本植物为主的植物群落。具有一个可确定的、主干的、直立生长的植物。郁闭度不低于20%，高度在3 m以上。一般包括自然、半自然植被，及集约化经营和管理的人工木本植被
	11	常绿阔叶林	一般指双子叶、被子植被的乔木林，叶形扁平、较宽；一年没有落叶或少量落叶时期的物候特征。乔木林中阔叶占乔木比例大于75%。一般包括半自然植被，该植被可以恢复到或达到其非干扰状态的物种组成、环境和生态过程无法辨别的程度，如绿化造林、用材林、城外的行道树等
	12	落叶阔叶林	双子叶、被子植被的乔木林，叶形扁平、较宽；一年中因气候不适应有明显落叶时期的物候特征。乔木林中阔叶占乔木比例大于75%。一般包括半自然植被
	13	常绿针叶林	裸子植物的乔木林，具有典型的针状叶；一年没有落叶或少量落叶时期的物候特征。乔木林中针叶占乔木比例大于75%。一般包括半自然植被
	14	落叶针叶林	裸子植物的乔木，具有典型的针状叶；一年中因气候不适应有明显落叶时期的物候特征。乔木林中针叶占乔木比例大于75%。一般包括半自然植被

续表 14-1

Ⅰ级编码 及名称	Ⅱ级编码及 名称		说　明
	15	针阔混 交林	针叶林与阔叶林各自的比例分别在25%～75%之间。一般包括半 自然植被
2　灌木			多年生木本植物为主的植物群落。具有持久稳固的木本茎干,没 有一个可确定的主干。生长的习性可以是直立的、伸展的或伏倒 的。覆盖度不低于20%,乔木林覆盖度在20%以下,高度在0.3～5 m之间。一般包括自然、半自然植被,及集约化经营和管理的人工 木本植被
	21	常绿灌 木林	叶面保持绿色的植物群落。一般包括半自然植被,该植被可以恢 复到或达到其非干扰状态的物种组成、环境和生态过程无法辨别 的程度
	22	落叶灌 木林	叶面有落叶特征的植物群落。一年中因气候不适应有明显落叶时 期的物候特征。一般包括半自然植被
3　草地			一年或多年生的草本植被为主的植物群落,茎多汁、较柔软,在气 候不适应季节,地面植被全部死亡。草地覆盖度大于20%以上,高 度在3 m以下。乔木林和灌木林的覆盖度分别在20%以下。一般 包括人类对草原保护、放牧、收割等管理状态,城市草本绿地
	31	草甸	生长在低温、中度湿润条件下的多年生草生植被,中生植物,也包 括旱中生植物,属非地带性植被
	32	草原	温带半干旱气候下的由旱生草本植物组成的植被,植被类型单一, 属地带性植被,分布于我国北方、青藏高原地区
	33	草丛	中生和旱生中生多年草本植物群落,属地带性植被,分布于我国东 部、南方地区
4　湿地			一年中水面覆盖超过两个月的表面。一般包括人工的、自然的表 面,永久性的、季节性的水面,植被覆盖与非植被覆盖的表面
	41	森林 沼泽	乔木植物为主的湿地。植被郁闭度不低于20%
	42	灌丛 沼泽	灌木植物为主的湿地。植被郁闭度不低于20%
	43	草本 沼泽	以喜湿苔草及禾本科植物占优势,多年生植物。植被郁闭度不低 于20%
	44	湖泊	湖泊等相对静止的水体
	45	水库/ 坑塘	人工建造的静止水体,包括鱼塘、盐场

续表 14-1

Ⅰ级编码 及名称	Ⅱ级编码及 名称		说　　明
	46	河流	天然河流、溪流和人工运河等流动水体
	47	运河/ 水渠	人工建造的线性水面
5	耕地		人工种植草本植物,以收获为目的、有耕犁活动的植被覆盖表面
	51	水田	有水源保证和灌溉设施,筑有田埂(坎),可以蓄水,一般年份能正常灌溉,用以种植水稻或水生作物的耕地。一般包括莲藕等
	52	旱地	两年内至少种植一次旱季作物的耕地,包括有固定灌溉设施与灌溉设施的耕地。一般包括草皮地、菜地、药材、草本果园等,也包括人工种植和经营的饲料、草皮等草地,不包括草原上的割草地
	53	园地	种植以采集果、叶、根、干、茎、汁等为主的集约经营的多年木本植被的土地。一般包括果园、桑树、橡胶、乔木、苗圃、茶园、灌木苗圃、葡萄园等园地,还包括城市绿地
6	人工 表面		人工建造的陆地表面,用于城乡居民点、工矿、交通等,不包括期间的水面和植被
	61	居住地	城市、镇、村等聚居区。绿地面积小于50%
	62	工业 用地	独立于城镇居住外的,或主体为工业、采矿和服务功能的区域。一般包括独立工厂、大型工业园区、服务设施
	63	交通 用地	各种交通道路、通信设施、管道,不包括护路林及其附属设施、车站、民用机场用地
7	裸露 地		一年无植被覆盖或者覆盖极低的地表、冰雪
	71	稀疏 植被	植被覆盖度为4%～20%植被
	72	苔藓/ 地衣	地衣是由真菌类和藻类联合共生形成的复合生物体,出现并包裹在岩石、树干等外面;苔藓是一类没有真正的叶、茎或根的光合自养的陆地植物,但有类茎和类叶的器官。一般出现在极端恶劣海拔高或纬度高的环境条件下
	73	裸岩	地表覆盖是硬质的岩石、砾石覆盖的表面,包括以碎石为主,低植被覆盖度的荒漠,如戈壁
	74	裸土	地表被土层覆盖、低植被覆盖度的土壤
	75	沙漠/ 沙地	地面完全被松散沙粒所覆盖、植物非常稀少的荒漠
	76	盐碱地	地表盐碱聚集、植被稀少,只能生长强耐盐植物的土地
	77	冰川/ 永久积雪	表层被冰雪常年覆盖的土地

表14-2 全国生态十年土地覆盖的定量划分依据

序号	I级分类	II级分类	指　　标
1	森林	常绿阔叶林	自然或半自然植被,H在3～30 m,C>20%,不落叶,阔叶
		落叶阔叶林	自然或半自然植被,H在3～30 m,C>20%,落叶,阔叶
		常绿针叶林	自然或半自然植被,H在3～30 m,C>20%,不落叶,针叶
		落叶针叶林	自然或半自然植被,H在3～30 m,C>20%,落叶,针叶
		针阔混交林	自然或半自然植被,H在3～30 m,C>20%,25%<F<75%
2	灌木	落叶灌木林	自然或半自然植被,H在0.3～5 m,C>20%,落叶,阔叶
		常绿灌木林	自然或半自然植被,H在0.3～5 m,C>20%,不落叶,针叶
3	草地	草甸	自然或半自然植被,K>1.5,土壤水饱和,H在0.03～3 m,C>20%
		草原	自然或半自然植被,K在0.9～1.5,H在0.03～3 m,C>20%
		草丛	自然或半自然植被,K>1.5,H在0.03～3 m,C>20%
4	湿地	森林湿地	自然或半自然植被,T>2或湿土,H在3～30 m,C>20%
		灌丛湿地	自然或半自然植被,T>2或湿土,H在0.3～5 m,C>20%
		草本湿地	自然或半自然植被,T>2或湿土,H在0.03～3 m,C>20%
		湖泊	自然水面,静止
		水库/坑塘	人工水面,静止
		河流	自然水面,流动
		运河/水渠	人工水面,流动
5	耕地	水田	人工植被,土地扰动,水生作物,收割过程
		旱地	人工植被,土地扰动,旱生作物,收割过程
		园地	人工植被,无收割过程,H在0.3 m以上,C>20%
6	人工表面	居住地	人工硬表面,居住建筑
		工业用地	人工硬表面,生产建筑
		交通用地	人工硬表面,线状特征
7	裸露地	稀疏植被	自然或半自然植被,H在3～30 m,C在4%～20%
		苔藓/地衣	自然,微生物覆盖
		裸岩	自然,坚硬表面
		裸土	自然,松散表面,壤质
		沙漠/沙地	自然,松散表面,沙质
		盐碱地	自然,松散表面,高盐分
		冰川/永久积雪	自然,水的固态

注: C为覆盖度\郁闭度（%）; F为针阔比率（%）; H为植被高度（m）; T为水一年覆盖时间（月）; K为湿润指数。

表14-3　全国生态十年土地覆盖植被类型的辅助特征

Ⅱ级分类	Ⅲ级分类		
	植被盖度	植被类型	植被功能
常绿阔叶林	20%～100%	按植物群落的建群种:马尾松林\白桦林\杉木林\青冈林\竹林\桉树林等;如亚热带地区主要区分马尾松(针叶林)、杉木(针叶林)、桉树(常绿阔叶林)等,热带地区主要区分马尾松、杉木、桉树等,暖温带主要区分杨树等	乔木林:防护林\特种用途林\用材林\薪炭林\经济林\四旁树\城镇森林
落叶阔叶林			
常绿针叶林			
落叶针叶林			
针阔混交林			
常绿灌木林			
落叶灌木林			
园地		茶园\柑橘园\橡胶园\板栗\核桃\龙眼\荔枝\沙棘等	
草甸		按植物群落的建群种	天然草地\封育草地\割草地\冬春放牧草地\夏秋放牧草地\全年放牧草地\休憩用地\绿地等
草原			
草丛			
森林沼泽		红树林\芦苇等	
灌丛沼泽			
草本沼泽			
水田		水稻\莲花等	
旱地		小麦\玉米\大豆\棉花等	
居住地	4%～20%		
荒漠	4%～20%		

14.1.1　植被盖度

植被覆盖度是指植被垂直投影面积占地块土地面积的百分比。当植被覆盖度大于20%时，属于植被类型，在居民地中，植被覆盖度要求小于50%；当植被覆盖度在4%～20%之间，属于稀疏植被类型；当植被覆盖度小于4%时，为非植被类型。

14.1.2　植被类型

植被类型是指该地区植物群落中的建群种，一般为多数、优势的树种。植被功能是其为人类服务的特征，木本植被功能参考国家林业局划分标准，划分为特种用途林、防护林、用材林、薪炭林、经济林、四旁树、城镇森林（见表14-4）。草地功能划分为天然草地、封育草地、割草地、冬春放牧草地、夏秋放牧草地、全年放牧草地、休憩用地（公园）、绿地等。天然草地指草甸、草原、草丛三类自然生长的草地；封育草地指有人工保护措施的草地，如围栏等；割草地指一年中人为进行地表收割的草地，但不扰动土壤，草皮种植不在此列；冬春放牧草地、夏秋放牧草地、全年放牧草地是人为放牧时间的定义与区分管理功能；休憩用地指城外人工草地；绿地为城镇内部的绿化草地。

表14-4　乔木林植被功能表

类别	林种	二级林种	主导功能说明
公益林	特种用途林	国防林	保护国界,掩护和屏障军事设施
		科教试验林	提供科研、科普教育和定位观测场所
		种质资源林	保护种质资源与遗传基因,种质测定,繁育良种,培育新品种
		环境保护林	净化空气,防污抗污,减尘降噪,绿化美化小区环境
		风景林	维护自然风光和游憩娱乐场所
		文化林	保护自然与人类文化遗产,历史及人文纪念
		自然保存林	留存与保护典型森林生态系统,地带性顶级群落,珍贵动植物栖息地与繁殖区和具有特殊价值的森林
	防护林	水土保持林	减缓地表径流,减少水力侵蚀,防止水土流失,保持土壤肥力
		水源涵养林	涵养和保护水源,维护和稳定冰川雪线,调节流域径流,改善水文状况
		护路护岸林	保护道路、堤防、海岸等基础设施
		防风固沙林	在荒漠区、风沙沿线减缓风速,防止风蚀,固定沙地
		农田牧场防护林	改善农区牧场自然环境,保障农牧业生产条件
		其他防护林	防止并阻隔林火蔓延、防雾、护渔、防烟等

续表 14-4

类别	林种	二级林种	主导功能说明
商品林	用材林	一般用材林	培育工业及生活用材,生产不同规格材种的木(竹)材
		工业纤维林	培育造纸及人造板工业等所需木(竹)纤维材
	薪炭林		生产木质热能原料和生活燃料
	经济林	果品林	生产干、鲜果品
		油料林	生产工业与民用油加工原料
		化工原料林	生产松脂、橡胶、生漆、白蜡、紫胶等林化原料
		其他经济林	生产饮料、药料、香料、调料、饲料、花卉、林(竹)食品等林特产品及加工原料
四旁树			农村居民点内或周边的林地,林地覆盖率大于50%
城镇森林			城镇中的绿化林地

14.2　土地覆盖地面核查点位布设

14.2.1　土地覆盖地面核查点位

省级环保部门共计54697个样本点,样点经、纬度位置以项目实施管理组提供的矢量数据为主要依据。各省(区、市)土地覆盖样点数分配见表14-5。

表14-5　各省(区、市)土地覆盖实地核查样点数分配表

省(区、市)	数量	省(区、市)	数量	省(区、市)	数量
北京	1012	安徽	1980	四川	3159
天津	1018	福建	1317	贵州	1764
河北	2504	江西	2292	云南	1850
山西	2005	山东	2437	西藏	1560
内蒙古	2172	河南	2514	陕西	2509
辽宁	1136	湖北	1458	甘肃	2506
吉林	1010	湖南	1985	青海	2518
黑龙江	1579	广东	1805	宁夏	1003
上海	994	广西	1758	新疆	1780
江苏	1511	海南	1007	总计	54697
浙江	1554	重庆	1000		

14.2.2 样点位置调整原则和方法

在实际野外调查中，有三种情况是难以到达的核查点：无人区的作业，如沙漠、青藏高原无人区；难以到达的样点，如湿地、深山老林、雪山等；不可预见的断路、地震等影响。为此，有些个别核查点需要进行调整，调整原则如下：

（1）距国家4级以上的公路（4.5 m宽）直线距离在2 km以上的点视为难以到达的样点。

（2）样点调整以接近原核查点位置、类型相当地块布设。

（3）调整核查点数量控制在20%以内，超过部分想办法自行解决。

14.3 土地覆盖类型识别

由于制图综合的效果，很多地面类型不能在成果中反映，为此，在野外调查中，要以制图要求进行野外核查。样点要满足大面积纯地类要求，若有多种类型混杂，需要确定主要类型和可见的边界范围。

14.3.1 个体乔木、灌木、草本植物判别

自然界中乔木、灌木、草本植物其实也是逐步过渡的，存在着一些中间类型需要进行量化识别。三者的区分是以高度为先，然后是结构（生活型）。若植被高度大于5 m，一律视为乔木植物；若植被高度在0.3 m以下，一律视为草本植物；若植被高度在3 m以下，不可视为乔木植物；在3 m以上不可视为草本植物；在0.3～5 m之间，根据结构划分，如是否一年生、有无明显主干等，划分乔木、灌木、草本植物。

14.3.2 区域植被类型判别

在划分森林、灌木、草地时，需要结合植被垂直分层与水平分布。高度自上而下为乔木、灌木、草本，依次判别。若最顶层植被水平覆盖度大于20%，以该层植被代表该地类型；若小于20%，则以下层命名。

森林　　　　　　　　灌木　　　　　　　　草地

图14-1　植被的垂直和水平结构与空间组合特征

14.3.3 混合类型判别

针阔混交林，每类覆盖度大于25%，否则为其中的一类，并混合面积要大于5400 m²。其他混合类以最多类型面积命名，如常绿与落叶混交林以覆盖度大的类型命名。旱季作物与水稻轮作命名为水田；一年只要耕作，即为耕地，一年内一直休耕可视为草地或裸露地；果树下有作物耕作时，视为耕地（一般此阶段，果树未成熟）。

14.3.4 其他类型判别

水体以常流水面积为准，冰川以一年最小面积为准；荒漠中的枯草也算植被。未成林造林地（小于3 m），按实际结构特征识别，应为草地或灌木等。

14.4 土地覆盖类型核查资料与设备要求

（1）核查点定位工具：车载GPS外置天线，手持GPS，如佳明（Garmin）、麦哲伦（Magellan）等。

（2）记录工具：手提电脑、数码相机、野外调查表、笔等。

（3）植物鉴定工具书：《中国植物志》《中国高等植物图鉴》及各地方植物图志和自然保护区综合考察报告（植物鉴定可借鉴植物图志或者当地专家）。

（4）空间数据：核查点空间数据（shp格式）、公路分布数据（shp格式）、其他空间辅助数据。

（5）调查设备：越野车、望远镜等。

（6）野外数据采集系统：可以使用野外数据采集系统，软件由系统平台的卫星中心负责提供，硬件主要为平板电脑设备（具备GPS采集/300万以上像素照片采集/3G无线网路等功能）。

14.5 土地覆盖地面核查流程

14.5.1 准备工作

在手提电脑中打开Arcmap软件，输入土地覆盖数据、公路数据或者其他空间辅助数据，连接、打开车载GPS，接收卫星信号，使GPS光标信号在Arcmap中显示。确保汽车开动后，GPS能在屏幕中沿行进方向移动。

14.5.2 导航接近核查点

在Arcmap中确定核查点、道路、起始点之间的空间关系，确定行进方向，出发后利用车载GPS导航，不断接近核查点，汽车行驶到达离核查点最近的地方。

在汽车达不到的地方，需要步行达到核查点。将核查点输入到手持GPS中，打开手持GPS接收卫星信号。利用手持GPS的目标导航，接近核查点。

14.5.3 现场核查点识别

到达核查点后，需要确定有效核查点。有效核查点周围土地所覆盖面积必须大于200 m×200 m，即40000 m²。以观测位置为半径，周边向外100 m范围，只有一种土地覆盖类型，或者大部分为该类型（针阔混交林除外），以便在土地覆盖数据中可以确定和识别该类型。如果达不到面积要求，或者受不可抗拒条件，行径无法到达目的地，需要在接近核查点附近新增加有效核查点。

14.5.4 现场核查点调查

对照《全国土地覆被Ⅰ、Ⅱ级分类系统》定义表和《全国生态十年土地覆盖的植被辅助特征》，按照"全国土地覆盖野外核查表"内容填写、记录。野外记录一律采用纸质表填写。"全国土地覆盖野外核查表"内容为核查点号、经度、纬度、遥感土地覆盖、实际土地覆盖、植被覆盖度、植被类型、植被功能、个体照片号、景观照片号、说明、日期等。

14.6 土地覆盖地面核查表及其填写说明

土地覆盖地面核查表的填写参照"全国土地覆盖野外核查表"（见表14-6）。

表14-6 全国土地覆盖野外核查表

_____省_____市_____县 调查人：_____ 审核人：_____

序号	核查点号	经度	纬度	遥感土地覆盖	实际土地覆盖	植被覆盖度	植被类型	植被功能	个体照片号	景观照片号	说明	日期
1	23001034	124.12345	46.12345	落叶阔叶林	落叶灌木林	70%	杨树	用材林	23001034T	23001034W		2012-6-5
2												
3												

14.6.1　核查点号

该编号在"全国土地覆盖核查点"矢量文件（shp格式）的属性表"核查点"中读取，共8位号码，省行政代码（2位）+新增点标识号（2位）+顺序号（4位），在项目组提供的核查点中，新增点标识号为"00"。若在实际调查中，个别点无法到达，需要接近原核查点附近新增加核查点，则需要在"新增点标识号"和"顺序号"中重新编写号码。"新增点标识号"改为省内土地覆盖调查小组编号（以避免重号），一个小组有一个唯一编号，从01至99，由各省自定，在"顺序号"中，每个小组内顺序编码。

14.6.2　经度、纬度

经度、纬度在"全国土地覆盖核查点"矢量文件（shp格式）的属性表"经度、纬度"中读取，由于实际采集数据略有偏差，或者GPS精度限制，到达目的地后，属性表中坐标与实际地块中心坐标有差异，则需选择合适的地点，只要在500 m以内都可重新采集坐标，核查点编号不变。地类坐标采集时，手持GPS必须位于地类中央，距离其他类型大于100 m以上。以度表示，小数点后要求精确到5位。若观测位置（如森林中）可能没有GPS信号或者走不进去（湿地等），可在地类旁边记录坐标，但应在"说明"中说清楚变化位置的方位、距离。

14.6.3　遥感土地覆盖

遥感土地覆盖在"全国土地覆盖核查点"矢量文件（shp格式）的属性表"土地覆盖"中读取。该类型为中科院提供的2010年土地覆盖类型，即土地覆盖数据（coverage格式）属性表字段中的"CNAME"。

14.6.4　实际土地覆盖

根据表14-2的定义，确定地面核查的土地覆盖类型。

14.6.5　植被覆盖度

对于表14-3中的植被类型，依据植被覆盖度的定义，目估地表实际的植被覆盖度，单位为%。

14.6.6　植被类型

以该地区的多数的植物类型确定植被种类，命名参考《中国植物志》。

14.6.7　植被功能

参照表14-3植被功能分类填写。

14.6.8　个体照片号

近景照，反映类型单体的特征。在野外按实际照片号填写纸质表，回到室内，将照片文件名改为核查点"序列号"（核查数据中的字段）+T，并更新电子表格，如11002587T。

14.6.9　景观照片号

全景照，反映类型单体的空间关系与环境特征。在野外按实际照片号填写纸质表，回到室内，将照片文件名改为核查点"序列号"（核查数据中的字段）+W，并更新电子表格，如11002587W。

14.6.10　日期

当天日期，年、月、日之间以"-"分开，如2021-05-14。

14.7　成果提交要求

（1）提交样点野外调查电子表格（xls格式）。

（2）提交野外GPS调查路线。

（3）提交300万像素以上JPEG格式照片。

第15章　生态系统参数野外观测

15.1　样区、样地、样方布设

全国范围内布设生态系统参数野外观测样区，样区内布设样地，样地内布设样方。样区包括综合样区、典型样区及典型小样区，其中综合样区大小为 100 km×100 km，典型样区大小为 50 km×50 km，典型小样区大小为 5 km×5 km。样地大小为 100 m×100 m，选择在生态系统类型一致平地或相对均一的缓坡坡面上，综合样区要求不低于 100 个样地，典型样区要求不低于 25 个，典型小样区要求不低于 3 个。样方布设要反映各生态系统随地形、土壤和人为环境等的变化特征，每个样地须保证有重复样方，具体如图 15-1 所示。

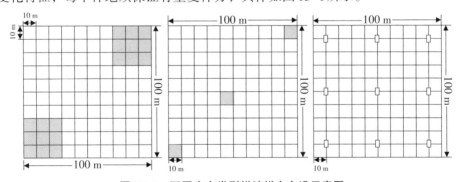

图 15-1　不同生态类型样地样方布设示意图

（1）森林生态系统样方为 30 m×30 m，2 次重复。

（2）灌木生态系统样方为 10 m×10 m，3 次重复。

（3）草地生态系统样方为 1 m×1 m，9 次重复。

（4）农田生态系统样方为 1 m×1 m，9 次重复。

（5）荒漠生态系统样方为 30 m×30 m，2 次重复。

15.2 观测内容

15.2.1 样地背景因子观测

（1）记录样地位置、样地大小、样地优势种类型、土地利用类型、经营历史（调查）、土壤类型（具体类型参见填写标准规范）信息，并使用罗盘观测样地的坡度、坡向，同时采用目估的方法对样地的乔木、灌木、草本植物的平均覆盖度和高度进行估算，作为后期的参考。

（2）观测坡度。打开仪器，使反光镜与度盘座略呈45°，侧持仪器，沿照准、准星向斜面边瞄准，并使瞄准线与斜面平行，让测角器自由摆动，从反光镜中注视测角器中央刻线所指示俯仰角度表上的刻度分划，即为所求的俯仰角度（坡度）。

（3）观测坡向。打开仪器，使方位指标"△"对准"0"，并使反光镜与度盘座略呈45°，用大拇指穿入提环，平持仪器，由照准经准星向被测地目标瞄准，从反光镜中注视磁针北端所对准度盘座上的分划，即为现地目标的磁方位角数值。

15.2.2 森林生态系统观测

15.2.2.1 样地设置

林地固定样地面积为10000 m²，样方2个，面积为30 m×30 m，林下植被样方3个，面积为5 m×5 m，具体以对角线中心点及两边各距15 m处为中心点布设3个5 m×5 m的区域。

15.2.2.2 观测内容

主要包括基本情况、结构特征和生物量（见表15-1）。

表15-1　森林生态观测内容一览表

类　别	观测内容	观测指标	观测方法	观测时间	备　注
森林观测	基本情况	优势树种	实地调查	7～9月	
		利用方式	实地调查	7～9月	
	结构特征	郁闭度	样地（线）法	7～9月	
		叶面积指数	仪器法	7～9月	
	生物量	冠幅	每木检尺	7～9月	
		胸径	每木检尺	7～9月	

续表 15-1

类　别	观测内容	观测指标	观测方法	观测时间	备　注
		树高	每木检尺	7～9月	
林下植被观测	结构特征	林下植被平均盖度	样方法	7～9月	
		林下植被平均高度	样方法	7～9月	
	生物量	生物量鲜重	样方法	7～9月	
		取样鲜重	样方法	7～9月	
		取样干重	样方法	7～9月	

15.2.2.3　观测方法

参照《林地分类》（LY/T1812—2009）和森林资源规划设计调查主要技术规定（国家林业局2003年）进行观测。

15.2.3　灌木生态系统观测

15.2.3.1　样地设置

林地固定样地面积不小于10000 m²，林木样方面积为 10 m×10 m。

15.2.3.2　观测内容

主要包括基本情况、结构特征和生物量（见表15-2）。

表 15-2　灌木生态观测内容一览表

类　别	观测内容	观测指标	观测方法	观测时间	备　注
灌木观测	基本情况	灌木种类	实地调查	全年	
		利用方式	实地调查	7～9月	
	结构特征	覆盖度	样地(线)法	7～9月	
		叶面积指数	仪器法	7～9月	
	生物量	高度	测高器法	7～9月	
		生物量鲜重	样方法	7～9月	
		取样鲜重	样方法	7～9月	
		取样干重	样方法	7～9月	
草本层观测	结构特征	植被平均高度	实地调查	7～9月	
		植被盖度	样方法	7～9月	
	生物量	生物量鲜重	样方法	7～9月	

续表15-2

类 别	观测内容	观测指标	观测方法	观测时间	备 注
		取样鲜重	样方法	7～9月	
		取样干重	样方法	7～9月	

15.2.3.3 观测方法

采用样方法，样方大小为10 m×10 m，至少需3个重复。

15.2.4 草地生态系统观测

15.2.4.1 样地设置

草地固定样地面积为10000 m²，按长期观测标准样地布设，样地一经确定，不再变更。样地大小要满足有效观测10年，每年7～9月植被生长盛期观测。

15.2.4.2 观测内容

主要包括基本情况、结构特征和生物量（见表15-3）。

表15-3 草地生态系统观测一览表

类 别	观测内容	观测指标	观测方法	观测时间	备 注
草地观测	基本情况	草地类型	实地调查	7～9月	
		利用方式	实地调查	7～9月	
	结构特征	覆盖度	样线法	7～9月	
		叶面积指数	样方法	7～9月	
	生物量	生物量鲜重	样方法	7～9月	
		取样鲜重	样方法	7～9月	
		取样干重	样方法	7～9月	

15.2.4.3 观测方法

草地样方面积为1 m×1 m，至少重复9次。观测采用现场调查法，参照《青海省草地资源调查技术规范》（DB63/F209—1994）和《草地旱鼠预测预报技术规程》（DB63/T331—1999）。

15.2.5 湿地生态系统观测

15.2.5.1 样地设置

湿地植被固定样地面积为10000 m²，设置森林湿地样方30 m×30 m，2个重复；灌丛湿地样方10 m×10 m，3个重复，草本湿地样方1 m×1 m，9个重复。

15.2.5.2　观测内容

主要包括基本情况、结构特征和生物量（见表15-4）。

表15-4　湿地生态观测内容一览表

类　别	观测内容	观测指标	观测方法	观测时间	备　注
湿地观测	基本情况	湿地类型	实地调查	7~9月	
		利用方式	实地调查	7~9月	
		湿地植被类型	现场调查	7~9月	
	结构特征	覆盖度	样线法	7~9月	
		叶面积指数	仪器法	7~9月	
	生物量	乔木群落生物量	样方法	7~9月	
		灌木群落生物量	样方法	7~9月	
		草本植物生物量	样方法	7~9月	

15.2.5.3　观测方法

采用现场调查法、现场描述法、资料收集、访问调查进行观测。参照《湿地分类》（GB/T24708—2009）和《湿地调查规程》（国家林业局2008年）进行观测。

15.2.6　农田生态系统观测

15.2.6.1　样地设置

农田固定样地面积为10000 m²，农田样方面积为1 m×1 m。

15.2.6.2　观测内容

主要包括基本情况、结构特征和生物量（见表15-5）。

表15-5　农田生态观测内容一览表

类　别	观测内容	观测指标	观测方法	观测时间	备　注
农田观测	基本情况	农田类型	实地调查	7~9月	
	结构特征	叶面积指数	仪器法	7~9月	
		覆盖度	样线法	7~9月	
	生物量	生物量鲜重	样方法	收割期	
		取样鲜重	样方法	收割期	
		取样干重	样方法	收割期	

15.2.6.3 观测方法

采用样方法，样方大小为 1 m×1 m，至少需9个重复。

15.2.7 荒漠生态系统观测

15.2.7.1 样地设置

荒漠固定样地面积为10000 m^2，林木样方面积为 30 m×30 m。

15.2.7.2 观测内容

主要包括基本情况、结构特征和生物量（见表15-6）。

表15-6 荒漠生态专项观测内容一览表

类　别	观测内容	观测指标	观测方法	观测时间	备　注
荒漠观测	基本情况	荒漠类型	实地调查	7～9月	
		优势种	样线法	7～9月	
		利用方式	实地调查	7～9月	
	结构特征	叶面积指数	仪器法	7～9月	
		植被覆盖度	样方法	7～9月	
	生物量	覆盖度	样方法	7～9月	
		单位面积生物量	收割法	7～9月	
		草本生物量	样方法	7～9月	

15.2.7.3 观测方法

采用样方法，样方大小为 30 m×30 m，至少需2个重复。

15.3 生态系统野外观测方法

15.3.1 地上生物量观测

15.3.1.1 森林生态系统地上生物量地面观测

根据林分特点，样地选取要具有代表性，即林分特征及立地条件一致地段设置样地；样地不能跨越河流、道路或伐开的调查线，且应远离林缘（至少应距林缘为一倍林分平均高的距离）；样地内树种、林分密度分布应均匀。森林生态系统地上生物量观测分为立木和冠层下部观测，立木与冠层下部生物量之和即为样方生物量。

（1）立木的地上生物量观测

通过样方内所有林木进行测量，获取其树高、胸径等地面观测数据，依据相对生长方程计算，对所有立木生物量求取平均值并除以样方面积，获取 1 m² 面积的立木生物量。

（2）冠层下部活体植被地上生物量观测

在样方内，随机选择 3 个 5 m×5 m 的区域，分别收集其中全部地上植被，称量鲜重，并从中抽取不少于 5% 的样品，105 ℃ 下烘干称干重，获取植株含水量，进而获得实测的地上生物量，计算 3 个区域平均值并除以样方面积，作为冠层下部 1 m² 面积的生物量。

15.3.1.2　草地生态系统地上生物量地面观测

按照草地生态系统样方布设规则布设 9 个 1 m×1 m 样方。草地生态系统参数野外观测应选择植物生长高峰期时进行，测定时间以当地草地群落进入产草量高峰期为宜，生物量分为活体生物量和凋落物生物量，其中活体生物量是将样方内植物地面以上所有绿色部分用剪刀齐地面剪下，不分物种分别装进信封袋，做好标记。称量鲜重后，65 ℃ 烘干称量干重，并将测得的干重数据记录，数据保留小数点后两位。计算 9 个样方活体生物量之和，然后计算 9 个值的平均值，得到 1 m² 面积的生物量。需要注意的是：

（1）如果样品量较多而烘干箱容量有限时，先称量总鲜重，然后取部分鲜样品，称量鲜重进行烘干、测定，所得值乘以其取样比率，即可获得整体干重值。

（2）在野外收集样品时需要将样品按样方分别装入塑料袋，编上样品样方号和日期，需要清点每个样方样品，不要有遗漏。

（3）带回的样品，应立即处理，如不能及时置于烘箱，需放置于网袋悬挂于阴凉通风处阴干，样品在野外收集时尽量放置在阴凉处，因为太阳暴晒易导致失水或霉烂。

15.3.1.3　农田生态系统地上生物量地面观测

农田样地选择要远离树木、田间肥堆坑或建筑物，样方选择距离路边田埂、沟边等 3 m 以上。在作物成熟收获前的晴天实施野外调查，采集作物地上部分全植株体。按照农田生态系统样方布设规则布设 9 个 1 m×1 m 样方，将样方内所有植物地上部分用剪刀齐地面剪下，按样方分别装进信封袋，做好标记。返回试验室后，可将作物植株分为叶、茎、籽粒三部分分别称量鲜重，然后进行烘干称重。烘干生物量是指晾干的作物叶、茎等用剪刀或锯刀加工成 5 cm 左右的小段，分别混合均匀之后，取约1 kg，籽粒也取约1 kg，称重后摊放在瓷盘或铝盒中，在烘箱中80℃烘干至恒重（前后两次称量，其质量变化不超过总质量损失的0.2％），冷却至室温，用电子天平称量干重，并将测得的干重数据记录下来。数据记录时保留到小数点后两位。计算9个样方烘干生物量并记录，计算9个值的平均值，得到1 m²面积的生物量。需要注意的是：

（1）在野外收集样品时需要将样品按样方分别装入塑料袋，编上样品样方号和日期，并清点每个样方样品，不要有遗漏。

（2）样品取回试验室后，要及时晾晒，样品在野外收集时放置在阴凉处，因为太阳暴晒易导致失水或霉烂。

（3）烘干时间取决于样品数量、粗细程度、瓷盘深度等，但一般不超过24小时。

（4）烘干样品的冷却尽量在干燥器中进行并及时称量。

（5）如果样品量较多而烘干箱的容量有限时，先称量总鲜重，然后取部分鲜样品，称量鲜重后进行烘干、测定，所得值乘以其取样比率，即可获得整体干重值。

15.3.1.4 灌木生态系统地上生物量地面观测

按照灌木生态系统样方布设规则在10 m×10 m的范围内布设3个1 m×1 m的小样方，在样方内采用全部收获法，用剪刀或锯条将灌木地上部分齐地取下，将其包装好后标记，带回试验室105℃下烘干至恒重，记录烘干重量，计算9个小样方烘干重平均值作为1 m²面积的生物量。烘干注意事项依据前文样方植被类型而定。

15.3.1.5 湿地系统地上生物量地面观测

根据湿地主要植被类型分别采用上述的不同方法进行观测。

15.3.1.6 荒漠系统地上生物量地面观测

样方布设依据荒漠生态系统优势物种而定：草本荒漠布设9个1 m×1 m样方，采用收割的方法称量鲜重，取样烘干后得到含水量，进而计算每个样方的干重，最终取9个样方的平均值作为整个样地的平均生物量；木本荒漠，将样方内的木本根据生物量的大小，分为高、中、低三种类型，分别估算其覆盖度，然后通过收割一定面积的地上生物量计算得到单位面积重量，最后结合覆盖度求得整个样方的地上生物量，同时对每一类型进行取样，烘干，进而计算样方生物量干重。烘干注意事项参考前文样方植被类型而定。

15.3.2　植被覆盖度、冠层郁闭度地面观测

野外观测分为连续植被和离散植被（开放冠层）观测，具体内容如下。

15.3.2.1　连续植被样方

（1）森林

采用对角线等间距选点法。对于30 m×30 m的样方，每条对角线选10个点，每隔4 m选1个。两对角线交叉处不需重复观测。在每个样点上保持鱼眼相机垂直向上，重复拍摄2～3张照片。对按行排列整齐的林地如人工林，应避免采样方向与行株方向平行。分别计算每个样点的郁闭度，取其平均值作为样方的郁闭度。

（2）灌木

采用对角线等间距选点法。对于10 m×10 m的样方，每条对角线选3个点，两对角线交叉处不需重复观测，每个样方共计5个点。在每个样点重复拍摄2～3次，最后分别计算每个样点的郁闭度，取其平均值作为样方的郁闭度。相机的高度和拍摄方式依据植被情况而定。对较高的灌木林，用鱼眼相机垂直向上拍摄。对冠高为1～2 m的灌木林，如果条件允许，可用支架将相机架至距地面3 m以上，用遥控器控制快门垂直向下拍摄。如果条件不允许，可将相机贴近地面，垂直向上拍摄，但要避免镜头被一片或几片叶子遮挡住。拍摄人员身体要放低，或选择计时模式，按动快门后远离相机，防止身体遮挡镜头。对冠高低于1 m的灌木丛，手持鱼眼相机在距地面1.5 m的高度垂直向下拍摄。

（3）草地

样方大小为1 m×1 m，每个样方中心拍摄，手持鱼眼相机在距地面1.5 m的高度，镜头垂直向下重复拍摄2～3次，最后分别计算每个样点的郁闭度，取其平均值作为样方郁闭度。

（4）农田

样方大小为1 m×1 m，每个样方中心拍摄，在每个样点处，用鱼眼相机重复拍摄2～3次，最后分别计算每个样点覆盖度，取其平均值作为样方覆盖度。鱼眼相机高度和拍摄方式根据作物情况而定，具体参照灌木样方测量方法。

注意拍摄时不要刻意选择植株多的区域，不要让一片或几片叶子遮挡住大部分镜头，自上向下拍摄时，最好使多行垄和植被都落入镜头（如图15-2所示）。

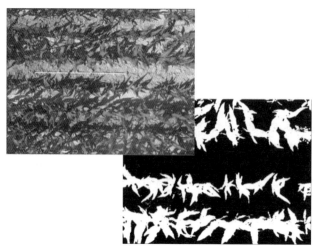

图15-2　自上而下拍摄玉米覆盖度

15.3.2.2　离散植被样方

对植被不均匀分布样方，少数采样点不能代表样方真实情况。对两条对角线连续采样，用两条对角线上植被覆盖度的平均值代表样方的覆盖度。此时，除森林样地观测在样方尺度上开展之外，其他生态系统样地均在样地尺度上开展，不必考虑样方的分布，最终直接测得样地植被覆盖度。具体方法用样带法。

（1）林地

沿样方对角线拉一根样带线（皮尺），测量样带线方向上树冠冠幅长度，该长度与样带线的总长度之比即为对角线上的郁闭度。两对角线郁闭度的平均值为林地样方的郁闭度。

（2）灌木

沿样地对角线拉一根样带线（皮尺），测量样带线方向上的灌木冠幅的长度（对于高大灌木）或植物个体接触样带线的长度（对于低矮灌木），该长度与样带线的总长度之比即为对角线上的郁闭度。两对角线覆盖度的平均值为灌木样方的覆盖度。

（3）草地

沿样地对角线拉一根样带线（皮尺），测量植物个体接触样带线的长度，该长度与样带线的总长度之比即为对角线上的郁闭度。取两对角线覆盖度的平均值作为草地样方的覆盖度。

（4）湿地、荒漠

根据样方内的植被类型参考开放式森林、灌林、草地的测量方法。

15.3.2.3　数据记录与处理

（1）照相法测量覆盖度时，要在记录表格中记录每个样方内所拍照片编号，方便后续处理。

（2）计算原理是对照片进行分类，统计植被像元比例，可用 Photoshop，CAN_EYE 等软件统计，也可用 IDL 调用 ENVI 进行批处理。

（3）鱼眼照片采用中心投影，照片边缘变形较大，且视角大，处理时应先对照片进行裁剪，以照片中心点为圆心，照片宽度的 2/3 为半径将照片裁为圆形。

（4）用 ENVI 分类时采用监督分类方法，记下不同生态类型照片中植被与非植被的 RGB 分界值，然后以此编程，对其他照片进行分类。

15.3.2.4　注意事项

（1）最好选择阴天或太阳高度角相对较低的时刻拍摄，防止过度曝光或阴影造成相片误判。

（2）在每个样点拍摄后，应及时查看，如果发现不合格照片，例如相机倾斜、模糊、曝光过度等，应立即重拍。

（3）在某些很难控制鱼眼相机水平的情况下，可用冠层分析仪（如 LAI-2000）在测量叶面积指数的同时获取郁闭度（参数 DIFN 代表冠层下可见天空比例，1−DIFN 则代表郁闭度）。

15.3.3　叶面积指数地面观测

15.3.3.1　不同植被类型 LAI 测量规范

（1）森林

适用于常绿阔叶林、落叶阔叶林、常绿针叶林、落叶针叶林、针阔混交林。可采用 LAI-2200 测量，也可采用 TRAC 进行测量，然后计算样方平均 LAI。LAI-2000 与 TRAC 的测量方法可参见下一节 LAI 测量方法。采样点沿样地的两条斜对角线等间距分布，两点之间间隔 5 m，每条对角线上观测 8 次。

（2）灌木林

适用于常绿灌木林和落叶灌木林。采用 LAI-2000 进行测量，每个样方内取一次参考的天空光照，8 次冠层下方观测求取平均值进行记录，采样点在两条对角线上等间距分布，以对角线交叉点为起点，两点之间间隔 3 m，每条对角线上取 4 个采样点，然后计算样方平均 LAI。

（3）草地

对于稀疏、低矮草地，由于植被十分稀少，采用干重法测量 LAI，然后计算样地平均LAI。样方大小为 1 m×1 m。干重法参见下一节LAI测量方法。对于高于 5 cm 的草地，采用LAI-2000对9个样方进行观测，然后计算样地LAI。

（4）农田

适用于水田、旱地，可采用叶片长宽法或LAI-2000测量，然后计算样方平均LAI。叶片长宽法参见下一节LAI测量方法。

（5）荒漠

对于稀疏林地，记录并测量每棵树的位置和LAI，然后计算样方平均LAI。对于荒漠草本植被，由于植被十分稀少，采用干重法测量LAI，然后计算样方平均LAI。样点大小为 1 m×1 m，样点与草地样地样方布设相同。

15.3.3.2 叶面积指数测量方法

（1）干重法

①准备好工具，如直尺、取样袋、剪刀、纸袋、烘箱、千分之一天平等。

②选定有代表的地块，取一定面积的植物样品放于取样袋中，带回室内测定。

③需要制备标叶：取5株有代表性的样品，将其展开绿叶全部摘下后，洗净，尽量取叶片中部宽窄一致的地方，剪成一定长度的小段（2 cm 或 3 cm），用直尺测定总宽度约 20 cm 的叶片，计算标叶面积 S，装入小纸袋烘干后称重（W_1）。

④需要余叶重的获取：将5株其他剩余绿叶全部烘干后称重（W_2）。所有剩余植株绿叶均摘下洗净烘干后称重（W_3）。

⑤计算公式：叶面积指数 = $(W_1+W_2+W_3) \times S/W_1/A$。

式中：W_1 为标叶重（g），W_2 为5株的余叶重（g），W_3 为剩余植株叶片重（g），S 为标叶面积（cm²），A 为取样面积（m²）。

（2）叶片长宽法

①准备带刻度的直尺、记录本、记录笔。

②以玉米为例，先从地里选择有代表性的3～5株，把这3～5株玉米的每一片叶子的长和宽都用直尺量出来。把每一片叶子的长乘以宽再乘以 0.75 这个系数，就得到了一片叶子的面积；再把所有的叶片面积加起来就得到了一株玉米的叶面积。根据密度算出一株玉米所占的土地面积，将玉米的总叶面积除以土地面积就得到了叶面积指数。

③计算公式：一株玉米叶面积 = （第一叶片长×第一叶片宽×0.75）+（第二叶片长×第二叶片宽×0.75）+……

叶面积指数 = ［（第一株玉米叶面积+第二株玉米叶面积+……）/所测的玉

米株数］/一株玉米所占的土地面积。

需要注意事项：这种方法适用于叶片近似一种形状的作物；每一种作物的系数不相同，具体作物有对应的系数。

（3）LAI-2000仪器测定法

①连接传感器：把仪器正面向上放好，左上方和右上方的两个接口都是LAI-2000的接口，分别为X、Y。接口一般使用X。

②按下"ON"键大约2 s后仪器就可以启动，按下"FCT"键再按09就可以关闭仪器。

③实际测量：主要包括传感器的校准和使用。实际操作中应考虑的问题通常有两个方面：一方面当天空和植物冠层的条件不理想的情况下，需要调整测量的方式。例如通常需要测量多个B资料进行均值处理得到LAI的值；太阳和操作员不能在传感器的视角里；对于树叶很浓而又有大的空隙时，需要传感器使用窄的视角，可以把树叶和空隙结合起来考虑。另一方面测量孤立的树时，最好用180°或者更小的视角盖进行测量，把传感器放在树冠下面的树干旁边测量B资料。用视角盖挡住树干，应该把传感器放在靠近树干并且在大树枝下边，但是不要让树干和树枝占据了传感器视野的主要部分。有两种放置传感器的方法：一种是放在低的树枝上面；另一种是树冠部分以外的下边。

使用视角盖的目的是挡住旁边的树，使用90°或45°视角盖会减小采样树冠的大小。如果树冠是对称的，而且很独立，那么可以在不同的方向上采集B数据。如果树冠不对称，则需要几个不同的文件来计算树叶密度。平均树叶密度从每个文件中得到的树叶密度的平均值获得。

C2000程序提供了计算路径长度和树冠体积的方法。使用一个坐标系统，以树下面的中心为原点，得到充分的坐标点来表示树冠的形状。C2000程序用这些资料得到路径长度，计算树冠体积和树叶密度。

④错误读数处理：理论上讲，B读数应该比A读数小。当树叶非常稀疏，在树上有大缝隙的时候，有时传感器看不到树叶，所以A、B读数很接近，或者相等，但是这些都是理论上的。在实际操作时，常常B读数大于A读数。主要原因可能为：一是天空的状况发生变化；二是测量仪器正常的波动；三是操作失误（A、B次序错误）；四是测量B读数时，传感器在太阳照到的叶子下（这也是操作失误）。当一个或多个光圈的B读数大于A读数时，会使这些光圈上的光线透过率大于1。如果产生这种结果的原因是因为操作错误或天空状况的改变引起的，可以提醒操作员，重新开始测量；如果只是因为树叶很稀少或者正常的仪器波动，可以设置参数使错误光圈上的最大透过率为1.0。FCT 16

（BAD READING）中可以设置处理方式，一般有三个选项：一是"Beep，Ignore"，即应该使用在 A 和 B 读数不会很接近的情况下，当仪器发现错误的读数时发出 BEEP，并且不记录该资料；二是"Set A/B=1"，即应该使用在树叶稀少的情况下当仪器发现错误的读数时，并不提示操作员，只把该值得到的叶面积指数设为 1.03；三是"Set B/A=1"，即和上一个设置类似，只用于两个传感器的情况。

LAI-2000 观测叶面积指数注意事项如下：

a.首先在要测的地块里选取有代表性的一块。

b.记录一个资料时，会有两声蜂鸣，第一声是按键声，第二声是读数完成的声音。在两次蜂鸣声之间，必须保持传感器水平不动。

c.在一块地里测量的 B 资料数值要尽量多，才有代表性。

d.注意不能使一片或一团叶子挡住了传感器的整个视野。

e.能使外部物体进入测量视野，可以考虑使用适当的视角盖。

f.如果可能的话，尽量避开阳光直射的环境，可以等待云挡住阳光，或者在日出和日落时进行测量。

g.在无云的晴空下，使用 270°的视角盖，有薄云时，使用 180°的视角盖。

h.无论何时测量，都要用你的背挡住太阳，用视角盖挡住你和太阳。

i.不要使镜头上沾水，这样会阻碍辐射光线。

（4）TRAC 法

①测试指标

太阳直射辐射透过系数、半球天空散射辐射透过系数、叶面积指数（LAI）、平均叶倾角（MFIA）、植物冠层消光系数。

②仪器原理

植物冠层分析软件对由摄像头获取的图像进行数字化及相关处理，然后计算出直接辐射透过系数或植物冠层下可视天空比率。该软件根据用户设定的天顶角（环）和方位角，首先把图像划分成扇区和网格，随后，在每个方位角中可视天空比率用自动计数在那个扇区图像中的天空部分快速被分析。当所有的扇区被分析和对每个天顶角的直接辐射透过系数被计算之后，半球天空的散射辐射系数（可视天空因子）、平均叶倾角和植物冠层的消光系数将相应地被植物冠层分析软件计算出来。

③仪器使用及测试方法

a.获取图像。首先把摄像头插入手柄中，然后把手柄上的线插头插入计算机后面的 USB 插孔中。打开电脑，找到一个绿叶图标，双击这个图标打开测量程序，或单击Windows桌面上的"开始"按钮，从"程序"中打开CI-110的测量程序，进入到主窗口中。在主窗口左边的工具栏上，有一个画有绿叶的按钮，单击这个按钮或打开"File"菜单选择"Acquire"命令，都可以出现一个获取屏幕。把手柄置于冠层下某一水平位置上，于是获取图像，屏幕将显示冠层鱼眼图像的现场景观。移动手柄找到最合适的图像，稳定地保持住水平的手柄，点击"Capture still lmage"按钮，就捕捉到了这个图像。保存这个图像的方法是点击工具栏上的保存图标或File菜单下的"Save as"命令。在出现的保存对话框中，选择保存的位置、保存文件的名称和类型，设定完成后，点击"Save"按钮就可以保存了。

b.获取图像有关的数据。点击工具栏上的尺子图标，或者打开"mage"菜单选择"Measure"命令，出现一个对话框，问是否将有的区域排除不参加计算（对图像进行屏蔽）。通常不必要对鱼眼图像进行屏蔽，但对于下述情况，可能需要进行屏蔽：其他人或无关的物体出现在图像中，太阳光或它的强烈闪光在图像中影响了阈值的确定，某种原因仅需要对获取的整个图像的一部分进行测量。在对话框中，如果要屏蔽，点击"Yes"，接着输入起始屏散角和结束屏散角；否则选择"No"，点击"OK"出现一个结果窗口，给出了保存图像的一些参数，点击"Save"保存这个结果。

c.参数的设置。菜单的命令有3个选项，选择"输出"，于是窗口显示所有的输出参数，有叶面积指数、叶片分布、平均叶倾角、直射辐射透过系数、散射辐射透过系数、消光系数。一般可根据需要进行选择。

（5）注意事项

①对于条播的作物冠层，应在两行之间的对角线小区上取4个均匀的测点进行测量，并多取几个对角线小区做重复测量。取样时，最好把探头放在行内或两行中间的位置。

②使用CI-110测量之前应先观察一下冠层的大小，如果小区太小，鱼眼镜头观察到的视野超出被测叶层的边缘，可能低估叶面积指数。建议小区的最小半径约为冠层高度的3倍左右。

③鱼眼镜头到30°天顶角方向上的最近叶片距离至少应为叶片宽度的4倍。

④测量时的最适宜天空条件为均匀的多云天空、早晨或傍晚，即当散射辐射数量较低时。

⑤在晴空条件下测量时，鱼眼镜头应放在遮蔽的阴影下以减少低估的LAI和高估的直接辐射和散射辐射透过系数。

⑥为了得到较高的测量密度，行走速度应该尽量慢一些，通常10 m的测量

应该有大约1000个数据点。

⑦清洁CI-110盒子要用微湿的布，如果需要可用轻柔的洗涤剂。不要用任何种类的溶剂。擦洗镜头，要用软的非砂性布。如果必要，可有少许商用镜头清洗液。

15.3.4 树高地面观测

在每个样方内，利用激光测高仪——图帕斯200（TruPulse200）（如图15-3所示）获得树高实测数据。

图 15-3　图帕斯200激光测高仪

测量树高时，眼睛通过单筒目镜，观测筒中的目镜与十字光丝构成了一条观测线，把激光测高仪对准至测量目标，使目镜内部十字光丝直接对准被测物，瞄准被测中部，先测 *HD* 水平距离，按下"FIRE"键并保持，直到显示距离，放开"FIRE"键；然后瞄准被测物体的顶部，按"FIRE"键，瞄准被测物体的底部，按"FIRE"键，利用测量的高度差或高度和，得到所测量树木的绝对高度（如图15-4所示）。在乔木样方内，选择胸径5 cm以上的树进行测量。

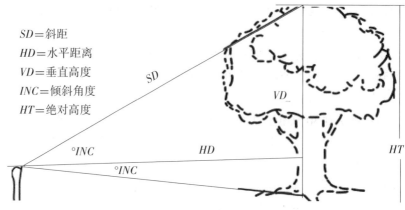

SD＝斜距
HD＝水平距离
VD＝垂直高度
INC＝倾斜角度
HT＝绝对高度

图 15-4　激光测高仪使用方法

15.3.5　胸径地面观测

在每个样方内，通过胸径尺测量距地面 1.3 m 处的所有立木直径。需要注意的事项：

（1）必须测定距地面 1.3 m 处直径，在坡地测量需测坡上 1.3 m 处直径，测量精度为 0.1 mm。

（2）胸径尺必须与树干垂直且与树干四面紧贴，测定胸径并记录后，再取下轮尺。

（3）遇干形不规整树木，应垂直测定两个方向的直径，取其平均值。在 1.3 m 以下分叉应视为两株树，分别测量。

（4）测定位于样地边界上的树木时，本着北要南不要，取东舍西的原则。

（5）测者每测一株树，应报出该树种名、胸径大小；记录者应复诵。凡测过的树木，应用粉笔在树上向前进的方向做出记号，以免重测或漏测。

（6）对于可复查样地，调查时每株树应挂牌编号，并在 1.3 m 处做标记，便于复查。

（7）对于冠折和干折的枯立木，需要测定其基径、胸径和实际高度，记录其腐烂等级。

15.3.6　冠下高地面观测

利用激光测高仪——图帕斯 200（TruPulse200）也可进行枝下高的观测，具体操作步骤可参考树高测量。

15.3.7　树龄地面观测

在每个样方内，利用生长锥获得树龄的实测数据。对树龄进行测量时，取离地面 1.3 m 处作为测点，先将锥筒装置于锥柄上的方孔内，用右手握柄的中间，用左手扶住锥筒以防摇晃。垂直于树干将锥筒先端压入树皮，而后用力按顺时针方向旋转，待钻过髓心为止。将探取杆插入筒中稍许逆转再取出木条，木条上的年龄数，即为钻点以上树木的年龄，加上由根茎长至钻点高度所需的年数，即为树木的年龄。在乔木样方内，选择胸径 5 cm 以上的乔木进行测量。

15.3.8　农田与草地冠层高度地面观测

使用钢卷尺测定样方内植物自然状态下最高点与地面的垂直高度，以厘米表示，并将所测得的数据记录下来。在每个样方内，选择平均高度的植株进行测定并记录。

15.4 生态系统观测设备要求

在进行野外调查之前，需要准备如下工具：

（1）样地定位工具：手持GPS系统，野外工作计划图。

（2）取样工具：枝剪、手锯、铁锹。

（3）测量工具：罗盘、卷尺、皮尺、花杆、测绳、天平、弹簧秤、LAI-2000、TRAC、激光测高仪、胸径尺、生长锥、鱼眼镜头、单反相机。

（4）样品储藏：植物样品袋、封口袋。

（5）记录工具：调查表、记录本、铅笔（干旱区可直接用签字笔）、移动硬盘（100 GB）1个。

（6）辅助工具：标签（包括标本标签和土壤样品标签）、记号笔（不同型号、黑色墨水）。

（7）其他备用物品：除生活用品外，还需必要的药品（如防感冒药、防中暑药），南方还需要准备蛇药，北方需准备防晒用品。

15.5 生态系统参数记录方法

15.5.1 森林生态系统观测

（1）森林生态系统野外综合观测表（见表15-7）及其填写说明。

表15-7 森林生态系统野外综合观测表

省		市		县	样区号		观测员		审核员		时间	
样地号		样方号			样方类型			样方长			样方宽	
位置（地名）		经度			纬度			海拔				
坡度		坡向			土壤类型			造林年代				
平均乔郁闭度		平均树高			测量单木数			优势种				
平均灌盖度		平均灌高度			平均草盖度			平均草高度				

	省	市	县	样区号	观测员	审核员	时间
林下灌木样方	小样方1(5 m×5 m)		小样方2(5 m×5 m)		小样方3(5 m×5 m)		
优势灌木种							
覆盖度							
高度							
样方鲜重							
取样鲜重							
取样干重							
平均生物量	鲜重			干重			
林下草地样方	小样方1(5 m×5 m)		小样方2(5 m×5 m)		小样方3(5 m×5 m)		
优势草本种							
覆盖度							
高度							
样方鲜重							
取样鲜重							
取样干重							
平均生物量	鲜重			干重			
LAI观测方法	□	LAI2000/2200	□	TRAC			
LAI观测	NUM		LAI		CI		DIFN		采样点分布示意图	
	MTA		SEM		SMP		SEL			
	NUM		LAI		CI		DIFN		采样点分布示意图	
	MTA		SEM		SMP		SEL			
	平均LAI							

续表 15-7

	省		市		县	样区号	观测员	审核员	时间	
植被覆盖度观测方法	□		鱼眼相机法		□		样线法			
鱼眼相机法	鱼眼照片号							采样点分布示意图		
	平均郁闭度									
样线法	对角线1植被长度					对角线2植被长度				
	平均郁闭度									
样地环境照片号										
备注										

①省：省级名称，不能用简称。直辖市在此填写实名，限三字，如河北。

②市：地级市名，直辖市填写区、县名称，如武汉。

③县：县级名称，直辖市在此不填写。

④样区号：按下发的样区号填写。

⑤观测员：观测人姓名。

⑥审核员：审核人姓名。

⑦时间：按照年-月-日格式填写，如2012-3-28。

⑧样地号：各省市每个样区内样地为3个，调查单位自行按照1、2、3进行标号，并填写。

⑨样方号：根据样地生态系统类型数量，按照自然数顺序，从1开始编号填写。

⑩样方类型：按森林优势种类型填写，如杨树林。

⑪样方长：按调查实际长度记录，单位为m，如30 m。

⑫样方宽：按调查实际长度记录，单位为m，如30 m。

⑬位置（地名）：县下一级行政单位名称，以"镇（乡）+村"格式填写。

⑭经度：样方中心经度，小数型数字，保留小数点后5位，如29.36562。

⑮纬度：样方中心纬度，小数型数字，保留小数点后5位，如115.23156。

⑯海拔：GPS量测的数据，保留小数点后2位，单位为m，如1845.26 m。

⑰坡度：小数型数字，保留小数点后1位，单位为°，如20.5°。

⑱坡向：小数型数字，保留小数点后1位，单位为°，如275.3°。

⑲土壤类型：按照中国土壤分类系统填写，如赤红壤。

⑳造林年代：按实际观测及调查情况填写，单位为年，如30年。

㉑平均乔郁闭度：样方平均乔木郁闭度，小数型数字，保留小数点后1位，如0.6。

㉒平均树高：样方树木平均高度，保留小数点后1位，单位为m，如1.6 m。

㉓测量单木数：样方内每木检尺树木数量，单位为棵，如150棵。

㉔优势种：样方内主要树种类型，根据实际情况填写，不超过3种。

㉕平均灌盖度：样方平均灌木覆盖度，小数型数字，保留小数点后1位，如0.6。

㉖平均灌高度：样方平均灌木层高度，保留小数点后1位，单位为m，如1.6 m。

㉗平均草盖度：样方平均草本覆盖度，小数型数字，保留小数点后1位，如0.6。

㉘平均草高度：样方平均草本高度，保留小数点后1位，单位为m，如0.2 m。

㉙优势灌木种：样方内主要灌木类型，根据实际情况填写，不超过3种。

㉚优势草本种：样方内主要草本类型，根据实际情况填写，不超过3种。

㉛覆盖度：按实际观测情况填写，只填写数字，保留小数点后1位，如59.5。

㉜高度：按实际观测情况填写，保留小数点后1位，单位为m，如1.6 m。

㉝样方鲜重：按实际观测情况填写，保留小数点后1位，单位为g，如1890.2 g。

㉞取样鲜重：按实际取样情况填写，保留小数点后1位，单位为g，如1890.2 g。

㉟取样干重：按实际测量情况填写，保留小数点后1位，单位为g，如1890.2 g。

㊱平均生物量-鲜重：3个小样方的观测生物量平均值，保留小数点后1位，单位为 g/m^2 ，如1890.2 g/m^2 。

㊲平均生物量-干重：3个小样方的干物质生物量平均值，保留小数点后1位，单位为 g/m^2 ，如1890.2 g/m^2 。

㊳LAI观测方法：根据具体仪器使用情况，选择相应仪器类型。

㊴LAI观测：按照实地观测情况填写，直接从仪器读数。NUM指叶面积指

数记录文件编号，LAI指叶面积指数观测值，CI指聚集指数，DIFN指无截取散射，MTA指平均叶倾角，SEM指平均倾角标准误，SMP指有效测量点数，SEL指叶面积标准误。

㊵平均LAI：样方内两次观测的平均值，无量纲。

㊶植被覆盖度观测方法：根据样方实际情况，选择合适的植被覆盖度观测方法，并完成相应表格填写。

㊷鱼眼照片号：按照"省代码+样区号+样地号+样方号+'鱼眼'"填写。

㊸对角线植被长度：按实际观测情况填写，保留小数点后1位，单位为m，如24.6 m。

㊹采样点分布示意图：根据采样点在样方内的位置绘制分布示意图。

㊺平均郁闭度：计算所有照片或两条样线覆盖度的平均值，小数型数字，保留小数点后1位，如0.6。

㊻样地环境照片号：按照"省代码+样区号+样地号+样方号+'普通'"填写。

㊼备注：其他信息填写。

（2）森林生态系统样地每木调查表（见表15-8）及其填写说明。

表15-8　森林生态系统样地每木调查表

地　点			样地号		样方号		调查时间	
立木序号	树种	胸径/cm	树高/m	枝下高/m	冠幅东西/m	冠幅南北/m	生物量(材积)	
1								
2								
3								
4								
5								
6								

①树种：根据观测实际情况填写，如杨树。

②胸径：测径尺量测数据，保留小数点后1位，单位为cm，如50.2 cm。

③树高：测高仪测量高度，保留小数点后1位，单位为m，如1.6 m。

④枝下高：测高仪测量高度，保留小数点后1位，单位为m，如1.6 m。

⑤冠幅东西：测量长度，保留小数点后2位，单位为m，如1.62 m。

⑥冠幅南北：测量长度，保留小数点后2位，单位为m，如1.62 m。

⑦生物量（材积）：如有生长方程或材积表，计算每木生物量。

15.5.2 灌木生态系统观测

灌木生态系统观测调查表（见表15-9）及其填写说明。

表15-9 灌木生态系统观测调查表

省		市		县	样区号		观测员		审核员		时间	
样地号		样方号		样方类型			样方长			样方宽		
位置（地名）			经度			纬度			海拔			
坡度			坡向		土壤类型			平均灌木高度				
平均灌木盖度				平均草盖度				平均草高度				
灌木地上生物量		样方1			样方2			样方3				
样方鲜重												
取样鲜重												
取样干重												
灌木平均生物量		鲜重					干重					
草本地上生物量		样方1			样方2			样方3				
样方鲜重												
取样鲜重												

续表 15-9

	省	市	县	样区号	观测员	审核员	时间	
取样干重								
草本平均生物量	鲜重				干重			
LAI观测	NUM		LAI	SEL	DIFN	采样点分布示意图		
	MTA		SEM	SMP				
植被覆盖度观测方法	□	样线法	□	鱼眼相机法				
鱼眼相机法	鱼眼照片号					采样点分布示意图		
	平均植被覆盖度							
样线法	对角线1灌木长度			对角线2灌木长度				
	平均植被覆盖度							
样地环境照片号								
备注	植被覆盖度:样线法从样线沿样地两个对角线布设,不在样方层次上开展,鱼眼照片法在样方尺度上开展							

①省:省级名称,不能用简称;直辖市在此填写实名,限三字,如河北。

②市:地级市名,直辖市填写区、县名称,如武汉。

③县:县级名称,直辖市在此不填写。

④样区号:按下发的样区号填写。

⑤观测员:观测人姓名。

⑥审核员:审核人姓名。

⑦时间:按照年-月-日格式填写,如:2012-3-28。

⑧样地号:各省市每个样区内样地为3个,调查单位自行按照1、2、3进行

标号，并填写。

⑨样方号：根据样地生态系统类型数量，按照自然数顺序，从1开始编号填写。

⑩样方类型：按灌木优势种类型填写，如油蒿灌丛。

⑪样方长：按调查实际长度记录，单位为m，如10 m。

⑫样方宽：按调查实际长度记录，单位为m，如10 m。

⑬位置（地名）：县下一级行政单位名称，以"镇（乡）+村"格式填写。

⑭经度：样方中心经度，小数型数字，保留小数点后5位，如29.36562。

⑮纬度：样方中心纬度，小数型数字，保留小数点后5位，如115.23156。

⑯海拔：GPS量测的数据，保留小数点后2位，单位：m，如1845.26 m。

⑰坡度：小数型数字，保留小数点后1位，单位为°，如20.5°。

⑱坡向：小数型数字，保留小数点后1位，单位为°，如275.3°。

⑲土壤类型：按照中国土壤分类系统填写，如赤红壤。

⑳平均灌木盖度：样方平均灌木覆盖度，小数型数字，保留小数点后1位，如0.6。

㉑平均灌木高度：样方平均灌木层高度，保留小数点后1位，单位为m，如1.6 m。

㉒平均草盖度：样方平均草本覆盖度，小数型数字，保留小数点后1位，如0.6。

㉓平均草高度：样方平均草本高度，保留小数点后1位，单位为m，如0.2 m。

㉔样方鲜重：按实际观测情况填写，保留小数点后1位，单位为g，如1890.2 g。

㉕取样鲜重：按实际取样情况填写，保留小数点后1位，单位为g，如1890.2 g。

㉖取样干重：按实际测量情况填写，保留小数点后1位，单位为g，如1890.2 g。

㉗平均生物量–鲜重：3个小样方的观测生物量平均值，保留小数点后1位，单位为g/m²，如1890.2 g/m²。

㉘平均生物量–干重：3个小样方的干物质生物量平均值，保留小数点后1位，单位为g/m²，如1890.2 g/m²。

㉙LAI观测：按照实地观测情况填写，直接从仪器读数；NUM指叶面积指数记录文件编号，LAI指叶面积指数观测值，DIFN指无截取散射，MTA指平均叶倾角，SEM指平均倾角标准误，SMP指有效测量点数，SEL指叶面积标准误。

㉚植被覆盖度观测方法：根据样方实际情况，选择合适的植被覆盖度观测方法，并完成相应表格填写。

㉛鱼眼照片号：按照"省代码+样区号+样地号+样方号+'鱼眼'"填写。

㉜对角线灌木长度：按实际观测情况填写，保留小数点后1位，单位为m，如24.6 m。

㉝采样点分布示意图：根据采样点在样方内的位置绘制分布示意图。

㉞平均植被覆盖度：计算所有照片或两条样线覆盖度的平均值，小数型数字，保留小数点后1位，如0.6。

㉟样地环境照片号：按照"省代码+样区号+样地号+样方号+'普通'"填写。

㊱备注：其他信息填写。

15.5.3 草地/农田生态系统观测

草地/农田生态系统观测表（见表15–10）及其填表说明。

表15–10 草地/农田生态系统观测表

	省		市		县	样区号		观测员		审核员		时间	
样地号		样方号		样地类型				样地长			样地宽		
位置（地名）		经度			纬度			海拔					
坡度		坡向		土壤类型				优势种/作物类型					
平均盖度						平均高度							
地上生物量	样方1	样方2		样方3	样方4	样方5	样方6	样方7		样方8	样方9		
样方鲜重													
取样鲜重													
取样干重													
平均生物量	鲜重					干重							

续表15-10

	省		市		县	样区号	观测员		审核员		时间	
LAI观测	NUM		LAI		SEL		DIFN		采样点分布示意图			
	MTA		SEM		SMP							
	NUM		LAI		SEL		DIFN		采样点分布示意图			
	MTA		SEM		SMP							
植被覆盖度观测方法	□	样线法		□	鱼眼相机法							
鱼眼相机法	鱼眼照片号							采样点分布示意图				
	平均植被覆盖度											
样线法	对角线1植被长度				对角线2植被长度							
	平均植被覆盖度											
样地环境照片号												
备注	植被覆盖度样线法沿样地两条对角线布设,LAI采样点沿样地对角线布设,均与样方分布无关											

①省：省级名称，不能用简称；直辖市在此填写实名，限三字，如河北。

②市：地级市名，直辖市填写区、县名称，如武汉。

③县：县级名称，直辖市在此不填写。

④样区号：按下发的样区号填写。

⑤观测员：观测人姓名。

⑥审核员：审核人姓名。

⑦时间：按照年-月-日格式填写，如：2012-3-28。

⑧位置（地名）：县下一级行政单位名称，以"镇（乡）+村"格式填写。

⑨样地号：各省市每个样区内样地为3个，调查单位自行按照1、2、3进行标号，并填写。

⑩样方号：根据样地生态系统类型数量，按照自然数顺序，从1开始编号填写。

⑪样地类型：按草地优势种类型或农作物类型填写，如针茅草地、玉米地。

⑫样地长：按调查实际长度记录，单位为m，如30 m。

⑬样地宽：按调查实际长度记录，单位为m，如30 m。

⑭经度：样地中心经度，小数型数字，保留小数点后5位，如29.36562。

⑮纬度：样地中心纬度，小数型数字，保留小数点后5位，如115.23156。

⑯海拔：GPS量测的数据，保留小数点后2位，单位为m，如1845.26 m。

⑰坡度：小数型数字，保留小数点后1位，单位为°，如20.5°。

⑱坡向：小数型数字，保留小数点后1位，单位为°，如275.3°。

⑲土壤类型：按照中国土壤分类系统填写，如赤红壤。

⑳优势种/作物类型：按草地优势种类型或农作物类型填写，如针茅草地、玉米地。

㉑平均盖度：样地平均覆盖度，小数型数字，保留小数点后1位，如0.6。

㉒平均高度：样地平均高度，保留小数点后1位，单位为m，如1.6 m。

㉓样方鲜重：按实际观测情况填写，保留小数点后1位，单位为g，如1890.2 g。

㉔取样鲜重：按实际取样情况填写，保留小数点后1位，单位为g，如1890.2 g。

㉕取样干重：按实际测量情况填写，保留小数点后1位，单位为g，如1890.2 g。

㉖平均生物量-鲜重：9个小样方的观测生物量平均值，保留小数点后1位，单位为g/m²，如1890.2 g/m²。

㉗平均生物量-干重：9个小样方的干物质生物量平均值，保留小数点后1位，单位为g/m²，如1890.2 g/m²。

㉘LAI观测：按照实地观测情况填写，直接从仪器读数。NUM指叶面积指数记录文件编号，LAI指叶面积指数观测值，DIFN指无截取散射，MTA指平均叶倾角，SEM指平均倾角标准误，SMP指有效测量点数，SEL指叶面积标准误。

㉙植被覆盖度观测方法：根据样方实际情况，选择合适的植被覆盖度观测方法，并完成相应表格填写。

㉚鱼眼照片号：按照"省代码+样区号+样地号+样方号+'鱼眼'"填写。

㉛对角线植被长度：按实际观测情况填写，保留小数点后1位，单位为m，如24.6 m。

㉜采样点分布示意图：根据采样点在样方内的位置绘制分布示意图。

㉝平均植被覆盖度：计算所有照片或两条样线覆盖度的平均值，小数型数字，保留小数点后1位，如0.6。

㉞样地环境照片号：按照"省代码+样区号+样地号+样方号+'普通'"填写。

㉟备注：其他信息填写。

15.5.4 荒漠生态系统观测

荒漠生态系统观测表（见表15-11）及其填表说明。

表15-11 荒漠生态系统观测表

省		市		县	样区号		观测员		审核员		时间	
样地号		样方号		样方类型			样方长			样方宽		
位置（地名）		经度		纬度		海拔						
坡度		坡向		土壤类型								
生物量（草本）	样方1	样方2	样方3	样方4	样方5	样方6	样方7	样方8	样方9			
样方鲜重												
取样鲜重												
取样干重												
平均生物量	鲜重				干重							
生物量（木本）	类型1(低)			类型2(中)			类型3(高)					
覆盖度												
单位面积生物量												
取样鲜重												
取样干重												

续表 15-11

	省	市		县	样区号		观测员		审核员		时间	
平均生物量	鲜重					干重						
LAI观测方法	☐	干重法(草本荒漠)				☐		LAI2000/2200				
干重法	样方1	样方2	样方3	样方4	样方5	样方6	样方7	样方8	样方9			
W_1												
W_2												
W_3												
A												
S												
LAI												
平均LAI												
LAI2000/2200观测	树1	树2	树3	树4	树5	树6	树7	树8				
树叶密度（LAI）												
平均LAI												
植被覆盖度（样线法）	对角线1植被长度				对角线2植被长度							
	平均植被覆盖度											
样地环境照片号												
备注	植被覆盖度在样地上开展,不需要每个样方上测量											

①省：省级名称，不能用简称；直辖市在此填写实名，限三字，如河北。

②市：地级市名，直辖市填写区、县名称，如武汉。

③县：县级名称，直辖市在此不填写。

④样区号：按下发的样区号填写。

⑤观测员：观测人姓名。

⑥审核员：审核人姓名。

⑦时间：按照年-月-日格式填写，如：2012-3-28。

⑧位置（地名）：县下一级行政单位名称，以"镇（乡）+村"格式填写。

⑨样地号：各省市每个样区内样地为3个，调查单位自行按照1、2、3进行标号，并填写。

⑩样方号：根据样地生态系统类型数量，按照自然数顺序，从1开始编号填写。

⑪样方类型：按荒漠类型填写，如梭梭荒漠。

⑫样方长：按调查实际长度记录，单位为m，如30 m。

⑬样方宽：按调查实际长度记录，单位为m，如30 m。

⑭经度：样方中心经度，小数型数字，保留小数点后5位，如29.36562。

⑮纬度：样方中心纬度，小数型数字，保留小数点后5位，如115.23156。

⑯海拔：GPS量测的数据，保留小数点后2位，单位为m，如1845.26 m。

⑰坡度：小数型数字，保留小数点后1位，单位为°，如20.5°。

⑱坡向：小数型数字，保留小数点后1位，单位为°，如275.3°。

⑲土壤类型：按照中国土壤分类系统填写，如荒漠土。

⑳样方鲜重：按实际观测情况填写，保留小数点后1位，单位为g，如1890.2 g。

㉑取样鲜重：按实际取样情况填写，保留小数点后1位，单位为g，如1890.2 g。

㉒取样干重：按实际测量情况填写，保留小数点后1位，单位为g，如1890.2 g。

㉓覆盖度：按高、中、低生物量三种类型，分别估算木本覆盖度，保留小数点后1位，如0.6。

㉔单位面积生物量：按高、中、低生物量三种类型，通过收割计算单位面积生物量，单位为g，如1890.2 g。

㉕平均生物量-鲜重：所有样方的观测生物量平均值，保留小数点后1位，单位为g/m²，如1890.2 g/m²。

㉖平均生物量-干重：所有样方的干物质生物量平均值，保留小数点后1位，单位为g/m²，如1890.2 g/m²。

㉗LAI观测方法：根据荒漠类型，选择相应观测方法，并完成相应表格设计。

㉘干重法：草本荒漠，W_1指标叶重（g），W_2指5株的余叶重，W_3指剩余植株叶片重（g），A指取样面积（m²），S指标叶面积（cm²），LAI指叶面积指数值。

㉙树叶密度（LAI）：对每一个单株树木进行测量，通过树叶面积与树冠体积进行计算，单位为m⁻¹，如0.4 m⁻¹。

㉚平均LAI：所有样方或单株树木观测的平均值，无量纲。

㉛对角线植被长度：按实际观测情况填写，保留小数点后1位，单位为m，如24.6 m。

㉜平均植被覆盖度：计算两条样线覆盖度的平均值，小数型数字，保留小数点后1位，如0.6。

㉝样地环境照片号：按照"省代码+样区号+样地号+样方号+'普通'"填写。

㉞备注：其他信息填写。

第16章　典型区域实地调查实习

16.1　调查实习内容

典型区域包括重要生态功能区、自然保护区、生物多样性保护区、生态安全屏障建设区、重点开发区、城市化区域、流域、海岸带区域、重大生态保护与建设工程区、矿产资源开发区等地区。典型区域土地覆盖调查及地表参数观测指标见表16-1，典型区域调查指标见表16-2。

16-1　典型区域土地覆盖调查及地表参数观测指标

观测内容	调查指标	调查方法	调查时间	备注
土地覆盖	土地覆盖类型	样地(线)法	7～9月	
	植被类型	样地(线)法	7～9月	
地表参数	植被盖度	样方法	7～9月	
	生物量	样方法	7～9月	
	初级生产力	样方法	7～9月	
	叶面积指数	仪器法	7～9月	

表16-2　典型区域调查指标

观测内容	调查指标	来　源	备　注
重要生态功能区	水土流失	现场调查	
	土地沙化	现场调查	
	石漠化	现场调查	
	人类活动	现场调查	

续表 16-2

观测内容	调查指标	来　源	备　注
	生态服务功能效用变化	现场问询	
	保护、恢复措施	现场问询	
	自然灾害状况	现场问询	
	生态、水、大气环境污染状况	现场调查	
自然保护区	人类活动	实地调查	
	珍稀动物生境	现场调查	
	受保护对象	现场问询	
	保护措施	现场问询	
	保护效果	现场问询	
	生态、水、大气环境污染状况	现场问询	
生物多样性保护区	动、植物数量	统计部门	
	人类活动	实地调查	
	生物多样性保护对象	现场问询	
	保护措施	现场问询	
	保护效果	现场问询	
	外来物种入侵情况	现场调查	
	生态、水、大气环境污染状况	现场问询	
生态安全屏障建设区	人类活动	实地调查	
	水土流失	现场调查	
	土地沙化	现场调查	
	自然灾害状况	现场调查	
	生态建设措施	现场问询	
	生态建设效果	现场问询	
	生态、水、大气环境污染状况	现场问询	

续表 16-2

观测内容	调查指标	来　源	备　注
重点开发区	水土流失	现场调查	
	草地退化	现场调查	
	湿地退化	现场调查	
	土地盐碱化	现场调查	
	开发区建设发展情况	现场调查	
	人口密度	现场调查	
	生态、水、大气环境污染状况	现场问询	
城市化区域	植被覆盖分布	实地调查	
	城市扩张	现场问询	
	人口密度	现场问询	
	交通拥挤情况	现场问询	
	生态、水、大气环境污染状况	现场问询	
流域	人类活动	实地调查	
	水环境污染状况	现场调查	
	河流断流天数	现场问询	
	流域水量变化	现场问询	
	生活污水排水口	现场调查	
	工业污水排水口	现场调查	
海岸带区域	人类活动	实地调查	
	生态环境破坏情况	现场问询	
	水环境污染状况	现场问询	
	海岸线变迁	现场问询	
	人口密度	现场问询	

续表16-2

观测内容	调查指标	来　源	备　注
重大生态保护与建设工程区	人类活动	实地调查	
	工程起止时间	现场问询	
	工程投资	现场问询	
	生态恢复、保护对象	实地调查	
	生态恢复、保护措施	现场问询	
	生态保护成效	现场调查	
	生态、水、大气环境污染状况	现场问询	
矿产资源开发区	人类活动	实地调查	
	开采单位	现场问询	
	开采矿产类型	现场问询	
	开采方式	现场问询	
	矿产产量	现场问询	
	地面沉陷面积	现场调查	
	植被破坏面积	现场调查	
	水体污染面积	现场调查	
	土壤污染面积	现场调查	
	空气污染状况	现场问询	
	次生灾害威胁	现场问询	
	生态恢复措施	现场问询	
	生态恢复成效	现场问询	

16.2　调查实习表格

结合区域内的典型生态调查内容，布置样线、样方、样点和各专题区，通过实地调查、查阅资料、咨询当地相关部门等方式，调查、收集各典型区域生态指标信息，填写到下列表（见表16-3至16-12）中。

表16-3　重要生态功能区生态实地调查属性表

记录人：

时间：

调查点号	经度	纬度	海拔	土地覆盖类型	植被类型	植被盖度	生物量	叶面积指数	水土流失	土地沙化	石漠化	人类活动	生态服务功能效用变化	保护、恢复措施	自然灾害状况	生态、水、大气环境污染状况
1	—	—	—				—	—								
照片编号																
2	—	—	—				—	—								
照片编号																
3	—	—	—				—	—								
照片编号																
4	—	—	—				—	—								
照片编号																
5	—	—	—				—	—								
照片编号																
6	—	—	—				—	—								
照片编号																

表 16-4　自然保护区生态实地调查属性表

时间：　　　　　　　　　　　　　　　　　　　　　记录人：

调查点号	经度	纬度	海拔	土地覆盖类型	植被类型	植被盖度	生物量	叶面积指数	人类活动	珍稀动物生境	受保护对象	保护措施	保护效果	生态、水、大气环境污染状况
1														
照片编号	—	—	—				—	—						
2														
照片编号	—	—	—				—	—						
3														
照片编号	—	—	—				—	—						
4														
照片编号	—	—	—				—	—						
5														
照片编号	—	—	—				—	—						
6														
照片编号	—	—	—				—	—						

表16-5　生物多样性保护区生态实地调查属性表

时间：　　　　　　　　　　　　　　　　　　　记录人：

调查点号	经度	纬度	海拔	土地覆盖类型	植被类型	植被盖度	生物量	叶面积指数	动、植物数量	人类活动	生物多样性保护对象	保护措施	保护效果	外来物种入侵情况	生态、水、大气环境污染状况
1															
照片编号	—	—	—				—	—							
2															
照片编号	—	—	—				—	—							
3															
照片编号	—	—	—				—	—							
4															
照片编号	—	—	—				—	—							
5															
照片编号	—	—	—				—	—							
6															
照片编号	—	—	—				—	—							

表16-6　生态安全屏障建设区生态实地调查属性表

时间：　　　　　　　　　　　　　　　　　　　　　　记录人：

调查点号	经度	纬度	海拔	土地覆盖类型	植被类型	植被盖度	生物量	叶面积指数	人类活动	水土流失	土地沙化	自然灾害状况	生态建设措施	生态建设效果	生态、水、大气环境污染状况
1															
照片编号	—	—	—				—	—							
2															
照片编号	—	—	—				—	—							
3															
照片编号	—	—	—				—	—							
4															
照片编号	—	—	—				—	—							
5															
照片编号	—	—	—				—	—							
6															
照片编号	—	—	—				—	—							

表 16-7　重点开发区生态实地调查属性表

时间：

记录人：

调查点号	经度	纬度	海拔	土地覆盖类型	植被类型	植被盖度	生物量	叶面积指数	水土流失	草地退化	湿地退化	土地盐碱化	开发区建设发展情况	人口密度	生态、水、大气环境污染状况
1	—	—	—												
照片编号							—	—							
2	—	—	—												
照片编号							—	—							
3	—	—	—												
照片编号							—	—							
4	—	—	—												
照片编号							—	—							
5	—	—	—												
照片编号							—	—							
6	—	—	—												
照片编号							—	—							

表16-8　城市化区域生态实地调查属性表

时间：　　　　　　　　　　　　　　　　　记录人：

调查点号	经度	纬度	海拔	土地覆盖类型	植被类型	植被盖度	生物量	叶面积指数	植被覆盖分布	城市扩张	人口密度	交通拥挤情况	生态、水、大气环境污染状况
1	—	—	—										
照片编号	—												
2	—	—	—			—	—						
照片编号	—												
3	—	—	—			—	—						
照片编号	—												
4	—	—	—			—	—						
照片编号	—												
5	—	—	—			—	—						
照片编号	—												
6	—	—	—			—	—						
照片编号	—												

表16-9　流域生态实地调查属性表

记录人：

时间：

调查点号	经度	纬度	海拔	土地覆盖类型	植被类型	植被盖度	生物量	叶面积指数	人类活动	水环境污染状况	河流断流天数	流域水量变化	生活污水排水口	工业污水排水口
1	—	—	—											
照片编号														
2	—	—	—				—	—						
照片编号														
3	—	—	—				—	—						
照片编号														
4	—	—	—				—	—						
照片编号														
5	—	—	—				—	—						
照片编号														
6	—	—	—				—							
照片编号														

表16-10　海岸带区域生态实地调查属性表

时间：

记录人：

调查点号	经度	纬度	海拔	土地覆盖类型	植被类型	植被盖度	生物量	人类活动	生态环境破坏情况	水环境污染状况	海岸线变迁	人口密度
1												
照片编号	—	—	—				—					
2												
照片编号	—	—	—				—					
3												
照片编号	—	—	—				—					
4												
照片编号	—	—	—				—					
5												
照片编号	—	—	—				—					
6												
照片编号	—	—	—				—					

表16-11 重大生态保护与建设工程区生态实地调查属性表

时间：

记录人：

调查点号	经度	纬度	海拔	土地覆盖类型	植被类型	植被盖度	生物量	人类活动	工程起止时间	工程投资	生态恢复、保护对象	生态恢复、保护措施	生态保护成效	生态、水、大气环境污染状况
1	-	-	-											
照片编号							-							
2	-	-	-											
照片编号							-							
3	-	-	-											
照片编号							-							
4	-	-	-											
照片编号							-							
5	-	-	-											
照片编号							-							
6	-	-	-											
照片编号							-							

表 16-12 矿产资源开发区生态实地调查属性表

时间：　　　　　　　　　　　　　　　　　　记录人：

调查点号	经度	纬度	海拔	土地覆盖类型	植被类型	植被盖度	生物量	叶面积指数	人类活动	开采单位	开采矿产类型	开采方式	矿产产量	地面沉陷面积	植被破坏面积	水体污染面积	土壤污染面积	空气污染状况	次生灾害威胁	生态恢复措施	生态恢复成效
1																					
照片编号	—	—	—				—	—													
2																					
照片编号	—	—	—				—	—													
3																					
照片编号	—	—	—				—	—													
4																					
照片编号	—	—	—				—	—													
5																					
照片编号	—	—	—				—	—													

第五篇

林区资源与生态环境调查实习案例

第17章　林区资源调查实习案例

17.1　伐倒木材积测定实习案例

17.1.1　实习目的

掌握树干材积测定技术、计算方法，了解不同求积式之间的差别，利用伐倒木计算形率、形数，从而加深对干形指标的理解。

17.1.2　实习工具与材料

实习工具与材料有相机、钢卷尺、皮尺、粉笔、铅笔（钢笔）、伐倒木若干、原木若干等。

17.1.3　实习方法与步骤

每人至少测量5棵伐倒木（有梢头）和5棵原木（无梢头）。

17.1.3.1　原木材积的测定

（1）分别测量原木的大头直径、小头直径及原木的长度，可以利用平均断面近似求积式计算树干材积。

$$V = \frac{1}{2}(g_0 + g_n)L = \frac{\pi}{4}\left(\frac{d_0^2 + d_n^2}{2}\right)L$$

式中：

　　V、L分别为原木材积（m³）、长度（m）；

　　g_0、g_n分别为原木大头、小头断面面积（m²）；

　　d_0、d_n分为原木大头、小头直径（m）。

具体计算如下：

1号树的材积V_1=3.14159÷8×（0.087²+0.058²）×3.14=0.013。

2号树的材积V_2=3.14159÷8×（0.161²+0.14²）×2.8=0.050。

3号树的材积V_3=3.14159÷8×（0.193²+0.092²）×4.72=0.084。

4号树的材积 V_4=3.14159÷8×（0.183^2+0.123^2）×4.54=0.087。

5号树的材积 V_5=3.14159÷8×（0.109^2+0.077^2）×2.99=0.021。

（2）测量原木的中央直径和树干长度，可以利用中央断面近似求积式计算树干材积。

$$V = g_{\frac{1}{2}}L = \frac{\pi}{4}d_{\frac{1}{2}}^2 L$$

式中：

　　V、L 分别为原木材积（m³）、长度（m）；

　　$g_{\frac{1}{2}}$ 为原木中央断面面积（m²）；

　　$d_{\frac{1}{2}}$ 为原木中央直径（m）。

具体计算如下：

1号树的材积 V_1=3.12159÷4×0.068^2×3.14=0.011。

2号树的材积 V_2=3.12159÷4×0.119^2×2.8=0.031。

3号树的材积 V_3=3.12159÷4×0.136^2×4.72=0.069。

4号树的材积 V_4=3.12159÷4×0.125^2×4.54=0.056。

5号树的材积 V_5=3.12159÷4×0.097^2×2.99=0.022。

（3）测量原木的大头直径、小头直径、中央直径和原木的长度，可以利用牛顿近似求积式计算树干材积。

$$V = \frac{1}{3}\left(\frac{g_0 + g_n}{2}L + 2g_{\frac{1}{2}}L\right) = \frac{1}{6}(g_0 + 4g_{\frac{1}{2}} + g_n)L$$

式中：

　　V、L 分别为原木材积（m³）、长度（m）；

　　g_0、g_n、$g_{\frac{1}{2}}$ 分别为原木大头、小头、中央断面面积（m²）。

具体计算如下：

1号树的材积 V_1=0.1309×（0.087^2+4×0.068^2+0.058^2）×3.14=0.012。

2号树的材积 V_2=0.1309×（0.161^2+4×0.119^2+0.14^2）×2.8=0.037。

3号树的材积 V_3=0.1309×（0.193^2+4×0.136^2+0.092^2）×4.72=0.074。

4号树的材积 V_4=0.1309×（0.183^2+4×0.125^2+0.123^2）×4.54=0.067。

5号树的材积 V_5=0.1309×（0.109^2+4×0.097^2+0.077^2）×3.14=0.023。

（4）填写下表（见表17-1）。

表17-1　原木测定表格

树号	大头直径 /cm	小头直径 /cm	中央直径 /cm	树干长度	材积/m³	方法
1	8.7	5.8	6.8	3.14	0.013	平均断面近似求积式
2	16.1	14	11.9	2.8	0.050	平均断面近似求积式
3	19.3	9.2	13.6	4.72	0.084	平均断面近似求积式
4	18.3	12.3	12.5	4.54	0.087	平均断面近似求积式
5	10.9	7.7	9.7	2.99	0.021	平均断面近似求积式
1	8.7	5.8	6.8	3.14	0.011	中央断面近似求积式
2	16.1	14	11.9	2.8	0.031	中央断面近似求积式
3	19.3	9.2	18.73.6	4.72	0.069	中央断面近似求积式
4	18.3	12.3	12.5	4.54	0.056	中央断面近似求积式
5	10.9	7.7	9.7	2.99	0.022	中央断面近似求积式
1	8.7	5.8	6.8	3.14	0.012	牛顿近似求积式
2	16.1	14	11.9	2.8	0.037	牛顿近似求积式
3	19.3	9.2	13.6	4.72	0.074	牛顿近似求积式
4	18.3	12.3	12.5	4.54	0.067	牛顿近似求积式
5	10.9	7.7	9.7	2.99	0.023	牛顿近似求积式

17.1.3.2　伐倒木材积的测定

先测量伐倒木的长度（要求8 m以上），以2 m为一个区分段，用粉笔（铅笔）画出各区分段的位置和梢头位置。

（1）分别测量各区分段中央直径、梢底直径及梢头长度，利用中央断面区分求积式计算树干材积。

$$V = l \sum_{i=1}^{n-1} g_i + \frac{1}{3} g_n \times l'$$

式中：

g_i为伐倒木区段i处的中央断面面积（m²）；

g_n为梢底中央断面面积（m²）；

l、l'分别为伐倒木各区断长度（m）、梢头长度（m）。

具体计算如下（见表17-2）：

6号树的材积 V_6 =3.14159÷4×2×(0.196²+0.174²+0.153²+0.129²+0.102²)+3.14159× 0.085²×1.62÷12=0.190。

7号树的材积 V_7 =3.14159÷4×2×(0.201²+0.178²+0.161²+0.131²+0.097²)+3.14159× 0.084²×0.36÷12=0.197。

8号树的材积 V_8 =3.14159÷4×2×(0.161²+0.14²+0.1215²+0.096²)+3.14159×0.08²× 1.5÷12=0.112。

9号树的材积 V_9 =3.14159÷4×2×(0.1615²+0.143²+0.125²+0.099²+0.078²)+3.14159× 0.07²×1.37÷12=0.124。

10号树的材积 V_{10} =3.14159÷4×2×(0.168²+0.15²+0.137²+0.122²+0.113²+0.092²)+ 3.14159×0.071²×0.34÷12=0.173。

表17-2　中央断面积区分求积式计算伐倒木材积测定表格

距干基长度/m	6号树/cm	7号树/cm	8号树/cm	9号树/cm	10号树/cm
1	19.6	20.1	16.1	16.15	16.8
3	17.4	17.8	14	14.3	15
5	15.3	16.1	12.15	12.5	13.7
7	12.9	13.1	9.6	9.9	12.2
9	10.2	9.7		7.8	11.3
11					9.2
梢底位置/m	10	10	8	10	12
直径/cm	8.5	8.4	8	7	7.1
树干长度/m	11.62	10.36	9.5	11.37	12.34
梢头长度/m	1.62	0.36	1.5	1.37	0.34
材积/m³	0.190	0.197	0.112	0.124	0.173

（2）分别测量树干底直径、各区分段的断面直径、梢底直径及梢头长度，利用平均断面区分求积式计算树干材积。

$$V = l\left[\frac{1}{2}(g_0 + g_n) + \sum_{i=1}^{n-1} g_i\right] + \frac{1}{3}g_n l'$$

式中：

g_0为伐倒木基段中央断面面积（m²）；

g_i为区段i处的中央断面面积（m²）；

g_n为梢底中央断面面积（m²）；

l为伐倒木各区断长度（m）；

l'为梢头长度（cm）。

具体计算如下（见表17-3）：

6 号 树 的 材 积 V_6=2×3.14159÷4×［（0.222²+0.085²）÷2+0.181²+0.162²+0.142²+0.116²］+3.14159×0.085²×1.62÷12=0.193。

7 号 树 的 材 积 V_7=2×3.14159÷4×［（0.242²+0.084²）÷2+0.19²+0.169²+0.145²+0.122²］+3.14159×0.084²×0.36÷12=0.210。

8 号 树 的 材 积 V_8=2×3.14159÷4×［（0.235²+0.08²）÷2+0.146²+0.1295²+0.11²］+3.14159×0.08²×1.5÷12=0.129。

9 号 树 的 材 积 V_9=2×3.14159÷4×［（0.192²+0.07²）÷2+0.15²+0.13²+0.116²+0.091²］+3.14159×0.07²×1.37÷12=0.131。

10 号 树 的 材 积 V_{10}=2×3.14159÷4×［（0.19²+0.071²）÷2+0.156²+0.143²+0.135²+0.115²+0.105²］+3.14159×0.071²×0.34÷12=0.170。

表 17-3　平均断面积区分求积式计算伐倒木材积测定表格

距干基长度/m	6号树/cm	7号树/cm	8号树/cm	9号树/cm	10号树/cm
0	22.2	24.2	23.5	19.2	19
2	18.1	19	14.6	15	15.6
4	16.2	16.9	12.95	13	14.3
6	14.2	14.5	11	11.6	13.5
8	11.6	12.2	8	9.1	11.5
10	8.5	8.4		7	10.5
12					7.1

续表 17-3

距干基长度/m	6号树/cm	7号树/cm	8号树/cm	9号树/cm	10号树/cm
树干长度/m	11.62	10.36	9.5	11.37	12.34
梢头长度/m	1.62	0.36	1.5	1.37	0.34
材积/m³	0.193	0.210	0.129	0.131	0.170

17.1.3.3 分析与讨论

（1）分析外业调查中易犯的错误和误差的产生。皮尺与钢卷尺使用不当，测出错误的读数；当测量树干区分直径的时候，不同区分段处刚好是有节处或是树皮被拨开的地方，这样会导致测出的区分直径与实际值之间产生误差。

（2）对6号树绘图说明两种方法的量测位置和区分度位置，并标出梢头。

6号树树干长度为 11.62 m，按 2 m 区分求材积，则每段中央位置是离干基的1、3、5、7、9 m处，梢头长度为 1.62 m。测出每个中央位置处的直径和梢底位置的直径，然后代入公式计算中央断面区分材积；而平均断面积区分求积法中，按上述同样原理和方法代入公式计算平均断面区分材积。在两种方法中都用到了梢底处的直径和梢长。

（3）这次试验对同一棵原木、同一棵伐倒木计算的树干材积是否相等？如不相等，请分析其原因。这次试验对同一棵原木、同一棵伐倒木计算的树干材积是不相等的。用中央断面近似求积式求出的体积，常出现"负"误差；用平均断面近似求积式求出的体积，常出现正误差。以误差百分率看，牛顿近似求积式最小，中央断面近似求积式次之，平均断面近似求积式最大。因为平均断面近似求积式和中央断面近似求积式均是在假设树干干形为抛物体的条件下导出的，故对于圆柱体和抛物线体不产生误差。而对于圆锥体及凹曲线，因平均断面近似求积式取上底和下底两节点用抛物线拟合树干纵断面形状，故该公式计算的体积一般要大于实际的纵断面包含的体积，呈"正"误差，而中央断面近似求积式正好相反，仅取中央节点拟合树干纵断面形状，故该公式计算的体积一般要小于实际的纵断面包含的体积，呈"负"误差。由于牛顿近似求积式是平均断面近似求积式和中央断面近似求积式的加权平均数，正负误差相互抵消，因此误差小，精度较高。

17.2　树干解析实习案例

17.2.1　实习目的

（1）掌握树干解析的基本工作程序。

（2）进一步理解各种生长量的意义，加深对单株树木的树高、直径、断面积、材积、形数、生长率和生长过程的认识。

17.2.2　实习工具与材料

实习工具与材料有皮尺、轮尺、伐木打枝工具、计算器、铅笔、森林调查常用表、树干解析表、全套完整圆盘、木材蜡笔或粉笔、透明直尺、大头针、方格纸等。

17.2.3　实习方法与步骤

17.2.3.1　树干解析的外业工作

（1）解析木的选择和伐前工作

根据研究目的和要求选定典型木（平均木、优势木、病腐木、火烧木等）作为解析木。

①记载解析木的生长环境：解析木所在的林分状况、立地条件、解析木所属层次、生长等级及树种名称等。

②绘制树冠投影图：测定解析木和邻接木东西和南北方向长度，邻接木的树种、胸径、树高、生长等级以及与解析木的距离和方向，按比例绘制解析木和邻接木树冠投影图。

③伐木前，标出解析木的南或北方向线，根茎和胸径位置。

（2）解析木的伐倒和测定

①解析木的伐倒：伐前清除解析木周围杂草灌木，伐时要控制倒向，注意安全，不要损伤树皮和树梢。

②解析木的伐后处理：先测定胸径、冠长、死枝下高、活枝下高；然后打去枝丫，将南或北方向线从干基延伸到树梢；再测定经济用材的长度及其带皮和去皮小头直径，测定树干全长和根茎的 $\frac{1}{2}$、$\frac{1}{4}$、$\frac{3}{4}$ 处直径。

③树干区分及圆盘截取：树干区分段的长度视精度要求而定，一般以不少于 5 个区分段为宜。区分段长度通常取 2 m 或 1 m。当长度为 2 m 时，则在根茎 1.6 m、3.6 m、5.6 m……及梢底处截取圆盘；当长度为 1 m 时，则在根茎 0.5 m、1.3 m、1.5 m、2.5 m、3.5 m、4.5 m……及梢底处截取圆盘。圆盘厚度以 3～5 cm

为宜，要尽量垂直树干，不应偏斜。以恰好在上述位置上的面为工作面，另一面即为非工作面。在非工作面上标出南北方向线，根茎处圆盘编号为"0"号，依次向上编为1、2、3……"0"号圆盘上还应注明树种、解析木号、圆盘号、圆盘高度以及采集地点、时间、树高、年龄等，其他号圆盘应注明解析木号、圆盘号和圆盘高度。

17.2.3.2　树干解析的内业工作

（1）圆盘的加工

为了便于查数年轮，需将各圆盘的工作面刨光，划出通过髓心的南北与东西的方向线。

（2）确定树木的年龄

"0"号圆盘上的年轮数即为树木的年龄，如果伐根较高，需加上生长到伐根高度所需的年数。

（3）测定各龄阶直径

龄阶大小按树木年龄大小、生长速度和解析要求而定，一般为5年、10年或20年。"0"号圆盘按龄阶从髓心四个方向向外做标记，直到最外不足一个龄阶为止；其他各号圆盘先从最外扣除"0"号圆盘最外不足一个龄阶的年轮数后，再按龄阶向髓心做标记，直到最后不足一个龄阶为止；然后用透明直尺测定两个方向的各龄阶直径（去皮）和现在的去皮与带皮直径，填入树干解析表中。

（4）确定各龄阶树高

通常可用图解法或比例法。

①图解法："0"号圆盘的年轮数与各圆盘年轮数之差即为树木达到该圆盘断面高的年龄。以横坐标表示年龄，纵坐标表示断面高，按比例绘制树高生长过程曲线（用折线表示）。从该曲线上可查出各龄阶树高，用图解法确定的各龄阶树高偏大，误差最大可达一年生长量。为此，在绘制树高生长过程曲线时应以树木达到各断面高的年数加0.5年做横坐标绘制修正的树高生长过程曲线，以此确定各龄阶树高更接近实际树高。

②比例法：根据各圆盘断面高和达到各断面高所需的年轮数，用比例法计算各龄阶的树高。例如达到3.6 m断面积需要3.5年，5.6 m需要6.5年。5年时树高为

$$5.6-\frac{5.6-3.6}{6.5-3.5}\times1.5=5.6-1=4.6 \text{ m}$$

或者

$$3.6+\frac{5.6-3.6}{6.5-3.5}\times1.5=3.6+1=4.6 \text{ m}$$

（5）绘制树干纵剖面图

在方格纸上以直径为横坐标，树高为纵坐标，根据各断面、各龄阶直径和各龄阶树高，按适当的比例（一般树高与直径的比例为10倍或20倍）绘制树干纵剖面图（用折线表示），从图上可量出以往各龄阶的梢底直径；此外，也可用比例法计算：当梢底的上、下圆盘都有同一龄阶直径时，取其平均值；当梢底的上、下圆盘没有同一龄阶直径（梢头长度小于或等于区分段长度一半）时，

$$梢底直径=\frac{梢长}{梢长+半个区分段长度}\times梢底的下圆盘同一龄阶直径。$$各龄阶梢头长

度等于各龄阶树高减去区分段的长度得到。例如某龄阶树高为13.2 m，按2 m区分，区分段长度到12.6 m，梢长为13.2−12.6=0.6 m。

（6）各龄阶材积的计算

各龄阶材积等于2.6 m区分段材积、2 m区分段材积和梢头材积的合计。各部分材积可从《森林调查常用表》等有关材积表中查出。

（7）各调查因子的计算

计算各龄阶平均生长量、连年生长量、材积生长率和形数。

（8）绘制各种生长曲线图

绘制以横坐标为龄阶，纵坐标分别为胸径、树高断面积总生长量、平均生长量、连年生长量、材积生长率和形数的生长曲线图（用折线表示）。

17.3　标准地设置和调查实习案例

17.3.1　实习目的

（1）初步掌握标准地的选设技术。

（2）明确林层划分标准，认识森林分子、林层和林分三者之间的关系。

（3）掌握标准地调查方法，学会填写标准地调查记录表。

17.3.2　实习仪器与工具

实习仪器与工具有罗盘仪、测绳、皮尺、轮尺和直径卷尺、生长锥、测高器、记录夹、森林调查常用表、计算器、铅笔、直尺、测杆标准地调查记录表、粉笔、方格纸、曲线尺等。

17.3.3 实习方法与步骤

17.3.3.1 标准地的设置

（1）标准地的选择：对所调查的林分做"S"形踏查，了解林分的特点，根据标准地选择的基本原则，确定一块具有代表林分特征的林地作为标准地。

（2）标准地的面积：以标准地上林木株数的多少来确定其面积，即近成熟林在200株以上，中龄林在250株以上，幼龄林在300株以上；也可按各省"林业调查规程"标定的标准地面积来确定。以林木株数多少确定标准地面积，一般先设置一个20 m×20 m的样方，查数优势树种的株数，按比例推算出标准地面积。

（3）标准地的形状：矩形、方形或圆形。

（4）标准地境界测量：对于矩形或方形标准地，用罗盘仪测角、皮尺或测绳测距。当林地坡度在5°以上时应将斜距改算成水平距。测量结果要求境界线闭合差不得超过1/200，将测量结果及草图填入"标准地测量记录"，然后在四角设置临时标桩。对于圆形标准地，以一点为中心向外标明标准地境界，但对于一个圆形标准地，至少应有八个方向线确定境界。

17.3.3.2 标准地调查

在对标准地四周做出明显标记以后，开始进行标准地调查。

（1）林层划分

对调查的林分，应根据我国规定的划分林层的标准划定是单林层还是复林层。如果是复林层应分别林层进行调查。

（2）每木调查（每木检尺）

在标准地内分林层、世代、树种、活立木、枯立木、倒木，测定其胸径，按径阶统计，统计要确定以下三个问题：

①径阶大小的确定：林分平均直径在6～12 cm使用2 cm为宜的径阶检尺；在12 cm以上使用4 cm的径阶检尺，在人工幼林使用1 cm的径阶检尺。一般最多以2 cm为一个径阶。

②确定起测径阶：检尺最小的径级为起测径阶，小于起测径阶的数目为幼树。一般情况下，天然成过熟林为8 cm，中龄林为4 cm，人工幼林为1 cm或2 cm；也可根据森林分子相对直径的变化范围确定起测径阶。

③划分材质等级：用材部分长度占全高40%以上者为经济用材树，用材部分长度在2 m（针叶树）或1 m（阔叶树）以下者为薪树林，介于两者之间的为半经济用材林。对枯立木和倒木单独检尺记载，共计算枯损量。每木检尺时三

人一组，两人检尺并做记号，一人记录。要求不重测，补漏测。检尺员每检尺一株树时，应向记录员大声报告树种，材质径阶。记录员复诵后核对无误，用"正"字记入"每木调查表"中。在固定标准地测量时，凡胸径大于或等于5 cm的立木，逐株编号并标明1.3 m处的位置，分别树种，对主、副林木用直径卷尺实测记载胸径到0.1 cm。直径测定误差为小于或等于20 cm时，不大于1.5%；大于20 cm时不大于3%。对枯立木和倒木除检尺外，要实测年龄，记载枯倒原因，但不编树号。按克拉夫特林木分级法记载立木生长级，并调查所属材质（用材、半用材、薪材）及病虫害情况。

（3）测树高

区分林层和世代，按径阶选取测高样本，其株数为15～25铢，按径阶分配为中央径阶3～5株，两端径阶1～2株。足株实测胸径（到0.1 cm）和树高（到0.1 m），将测量结果按径阶填入"测高记录表"中，供绘制树高曲线和查定林分平均高或径阶平均高用。对于其他树种，可各选3～5株接近平均直径的树木测高，取其平均高。在标准地四角和中心每100 m²范围内各测一株最高（或最粗）树木的树高，取其平均高为上层木平均高。在选取测高样木时，不允许选断梢木和畸形木，树高测量误差为2%。固定标准地上的立木要逐株测高固定或系统抽取20%以上立木逐株测高固定。

（4）查定树木的年龄和林分起源

判别林分特征和查考有关资料或调查访问，确定林龄和起源，也可用查数伐根上年轮数或用生长锥法来确定树木年龄。人工林可选3～5株中等大小树木，天然林应按径阶选取10株以上树木，用算术平均法或断面积加权平均法求算林龄。

（5）测定郁闭度

用目测法或样点法测定郁闭度。目测法主要根据不同龄组的郁闭度和疏密度关系确定。样点法是在标准地内两条对角线上布设50个或100个样点，统计被树冠覆盖的样点数占总样点数的比例作为郁闭度。

（6）选伐标准木（样木）或解析木

在一般情况下，选取胸径和树高接近林分平均值且干形中等的平均木作为标准木或解析木。在专业调查时，应根据不同的调查目的所提出的要求来确定标准木或解析木。标准木或解析木按"标准木卡片"或"树干解析表"的要求记载。

（7）其他项目的调查记载

①更新：在标准地四角和中心设置样方，调查记载树种、年龄、高度、株

数、分布状况等。

②下木、活地被物：调查记载种类、高度、频度、盖度等。

③土壤：调查记载土壤名称、母质、厚度、质地等。

④地形地势：调查记载坡向、坡位、坡度、海拔等。

⑤林分特点：调查记载病虫害种类及危害程度，择伐，人为破坏程度，近期实施的经营活动，人工林的造林简史等。

17.4 林分调查因子计算实习案例

17.4.1 实习目的

利用标准地调查材料，掌握林分有关调查因子的一般求算方法。

17.4.2 实习工具与材料

实习工具与材料有计算器、森林调查常用表、曲线尺、标准地调查材料、粉笔、方格纸等。

17.4.3 实习方法与步骤

17.4.3.1 标准木（样木）各调查因子的计算

（1）用区分求积法计算标准木（样木）的带皮、去皮及 N 年前的材积。

（2）材积生长量计算：

$$总平均生长量 = \frac{V_a}{a}$$

$$连年生长量 = \frac{V_a - V_{a-n}}{n}$$

（3）胸径、树高、材积生长率的计算：

$$P_t = \frac{T_a - T_{a-n}}{T_a + T_{a-n}} \times \frac{200}{n}$$

（4）形数的计算：

$$f = \frac{V}{g h_{1.3}}$$

（5）形率的计算：

$$q_2 = \frac{d_{\frac{1}{2}}}{d_{1.3}}$$

（6）树皮材积及树皮率的计算：

$$V_{皮}=V_{带皮}-V_{去皮}$$

$$树皮率（\%）=\frac{V_{皮}}{V_{带皮}}\times100$$

17.4.3.2 平均胸径的计算

根据每木调查的材料，用"圆面积合计表"查出各径阶断面积合计（G_1），计算标准地总断面积（$G=\sum G_1$），用公式 $g=\dfrac{G}{N}$ 计算平均断面积，根据平均断面积由"圆面积合计表"反查出直径记为平均胸径；也可用计算器按公式 $d=\dfrac{\sqrt{\sum n_i d_i}}{\sum n_i}$ 直接计算平均胸径。式中，n_i 为各径阶株数，d_i 为各径阶中值。

林分平均胸径可用标准地上优势树种的平均胸径表示。

17.4.3.3 平均树高的计算

优势树种平均树高采用树高曲线法查定。以胸径为横坐标，树高为纵坐标，用测高记录数值绘制树高曲线，用平均胸径和各径阶中值所对应的树高值为林分平均高和径阶平均高。其他树种的平均高采用算术平均法计算。上层木平均高采用算术平均法计算。

17.4.3.4 树种组成的计算

按各树种断面积（或蓄积量）占总断面积（或总蓄积量）的比值，用整数十分法表示。如果某一树种的蓄积占林分蓄积2%～5%时，用"+"表示；如果在2%以下，用"−"表示。树种组成用组成式表示，如果是杉木纯林，其组成式为10杉；如果是落叶松、云杉和白桦组成的混交林，其断面积（或蓄积量）的比值为9：1：0.03，组成式为"9落1云+白"。

17.4.3.5 密度指标的计算

（1）株数密度的计算：根据标准地面积和林木株数，按比例推算成每公顷数。

（2）疏密度的计算：林分每公顷总胸高断面积与相同条件下标准林分总胸高断面积之比即为疏密度。

（3）郁闭度的计算：根据样点法计算林木郁闭度。

17.4.3.6 立地质量的评定

（1）地位级：根据优势树种的平均年龄和平均树高查相应"树种的地位级表"来确定林分地位级。

（2）地位指数：根据优势树种上层木的平均年龄和平均树高查相应"树种

的地位指数表"确定林分地位指数。

（3）林型：根据立木生长发育情况，其他植物层次，土壤地形地势，森林更新及其他森林自然的特点和彼此间的相互关系，对照"林型表"确定林型名称。

17.4.3.7　经济材百分数的计算

在标准地调查时，将半经济用材树株数的50%归并到经济用材树株数中，计算占总株数的百分数，查"林分出材级划分标准"确定出材级。

17.4.3.8　蓄积量的计算

蓄积量是林分调查的重要因子，标准表法计算林分蓄积量的方法为 $M = M_{1.0} \cdot P$。

第18章　生态环境调查实习案例

18.1　水文调查实习案例

18.1.1　实习目的

通过野外实习，结合课堂所学的理论知识，加深对教材内容中的水位、流速、流量的理解和记忆，培养野外实习方法和技能，提高分析水文环境形成原因和过程以及各种水文要素和现象的能力；同时，增加同学们学习的兴趣和热情，增强对大自然的热爱。

18.1.2　实习工具与材料

实习工具与材料有测绳、石头、瓷盘、卷尺、秒表、浮标、容器、pH试纸等。

18.1.3　实习方法与步骤

18.1.3.1　河流的深调查

一般河道的深调查应尽量选择河道顺直、稳定、水流集中，便于布设测验设施的河段。基本水尺断面一般设在测验河段的中央，大致垂直于流向或直接平行于测流断面。用测绳将一个重量适中的石头吊入河里，当将石头往下吊感觉不到石头的原重量时，用眼睛记住测绳的湿水位置，之后用卷尺测量沉入水中的测绳。

18.1.3.2　河流水的透明度

站在河段的中央，用测绳将一个瓷盘吊入河中，一直将瓷盘往河里放，直到看不到瓷盘为止，之后测量测绳的湿水长度，通过河流的深度计算，得出透明度。此外，河流水的透明度还有其他的测法，如颜色示踪法、盐液示踪法、流量法、电解质脉冲法等。

18.1.3.3　河流的流速

站在桥的中部一边，选取一个自然浮标，准备好秒表等工具。站在桥的左流向的上流向，向河流投掷浮标，当浮标流至桥面垂直下位置时，开始计时。改到河流流向的下流向等待浮标的出现，当浮标出现于桥面垂直下位置时，停止计时。重复多次，减小误差。之后测量桥面宽度，进行计算。

18.1.3.4　水样的采集

水样采集和保存的主要原则：

（1）水样必须具有足够的代表性。

（2）水样必须不受任何意外的污染。

用容器在河流的不同位置采集500 mL的水样，将水样带回进行进一步的研究。

18.1.3.5　水的pH值测定

取少许水放入容器中，用pH试纸蘸水，立刻拿出与比色卡对比做出判断。

18.1.4　实习结果

实习结果列表见表18-1。

表18-1　实习结果列表

流速/m·s⁻¹	透明度/m	水深/m	pH值
2/13	1.35	1.8	7～7.5

18.2　植物调查实习案例

18.2.1　实习目的

（1）培养学生初步掌握生物学形态的鉴定技术和分类方法。

（2）掌握一般植物分类的理论基础，能认识30～50科植物，掌握重要植物标本采集的基本方法，认识草本植物的特征。

18.2.2　实习内容

（1）野外学习草本植物。

（2）制作一个植物标签。

（3）学会植物采集。

18.2.3　实习工具

实习工具有尖头剪、小镐子、塑料袋等。

18.2.4　实习方法与步骤

18.2.4.1　采集方法

一个同学用小镐子铲地上长的成株的植物；一个同学手持尖头剪剪下一些路边的树枝条（应该尽量带有花和果）；一个同学带着大编织袋，把同组同学采集下来的植物放入袋中。辨别技巧：辨别植物所属科目时，应该注意植株各种形态上的区别，如根状茎、块茎，贮藏根、寄生根，单叶、复叶，轮生、对生……注意了解以上的特征就可以辨别大部分植物的科目。花的基本构成：花萼、花被、花瓣、萼片、花冠、雄蕊群、雌蕊、花托等。

18.2.4.2　草本植物

草本植物是一类植物的总称，但并非植物科学分类中的一个单元，与草本植物相对应的概念是木本植物，人们通常将草本植物称作"草"，而将木本植物称为"树"，但是偶尔也有例外，比如竹，就属于草本植物，但人们经常将其看作是一种树。草本植物和木本植物最显著的区别在于它们茎的结构，草本植物的茎为"草质茎"，茎中密布很多相对细小的维管束，充斥维管束之间的是大量的薄壁细胞，在茎的最外层是坚韧的机械组织。草本植物的维管束与木本植物的不同，维管束中的木质部分布在外侧而韧皮部则分布在内侧，这是与木本植物完全相反的；另外，草本植物的维管束不具有形成层，不能不断生长，因而树会逐年变粗而草就没有这样的本领。相比于木质茎，草质茎有更进化的特征。

地球上已发现的植物中，草本植物占2/3还多，大约有30万种，所有重要的粮食都是草本植物，如小麦、大豆、高粱、玉米、稻米等。草本植物体形一般都很矮小，墙隅小草长不到7 cm，水稻、小麦也只在1 m上下。草本植物的茎内木质部不发达，木质化细胞较少，植株一般较小，茎干一般柔软，多数在生长季终了时，其整体或地上部死亡。

按草本植物生活周期的长短，可分为：

（1）一年生草本：在一个生长季节内就可完成生长周期，即当年开花、结实后枯死的植物，如水稻、大豆、西红柿等。

（2）二年生草本：第一年生长季（秋季）仅长营养器官，到第二年生长季（春季）开花、结实后枯死的植物，如冬小麦、甜菜、蚕豆等。

（3）多年生草本：能生活两年以上的草本植物。有些植物的地下部分为多年生，如宿根或根茎、鳞茎、块根等变态器官，而地上部分每年死亡，待第二年春又从地下部分长出新枝，开花结实，如藕、洋葱、芋、甘薯、大丽菊等。另外，有一些植物的地上和地下部分都为多年生，经开花、结实后，地上部分仍不枯死，并能多次结实，如万年青、麦门冬等。

18.2.4.3　火龙果植物标签

以火龙果植物标签登记卡（见表18-2）为例。

表18-2　火龙果植物标签登记卡

中文学名	火龙果
中文属名	量天尺属
中文科名	仙人掌科
拉丁科名	*Hylocereus undatus*
拍摄人	张呈亮
拍摄地点	安顺板贵乡
拍摄时间	2010-11-08　11：50
海拔	1200 m 左右
形态特征	植株三角柱状，有光洁的巨大花朵，花冠直径25 cm，全长45 cm，单花重达600～800 g，被称为"大花王"。橄榄状果形，鲜红色外皮亮丽夺目。
生长习性	种植简单、根系旺盛、吸水力强，具有很强的抗热、抗旱能力。火龙果属阳性花卉，对光照要求较高，在温暖湿润、光线充足的环境下生长迅速。如果光照强度不足，会影响其正常开花。火龙果生长适温为20°～30°，冬季则不宜低于8°，火龙果在平均温度低于10°时则生长停止。火龙果对土壤的适应性较强，土壤以中性或微酸性为宜。火龙果的花长为30～40 cm，为自花授粉植物，花后35～45 d即可成熟，果熟后呈诱人的红色。

18.3　土壤调查实习案例

18.3.1　实习目的

实习是土壤教学的重要环节之一，一方面，把课堂教学与野外实际结合起来，印证、巩固、充实课堂所学内容；另一方面，借此掌握土壤调查的基本技能和方法，培养学生初步的科学探讨能力。

18.3.2　实习内容

（1）土壤物理性质测定。

（2）土壤剖面性质考察。

18.3.3　实习工具与材料

实习工具与材料有取土铲、剖面刀、钢卷尺、土壤标本纸盒、土壤标本木盒、土壤样品袋、采土标签、pH混合指示剂、比色阶（卡）、白瓷比色盘、10%盐酸、环刀、天平、小刀、铁锹、瓷碟、酒精等。

18.3.4　实习方法与步骤

18.3.4.1　土壤容重的测定（环刀法）

（1）选定代表性测定地点，用环刀采取土样。

（2）采样过程中必须保持环刀内土壤结构不受破坏，注意环刀内不要有石块或粗根侵入。

（3）取出环刀后，用锋利的削刀削去环刀两端多余的土壤，使环刀内的土壤体积与环刀容积相等。

（4）称出环刀与土壤的重量W_1，然后取出土壤称取环刀质量W_2。

（5）测出环刀的体积V为200 mL。

（6）根据公式$d_V=\dfrac{W_1-W_2}{V}$计算结果。

18.3.4.2　土壤水分的测定

（1）取一些土壤放入瓷碟中一起进行称重，其重量为W_3。

（2）加少量的酒精于瓷碟中，搅拌，使土壤全部被酒精湿润，然后点燃酒精，待到酒精燃烧将近，用玻璃棒轻轻搅拌，助其燃烧。

（3）待火燃尽后，再加少量酒精继续重复燃烧所取土样，进行2～3次，土样干后称重为W_4，瓷碟的质量为W_5。

（4）计算水分$=\dfrac{W_3-W_4}{W_3-W_5}\times100\%$。

18.3.4.3　土壤质地的测定——速测法步骤

（1）将少量的土样放入手心，加水充分湿润、调匀。

（2）用手先搓成直径约1 cm的团粒后，再搓成直径约3 mm的细条，再将细条圈成环状。

（3）与资料上的条件对比定出质地名称，如果团粒形成完整细条，弯曲成环时有裂痕，定出它为重壤土。

18.3.4.4　土壤pH值的测定

用混合指示剂比色法或pH广泛试纸（精度1）、pH精密试纸（精度0.5）速测。测量时，取土样少许（黄豆粒大小即可），放在白瓷比色盘中，加指示剂（或蒸馏水）3～5滴，使土样浸透并有少量余液，用干净玻璃棒搅匀，使指示剂（或蒸馏水）充分作用。半分钟后，倾斜比色盘使指示剂（或蒸馏水）少许流出，澄清，即可用标准色阶（比色卡）比色（或用pH试纸比色）。

18.3.4.5　石灰反应

以泡沫反应指示土壤中碳酸盐的大体含量。取少量土样，用手指压碎，再滴加10%（浓度约1 mol/L）的盐酸。反应分四级：

（1）几乎无泡沫，碳酸盐<1%。

（2）少量：很难见到泡沫，但可听到发泡声，1%≤碳酸盐<3%。

（3）中量：有明显泡沫，泡沫声强烈，3%≤碳酸盐<5%。

（4）多量：反应强烈，肉眼往往可见碳酸盐颗粒，碳酸盐>5%。

18.3.4.6　土壤剖面的选取及挖取

（1）选取一块较容易挖掘的地方作为土壤剖面挖取的样区，该挖取的地方对于该区来说具有一定的代表性，或者是因修路、开矿、自然脱落或兴修水利设施时显露的土壤垂直断面作为剖面。

（2）选取后将土壤表层的O层去掉，去除深度约5 cm，然后朝阳处垂直挖坑，挖坑深度约为1 m。

（3）对土壤剖面进行观察。

①O层是由枯枝落叶形成的、未分解或有不同程度分解的有机物质层。

②A层是受生物气候或人类活动影响形成的有机质积累和物质淋溶表层。有机质含量高，颜色较暗黑。

③E层是硅酸盐黏粒、铁铝等物质明显淋失的漂白淋溶层。

④B层是位于A层或（若有）E层之下，硅酸盐黏粒、氧化铁、氧化铝、碳酸盐、其他盐类和腐殖质等物质聚积的淀积层。

⑤C层是位于B层或A层（在无B层时）之下的母质层。

⑥R层即基岩，或称母岩。虽然非土壤发生层，但却是土壤剖面的重要组成部分，土壤形成的基础。

⑦A层和B层合称为土体层。反映母质层在成土过程影响下已发生深刻的或一定程度的变化，形成土壤剖面上部土层的特征。

18.3.5　实习结果

实习结果列表（一）、（二）分别见表18-3、18-4。

表 18-3　实习结果列表（一）

组数 项目	W_1 /g	W_2 /g	W_3 /g	W_4 /g	W_5 /g	容重 g·cm⁻¹	水分 /%	平均容重 g·cm⁻¹	平均水 分/%
第一组	336.5	42	109.5	104.5	75	1.47	14.4		
第二组	325	42	126.5	113.5	75	1.41	26.4	1.52	20.2
第三组	383.5	42	100	95.5	75	1.70	20.0		

表 18-4　实习结果列表（二）

序号	土壤性状	A 层	B 层	C 层
1	颜色	黄棕	黄色	
2	质地	重壤	黏土	
3	结构	团粒	块状	
4	土壤松紧度	稍紧	紧	
5	干湿度	润	润	
6	孔隙度	较少	少	无
7	石灰反应	声音小,气泡少	无声音,无明显气泡	
8	侵入体	小石块	无	
9	酸碱度	6.8	7.2	
10	根系分布和动物孔穴	根分布多,孔穴少	孔穴多	
土壤类型		重土壤		
土壤的利用现状		石漠化相当严重,土壤极少,土壤上只有少量矮小的杂草		
我的建议 （改良、利用等）		经济作物有花江地区的顶坛花椒,其他地区有金银花、砂仁等,植物选择可以是柏木、构树等,经济与生态相结合达到经济、生态、社会效应		

18.4　地质调查实习案例

18.4.1　实习目的

（1）通过学习获得地质实体的感性认知，巩固课堂所学基本理论和基础知识，为后续课程的学习打下良好的基础。

（2）通过基础技能的训练，使学生了解野外地质资料的收集整理，掌握罗盘仪的使用方法。

（3）了解地质构造对工程的影响，把地质知识运用到实际生活中。

18.4.2　实习内容

（1）学会对岩石的肉眼判别。

（2）学会地质罗盘的使用方法。

（3）现场认识断层、滑坡、岩层、背斜、向斜等地质现象。

18.4.3　实习工具

实习工具为罗盘。

18.4.4　实习方法与步骤

18.4.4.1　罗盘的使用方法

罗盘是由天池、内盘和外盘构成。天池外的内盘是钢制的，天池底色一般是白色的，底部画有一红色直线，有一端有两个红点在红线的左右，红线是以南北定位的，有红点的一方是子方（正北方），另一端是午方（正南方），上面有一根很灵敏的磁针，磁针的一端有一个小孔。使用罗盘时，双手分左右把持着外盘，双脚略微分开，将罗盘放在胸腹之间的位置上，保持罗盘水平状态，然后以使用者的背靠为坐，面对为向，开始立向。这时候罗盘上的十字线应该与所测目标的正前、正后、正左、正右的四正位重合，如果十字线立的向不准，那么所测的坐向就会出现偏差。固定了十字丝的位置后，用双手的大拇指拨动内盘，当内盘转动时，天池也会随之转动，一直将内盘转动至磁针静止下来，与天池内的红线重叠在一起为止。有一点是非常重要的，就是磁针有小孔的一端必须与红线上的两个红点重合，位置不能互换。这时显示坐向的十字线横的那一条与内盘各层相交，所测数据就显示在这条十字线所涵盖的区域上。

18.4.4.2　安顺地区的主要地质构造

安顺地区的地质构造以碳酸盐岩与碎屑岩多次交替沉积的多溶层结构为主要特色，是我国南方岩溶塌陷最发育的地区之一。岩溶环境的一个独特之处就是地表土层薄而贫瘠，植被稀少，成土极慢。有资料介绍，大约要侵蚀 3 m 厚的岩石，才能形成 0.1 m 厚的土壤。如果形成这样厚度的土壤需要 1 万～4 万年，那么碳酸盐岩地区的土壤侵蚀的允许量大致是 60 t/（km²·a）。因此，该地区土壤侵蚀问题必须引起高度重视。岩溶环境的另一个独特之处是地表水与地下水体系复杂，地表水与地下水互相转化极为频繁，地下水对污染物的反应既迅速又持续时间长，给岩溶水资源的保护带来困难。

18.4.4.3 花江大峡谷地质地貌概况

花江大峡谷地处贵州高原南部，向广西低山丘陵过渡的斜坡地带，在地质构造上位于杨子台褶带中的黔南古断褶来的西部，出露地层中三叠纪；地层分布广泛，岩性以碳酸盐岩层为主，这是形成岩溶地貌的基础。经过多次造山运动，地壳隆升，海水消退，出露的海沉积物中碳酸钙含量高，经水的溶解和风化剥蚀，发育成各种奇观，如溶洞、奇石等，这些奇观主要是奇特的喀斯特地貌。花江大峡谷经历了漫长的地质演变过程，燕山运动奠定了其发展演化的基础。通过一系列的造山运动，形成了大峡谷复杂的地形地貌和独特的地质构造，特别是其独特的地质遗迹，较全面地揭示了该区域的白垩纪古地理的原貌及其发展过程。该区域地层的形成是早白垩纪早期，其岩石类别分别由沉积岩和火山岩组成，形成了一个集沉积岩、火山岩、接触变质岩、古生物化石等地质现象为一体的综合性地质宝库。

18.5 地貌调查实习案例

18.5.1 实习目的

（1）地貌实习是专业基本教学实习环节。通过此次实习，使学生进一步巩固地貌学的基本原理，学习并掌握野外地貌调查研究的基本方法和基本技能，加深学生对课堂理论知识的理解，形成比较完整的学科理论教学体系，可为学习其他课程打下基础。

（2）通过对各种地质地貌的观察，认知并了解典型的地质地貌特征，能对野外的地质地貌构象做出基本的解释。

18.5.2 实习内容

喀斯特地貌的发育情况、影响因素、治理方案。

18.5.3 实习方法与步骤

18.5.3.1 岩溶

岩溶或称喀斯特，是一种发育以碳酸盐岩等可溶岩地区的特殊自然过程，其基本特征是其区域地貌发育形成一系列与岩石的可溶性相关的独特地貌和水文特征。它包括各种封闭洼地、漏斗及地下水系，地表岩石表面可以形成特殊的溶蚀形态，地下可以形成洞穴及相应的洞穴堆积物，其外在表现为区域特殊地貌和水文现象，形成人们通常所说的奇峰异洞，如峰林、峰丛、石林、石芽、暗河、天生桥、盲谷、竖井、天坑以及形态各异的岩溶洞穴等。我国岩溶地区分布广泛，集中分布于广西、云南、贵州、四川、湖南、山西、西藏等地。岩溶发育的主要区域碳酸盐岩地层分布面积约137万 km²，如果再加上埋藏于地下的碳酸盐岩溶，则总面积可达300万 km²，约占我国陆地国土面积的1/3。岩溶地貌常形成特殊的风景资源，成为旅游胜地，如我国世界自然遗产中的九寨沟、黄龙寺、云南石林以及众多的旅游洞穴。

18.5.3.2 影响岩溶地貌的因素

作为岩溶发育的物质基础——可溶性岩，实际上属于地质条件范畴。从沉积学的角度分析，不同沉积相的碳酸盐岩可以形成不同的碳酸盐岩结晶状况、岩石结构和岩石构造，并导致了溶蚀作用的差异，进而对地貌发育产生影响。不同沉积相碳酸盐岩之间的裂隙也同样是岩溶发育的重要基础。不同类型地层的组合，如砂岩等非岩溶岩层与岩深岩层的组合方式，可以影响到区域或小范围地下水活动，造成不同类型的岩溶地貌发育，如半岩溶、全岩溶。岩溶地区水文现象具有地表分水岭与地下水岭不重合的现象，地下河的存在则是岩溶地区特殊的水文现象。岩溶地区的地貌与水文是相互作用的，地表水流、地下水流的流体力学性质、流动性及流量对于侵蚀或沉积地貌的形成均有较大的影响。经常流动的水体，通过多种化学过程（如混合溶蚀）和机械过程，能较大地提高水的溶蚀力。在岩溶地区，地下水动力带分布不同，其运动方式不同，对岩溶溶蚀程度也不同，并直接导致了不同类型的洞穴系统的发育。此外，岩溶地区土下存在一个特殊水文带——壤下带，是土下可溶岩体顶部次生裂隙发育的地带，此处溶蚀作用活跃并对岩溶地貌形态发育影响巨大，是直接与特殊地下水动力相关的表层岩溶，对岩溶地貌形态发育影响巨大，是直接与特殊地下水动力相关的表层岩溶地貌带。

18.5.3.3 合理的治理方案

（1）采取砌坎培土的方式，增加土层厚度。

（2）采取林农混种的方式，实行以耕代抚。

（3）采取兴修蓄水池方式，保证林竹生长供水需要。

（4）采取封山禁牧的方式，禁止人畜践踏，增加林草植被。

（5）有条件的地方，实行土壤改良、施肥，促进林竹生长。

18.5.3.4 多部门联动

石漠化综合治理是一个系统工程，关系到贫困山区生态环境的改善、群众的脱贫致富和新农村建设，仅靠林业部门的努力难以达到效果。因此，政府把林业、国土、财政、农业、粮食、水利、畜牧等相关部门的力量进行整合，实现多部门联动治理。

（1）积极开展林下种草。结合当地重点发展以花椒为种植的情况下，种草养畜，增加农户收入，调动广大群众石漠化综合治理积极性。

（2）配套完善改土工程。该区域的石漠化治理区域主要集中在立地条件较差的陡坡耕地富集区，要投入较大力度。

（3）加强农村能源建设。岩溶区群众生产生活能源主要靠薪材，长期随意樵采是造成石漠化的主要原因之一，也是治理的难点之一。

第19章 宁镇典型区域地质调查实习案例

19.1 实习目的

（1）通过实习，使学生获得基本地质现象的感性认识，巩固加深课堂知识，达到理论联系实际的目的。

（2）初步训练学生的基本地质工作方法和技能，培养提高其观察和分析野外地质现象的能力。

（3）增强学生热爱地学的科学感情，巩固从事地理专业思想，培养其艰苦朴素、吃苦耐劳、关心他人、团结互助的精神。

（4）初步学会认识和分析实习中所见的由内外力地质作用形成的一般地质现象。

（5）肉眼鉴别常见的矿物和岩石。

（6）初步认识实习区内的主要地层特征（包括地层的名称、时代、岩类、岩性等）及其中的一些主要化石。

（7）初步认识分析实习区内简单的地质构造现象（包括褶皱、节理、断层接触关系以及其他地质构造现象的判读和识别）。

（8）掌握地质罗盘的使用方法（包括层面的确定、方位的测量、岩层产状要素的测量和记录）。

（9）初步学会地形、地质图的使用与判读，并能在地质图上认识简单的地质构造。

（10）初步学会绘制简单的地质平面图、地质剖面图和地质素描图。

（11）采集和编录岩石标本，做好地质现象的记录，写出地质实习书面报告。

19.2　实习方案

19.2.1　实习工作步骤

以班级、小组为单位，由教师负责指导学生实习。

19.2.1.1　实习准备阶段

（1）教师实习准备

①实习前到现场集体备课，编写实习计划。

②根据需要准备好有关图件、资料、物品，联系好食宿和交通工具。

③在实习出发前，向学生报告实习计划，并介绍实习地区的地质概况，分发有关资料和物品。

（2）学生实习准备

①做好知识、理论和技能方面的准备。主要是复习实习中的相关知识点，了解实习区的一般地质概况，熟悉野外地质工作的基本方法，观察有关的矿物、岩石、化石标本。

②携带地质包、地质锤、罗盘、放大镜、水壶、饭盒、太阳帽和翻毛皮鞋等。

③携带实习资料、图件、记录本、报告纸、常用文具及个人行李用具等。

④准备好小刀、凿子、卷尺、标签、标本袋、包装纸以及装细软标本的盒子和盛盐酸的小瓶等。

⑤向医务室领取一些常用药品。

19.2.1.2　野外实习阶段

按照实习的目的要求和具体日程，在教师的指导下，按地区、路线、观察点进行野外现场实习。在每一观察点，先由教师介绍本观察点的观察内容和目的要求，学生边听边记录，然后个人观察、测量、分析研究、小组讨论、提出问题，再由教师小结。

19.2.1.3　总结阶段

组织学生座谈实习的收获和体会，教师和学生分别撰写实习报告。教师评定学生实习情况，最后将实习借用的公物归还。

19.2.2　实习日程安排

第一天路线：参观南京市地质陈列馆。

通过观看典型标本，了解地质发展历史、各种地质现象的特征及相互间的联系，掌握典型矿物、岩石的基本特征，知道生物化石的重要意义。

第二天路线：汤山古溶洞→珠山→阳山。

（1）了解古生代 O_{1h}、S_1g、$S_{2-3}f$、D_{1-2m}、D_{3w}、P_{1q} 地层。

（2）了解地质罗盘的使用方法，测定岩层、断层产状。

（3）断层的观察、沉积环境的判断。

第三天路线：孔山→排山→棒槌山。

（1）认识古、中生代 C_{1g}^2、C_{1h}^3、C_{1l}^4、P_{1q1q}、P_{2l}、T_{1x}、T_{2s} 地层。

（2）认识地貌和构造、岩性之间的关系。

（3）绘制地质素描图、剖面图，测定岩层产状。

第四天路线：宜兴小区和镇江小区。

（1）了解岩溶地质作用及其所产生的地质现象。分析善卷、张公、灵谷三洞的成因。

（2）观察溶洞（盲洞、穿洞）、地下河、落水洞、漏斗等岩溶现象，掌握其主要特征。

（3）认识各种洞穴堆积形态，如石钟乳、石笋、石柱，以及洞壁、壁底各种石灰华沉积形态，分析其形成条件。

（4）观察碳酸盐岩与中酸性花岗闪长侵入岩发生热液交代变质作用形成的大理岩。

（5）了解长江河道变迁历史，镇江港口的变迁。

（6）观察碱性岩浆岩及其矿物。

第五天路线：紫金山。

（1）认识 T_{2s}、T_{2s+3h}、J_{1-2x} 地层岩性，分析其沉积环境。

（2）了解山地地貌与岩性、构造的关系。

（3）参观天文馆，观察天体运动及其了解其运动规律。

第六天路线：燕子矶→雨花台。

（1）认识 k_{2p} 砾石层及生物对岩石的风化作用。

（2）认识断裂构造及其矶的成因。

（3）观察长江地貌（心滩、边滩、阶地）。

（4）观察 Q_{1y} 的岩性，分析其沉积环境。

（5）了解 k_{2p} 与 Q_{1y} 两地层间的接触关系。

第七天路线：六合方山→桂子山。

（1）观察六合方山古火山及雨花台 N_{1p} 与 N_{2f} 地层。

（2）火山地貌以及 N_{1p} 与 N_{2f} 两地层间的接触关系。

（3）绘制野外剖面图。

19.3 调查实习内容

19.3.1 幕府山小区

幕府山小区位于南京市中央门的北郊，山体西高东低，北陡南缓，最高峰幕府山海拔204 m。幕府山小区山体延伸方向与地层走向均为NE-SW，由老到新（Z-T）构成幕府山复式背斜，而复式背斜的NE-SW翼断陷于江底，是长江大断裂的一部分，沿江大断层的主要证据有：断层崖走向稳定，呈NE-SW向延伸；断层崖上有的地段可见擦痕、构造岩等特征；可见断层三角面地貌及流水地貌所形成的溶洞，这是南盘上升的证据；沿断层崖壁下，有串珠状泉水出露，在三台洞观察溶洞竖井、石钟乳、泉等地质现象（三台洞的岩性为奥陶纪下统仑山组白云质灰岩及灰岩）。

19.3.1.1 幕府山204高地南坡白云岩采石场

白云岩在工业中已用作耐火材料及高炉炼铁中熔剂。一般作为耐火材料规定MgO在17%～19%即可，而作为熔剂材料MgO要在20%～21%，幕府山震旦系灯影组白云岩Mg含量均在20.12%～20.62%，完全符合工业要求。此外，幕府山还有上寒武统观音组白云岩、下奥陶统仑山组白云岩。

19.3.1.2 采石场东向山脊瞭望长江地貌

从幕府山南侧白云矿东面山脊向北看，在八卦洲西南端，长江在这里分为两股岔道，北支为凸岸，所在北岸为一宽阔的河漫滩平原，不断处于淤积当中；南支为凹岸所在，由幕府山的基岩形成陡峭的谷坡。因凹岸的强烈冲刷作用，水较深，是目前的主要航道所在。八卦洲的西南端为一尖凸的鸟嘴形状，指向上游方向，这是江水流出大桥后，河道开阔、流速降低、不断发生沉积所致。八卦洲目前宽17 km，南北长8 km，呈梨形，总面积56 km²，内部地势低平，海拔6～6.5 m，发展趋势是西端冲刷，东端淤积，沙洲东移。

19.3.1.3 黄方村北

观察黄方村断层，断层的北盘为二叠系上统龙潭组，南盘为白垩系上统浦口组，断层面较陡，倾向NNW，断层带内可见褶皱、擦痕、断层角砾岩、构造透镜体。继续沿断层倾斜方向观察，可见一系列老地层逆冲到较新地层之上。

19.3.1.4 三台洞

三台洞位于燕子矶以西约3 km处，洞分三层，即下洞、中洞、上洞，洞径约十几米，下洞较大，但是比较曲折，洞的左边有两个竖直的洞，从这里往上看，真是"井底观天"，俗称"一线天"，在地质学上把它叫作落水洞。这三层溶洞的标高，与当地河漫滩以及一、二级阶地面的标高相近，分别为10 m左右，15～20 m，35～40 m，它们各自代表了近期和较早的两次地下水的溶蚀作用，表明层状溶洞与阶地的形成过程一样，也是由于地壳在第四纪以来间歇性的抬升和地下水间歇性的下切的结果。由于溶洞发育在震旦纪-寒武纪的白云岩中，白云岩含有较多的碳酸镁，成分不像石灰岩那么纯，因此溶洞规模不大，石钟乳也不发育，至于石笋不发育的原因，除了上述因素外，还与千百年来人类活动有关。

19.3.1.5　燕子矶

在公园进门处观察白垩系上统浦口组的岩性及岩石中生物风化现象（砾岩、砂岩及粉砂岩）。燕子矶位于幕府山的东北端，高36 m，三面环水，山势险峻，屹立江边，仿佛一只"凌江欲飞"的燕子，所以人们称它为燕子矶。所谓矶，就是突出江面，三面环水，岩石裸露的半岛。矶的形成与岩石性质、断裂构造及流水的冲刷有关。

（1）组成矶头的岩石是浦口组红色砾岩及砂岩，砾岩成分复杂，主要是各种灰岩、砂岩及少量的燧石和岩浆岩，粒径大小不一，以数厘米到10余厘米者居多，砾石稍具棱角，胶积物为铁质和泥砂质，质地坚硬，抗风化力较强。

（2）长江南京段河道大致是在NE向的长江大断裂带上发育的，而在矶的附近，又存在着两组交叉的X形断裂，把组成矶头的岩石切割成块。

（3）咆哮的江水猛烈地冲刷着已被断裂切割成块的岩层，那些易于风化剥蚀的岩石，先后变成碎块、泥沙随江水东流而去，而那些坚硬的岩石则保留下来，突兀于大江之滨，这就是今日所见之"矶"。

19.3.1.6　长江三级阶地和河漫滩地貌

河漫滩位于街上及沿江的工厂和居民区，一般高出江面5 m（标高10 m左右），Ⅰ级阶地高出江面10 m（标高15 m）。Ⅱ级阶地高出江面20～25 m。Ⅲ级阶地见于燕子矶以东的一些长条地形，高出江面40～50 m，保存程度较差。

19.3.2　句容铜山小区

句容县铜山，位于南京市东郊龙潭镇东约5 km的地方，距南京城约为30 km（在沪宁线南侧），此地有一正在开采的铜钼矿山，并且沉积岩、石英闪长岩、矽卡岩及其含矿带出露良好，再加上交通也很方便，有铁路和公路直达矿区，所以是进行普通地质学野外实习的良好场所。接触交代变质作用是指岩浆结晶晚期析出大量挥发成分和热液，通过交代作用使接触带附近的侵入体及围岩的岩性和化学成分均发生变化的一种变质作用。矽卡岩主要是中酸性岩浆侵入体与碳酸盐岩石的接触带，在热接触变质作用的基础上和高温汽化热液影响下，经交代作用所形成的一种变质岩石，矿物成分比较复杂，主要有石榴子石、透辉石、硅灰石、绿帘石等，有时出现黄铜矿、黄铁矿、方铅矿、闪锌矿等矿物，具不等粒状变晶结构，晶粒一般比较粗大，块状构造，颜色较深，常呈暗褐、暗绿等色，比重较大。

19.3.2.1　石泉村北小路旁

观察石英闪长岩（岩浆岩）与栖霞组（P_{1q}^1）石灰岩（沉积岩）接触，认识其岩性及接触变质现象（热–接触–交代变质作用）（矽卡岩）。中酸性侵入岩浆体：岩性为黑云母石英闪长岩，产状为岩株，发生时期为中生代燕山期。除黑云母石英闪长岩外，还有花岗闪长岩、闪长岩等。接触关系是侵入接触。沉积岩是栖霞组石灰岩（不纯灰岩）。

（1）内接触带

①新鲜黑云母石英闪长岩。

②蚀变黑云母石英闪长岩（主要为透辉石化），具有钼矿化及少量黄铜矿细脉。

③透辉石–钙铝榴石矽卡岩带（内矽卡岩带，呈肉红色斑杂状构造，中–粗粒结构，含方柱石、绿钙闪石），该带以钼化为主。

（2）外接触带

①由不同结构和不同色调所构成的条带状透辉石或辉石石榴石矽卡岩带组成（外矽卡岩带）。主要矿物成分：石榴石、透辉石、阳起石、绿钙闪石及石英。

②透辉石矽卡岩，透辉石为主。

③大理岩带由栖霞组灰岩经热接触变质而成，形成黑白相间条带状大理岩，其中燧石结核变为硅灰石团块。

（3）观察煌斑岩及其切穿矽卡岩的现象

煌斑岩是一种暗色脉岩，斑状结构，斑晶多由黑云母、角闪石、辉石等组成，它穿插在黑云母石英闪长岩或矽卡岩中，呈岩脉状或岩墙状产出，形成时期较晚，野外露头均已风化为疏松块状，原生矿物多分解为方解石、蛇纹石、绿泥石等次生矿物，地貌上为低凹地形。

（4）闪长岩

闪长岩是中性深成岩，主要矿物为中性斜长石和普通角闪石，基本上无石英，若石英含量为6%～10%时，称石英闪长岩，一般为灰色、灰绿色，闪长岩呈独立岩体者多呈岩株、岩床或岩墙产出。

19.3.2.2 虎山南侧或羊山顶

（1）观察红柱石角岩。角岩又称角页岩，是由泥质岩石（黏土岩、页岩等）、粉砂岩、火山岩等经热接触变质作用而形成的变质岩，原岩已基本上重结晶，细粒变晶结构，块状构造，致密坚硬，一般为灰色和近于黑色（主体的特征），矿物成分有长石、石英、云母、角闪石等。角石中有时有红柱石等变斑晶（呈柱状，横断面近方形，黑心），称红柱石角岩。若红柱石呈放射状，则称菊花石。

注：红柱石为长柱状晶体（横断面近正方形，为一种矿物），在岩石中呈柱状或放射状集合体。菊花石形似菊花，灰白色，有时呈红色，弱玻璃光泽，半透明，晶体中心沿柱体方向常有碳质填充。

（2）红柱石角岩形成于龙潭组碳质页岩与岩浆侵入体的接触地带。红柱石在该角岩中呈灰白色，弱玻璃光泽，晶体中心沿柱体方向常有碳质填充，故称空晶石。粗略地看红柱石在岩石中为细小白色斑点。红柱石是典型的接触变质矿物，主要为富铝岩石（如页岩、高岭土等）分解再结晶而成，可用作高级耐火材料。

19.3.3 六合方山-桂子山小区

六合方山位于六合区东南约14 km处。桂子山位于六合区东北方向约17 km的八百桥乡境内，从六合到桂子山沿公路行程约31 km。

19.3.3.1 六合方山

六合方山外形为截头圆锥状，全山面积约2 km²，顶高188 m，底高150 m，山顶平缓，内部凹陷，凹陷处为火山口位置所在。火山口位置陷落80 m，火山口周围熔岩高耸，是一道由玄武岩陡坎所构成的火山口垣，北侧为一缺口。因此，从东、南、西三面看为平顶山，从平面观之，则是一座马蹄形的火山堆。六合方山的火山基底为中新世浦镇组，构成火山堆的主体是上玄武岩及玄武质碎屑岩，主火山口位于方山顶部，其通道被辉长辉绿岩所填塞，西北坡有侧火山的喷发活动，东北坡比较简单，层序稳定，自下而上为浦镇组沙砾层→凝灰质沙砾岩→火山堆集块岩→上玄武岩。西北坡除东北坡的喷发产物外，还有侧火山活动的产物下玄武岩→深色辉长辉绿岩→火山碎屑岩，仅限于六合方山西北角出露。火山主要形成于第三纪上新世。火山堆集块岩是火山活动剧烈的产物，玄武质熔岩流是火山喷发活动减弱的产物。六合方山最后一次火山喷发作用减弱后，从主火山口喷溢出大量的玄武质熔岩流，形成六合方山顶部的上橄榄玄武岩，并伴有浅色辉长辉绿岩的侵入，玄武质熔岩流填塞了火山颈，也填塞了火山口周围的环状或放射状裂隙。火山基底浦镇组沉积物为一套胶结疏松的沙砾层，下部为沙砾层，中、上部为棕黄色沙砾层，砾石形状圆滑，成分以最稳定的石英岩、石英砂岩及燧石等为主，有清晰的大型单向斜层理，含硅化木化石，故属于河流相沉积物，在地貌上属于Ⅲ级阶地。在六合方山南部的仙人洞，根据上橄榄玄武岩（气孔玄武岩）的岩性特征及绳状构造，按气孔层及红色烘烤面对其进行分层，并进一步推测它的喷发次数（在南部火山喷发物是连续的）。六合方山的火山喷发次数分层标志和原生标准如下：

（1）红色烘烤层：见于每层熔岩流的表部，呈红棕色，是后期溢出的熔岩流在高温下对前期熔岩表层发生烘烤形成。

（2）熔岩流气孔构造的变化：每一层熔岩流气孔的多少与垂直位置有关，顶部最多，底部次之，中间最少。

（3）绳状构造：这种构造是由于熔岩流表层冷却比表层快，而内部仍然处于流动状态，当内部熔浆流动时，表层塑性冷凝面发生扭动，旋转而成。

（4）原生裂隙构造：上玄武岩株状节理不发育，但沿节理面仍然较发育，其方向垂直于冷凝面。因此沿节理面崩落后常发育成陡坎。在猫儿石继续观测上玄武岩，追溯它的喷发环境：由于六合方山玄武岩不具有海底及海相喷发形成的枕状构造，因此它是陆相喷发的产物。在火山口北侧采石场，观察火山颈相浅色辉长辉绿岩，主要填塞于中心火山管道或贯入于周围环状、脉状裂隙中。沿节理面常发育为脉状、网状、透镜状粗粒伟晶变种，具晶洞构造。在晶洞内生长着黑色柱粒状（粗粒至伟晶）普通辉石和白色片状斜长石晶族。

在六合方山北坡山沟：深色辉长辉绿岩的侵入活动时间较浅色辉长辉绿岩为早，其证据是在浅色辉长辉绿岩中常见深色辉长辉绿岩的捕虏体，深色辉长辉绿岩被浅色粗粒辉长辉绿岩穿插。

19.3.3.2 桂子山

桂子山位于六合区东北约17 km的八百乡境内，是由柱状节理极为发育的玄武岩组成的石柱山，占地20余亩，石柱陡，高达30 m左右，每个单柱的直径约为0.5 m左右，柱状节理的形成与熔岩流冷凝收缩有关，熔浆的流动面即为冷凝面，因此柱状节理是垂直于冷凝面的，均匀收缩需以均一性为前提。在桂子山西北坡采石场塘口，可以观察到玄武岩及火山碎屑与沙砾之间为侵入接触关系。玄武岩是岩床产状，产于沙砾层之中，地质年代为新生代第三纪上新世。

19.3.4　汤山-排山小区

汤山位于南京城东约28 km，从南京有公共汽车可以到达，交通非常便利。该区地处宁镇褶皱束南带的核部及西北翼，大体由三列呈北东西向延伸的低山组成。北列山海拔高度在120～170 m，包括排山（丝山、线山）和棒槌山。中列山地势较高，一般海拔高度在160～250 m，包括黄龙山（阳山）、孔山、团山、纱帽山、土山、陡山和狼山等，孔山主峰为该区最高峰，海拔341.8 m。南列山简称汤山，其主峰标高为292.3 m。三列山之间是两个纵向谷地。该区为沉积岩广泛分布的地区，从古生界至中生界地层均有出露，特别是其中的奥陶系、志留系、石炭系和二叠系，出露齐全，化石丰富，易于观察。概括地说，寒武系、奥陶系以及志留系下统分布在南列山；南列山与中列山之间的谷地为志留系所在地；泥盆系、石炭系以及二叠系下统栖霞组和孤峰组见于中列山；中列山与北列山之间的谷地中出露有二叠系上统龙潭组和零星的大隆组；三叠系下中统青龙群组成北列山；在北列山的西北方向有一些低缓的岗丘，则由三叠系中上统黄马青群和侏罗系下统象山群所组成。

（1）该区在构造上属于青龙山、大连山-汤山-仑山大背斜中段，背斜枢组组在这一带昂起，南侧山体由寒武系和奥陶系构成一个清楚的倾伏背斜（有人认为是穹状背斜）。背斜的北翼陡、南翼缓、西端向西倾伏（有人认为东端亦向东倾伏）。在西端汤山头的北、西、南三面，寒武系、奥陶系及志留系自核部向外依次为弧形分布，外倾转折（倾伏背斜在转折端处岩层向褶曲的外方倾斜）现象十分清楚。该背斜南翼仅有奥陶系及志留系底部的地层出露，较新地层则未见，可能因断层下落而被白垩系及第四系覆盖所致。至于背斜的北翼，并非是一单斜，而是由一个次一级向斜和次一级背斜组成的复式背斜构造。其中次一级向斜西起大石碑，向东经团山、陡山而去，组成中列山的主体，枢纽在大石碑明显向西倾伏，在陡山又向东倾伏。轴部为栖霞组。向斜的南翼陡，地层倾角在70°～80°，局部直立，甚至倒转；北翼缓，地层倾角25°～35°。褶皱横剖面不对称，轴面向南倾斜。次一级背斜的位置紧靠向斜北侧，与之平行展布，总体看来组成中列山的北坡，但孔山主峰却是背斜轴部。枢纽在西端向西倾伏轴部及两翼，由五通组及石炭二叠系组成，在火石峰至乌龟山一线上可见由五通组至栖霞组地层呈外倾合围。枢纽东端向东倾伏。轴部由五通组上部组成。在中段的孔山顶，枢纽明显昂起，轴部由五通组底部组成。背斜南翼缓，北翼陡，倾角在80°～90°。其横剖面不对称，轴面向南倾斜。

（2）该区的短列构造也较清楚。在南列山中发育有很多的横向及斜向断层，在西倾伏端的奥陶系中统汤山组中发育有环状断层，它们往往有平移断层的性质。此外，该区还可见少量的纵向断层在中列山范围内发育为纵向与横向（或斜向）断层。前者主要为逆冲断层，常造成地层的缺失，岩层的破碎，地层产状的紊乱、变陡甚至于倒转；倒转常造成地层走向不连续，近断层处岩层破碎，地层走向发生拖曳弯曲等。

（3）从地貌发展来看，该区的剥蚀作用已经进行得相当深刻。背斜成谷、向斜成山的现象比较普遍。当然也有少数山峰是背斜轴部所在，其原因不外乎枢纽昂起和岩性坚硬，不过它们已遭受深刻的剥蚀。区内的次成谷地也很发育，三列山之间的谷地，皆因岩性软弱，易受侵蚀所致。总之，现今地表的起伏并非原始构造上的起伏。根据目前地层出露位置、地层的厚度及产状，并考虑到褶皱形态特征，可将原始褶皱构造剖面大致恢复起来。

①观察奥陶系下统红花园组的特征

寻找化石，测量地层产状，目测地层厚度，判断接触关系：该组为灰至深灰色中、厚层结晶灰岩夹生物碎屑灰岩和鲕状灰岩，产湖北房角石和河北角石等化石，在该区厚度可达110 m。地层倾向南西，与仑山组呈整合接触，通常以深灰色厚层碎屑灰岩或鲕状灰岩的出现作为本组底界。

②观察志留系下统高家边组的岩性特征

寻找化石，测量地层产状，目测地层厚度，高家边组以黄绿、灰绿色页岩泥岩为主，上部夹粉砂质页岩、粉砂岩，底部为黑色页岩，富产柽柳雕笔石、轴囊直笔石、曲背锯笔石和向上尖笔石等化石，厚度大于293.5 m（有人认为大于500 m），地层倾向南西。

③坟头村南宁杭公路旁观察志留系中上坟头群的岩性特征

寻找化石，测量地层产状，判断接触关系：灰黄、灰绿色细砂岩，粉砂岩及泥页岩，中部夹含铁泥质团块的长石砂岩，矿物成分以石英和黏土矿物为主，产霸王王冠虫、沿边后直怪和南京江苏鱼等化石，为浅海还原环境的产物。地层发生倒转，倾向南东160°左右，倾角50°～55°。厚度大于193.3 m（有人认为大于500 m），与下伏高家边组呈假整合接触。

④珠山南坡观察泥盆系下中统茅山群的岩性特征

寻找化石，测量地层产状，目测地层厚度，判断接触关系：为紫红间夹灰黄色中厚层砂岩、粉砂岩及粉砂质页岩，沿层面常见白云母片。仔细辨认岩石的颜色后可以发现，岩石原色是灰黄或灰白色，沿裂缝受到氧化作用后变红。氧化作用完全者，全为紫红色；氧化作用不完全者，紫红色中有灰黄或灰白色的残余色；氧化作用轻微者，仅沿灰黄色岩石的裂缝两侧出现紫红色调。厚

20～30 m。控槽中可见该群与坟头群的接界线，为整合接触（也有人主张为假整合接触）。地层倒转，茅山群伏于坟头群之下，倾向南东，倾角可达75°。

⑤珠山顶及珠山北坡

瞭望南列山、北列山或周围地势，在地图上定点，认识几座主要山峰，进一步了解该区的地质结构及地貌发育特征。观察泥盆系上统五通组底部和下部的岩性特征，判断接触关系：该组原假整合于茅山之上，其接触面略显受侵蚀的痕迹，局部所见为细砾岩，其砾岩成分为茅山群砾岩。此处由于地层倒转，茅山群覆于五通组之上，厚度80～186 m。岩性可分为四部分。这里见到的是底部和下部，前者为灰白色厚度状石英岩及石英砂岩，砂石成分为白色石英、黑色燧石、浅色具纹理的硅质岩等，滚圆或半滚圆状，砾径1～3 cm为主，砾石可排列成单向斜层理；后者为灰白色厚层状石英砂岩，间夹薄层粉砂岩，砂质中石英含量可达95%以上，硅质胶结，具有缝合线构造以及单向斜层理。

⑥黄龙山北坡明朝采石坑遗址

大致观察二叠系下统栖霞组的岩性特征：认识大石碑的碑座；观察崖壁上的断层，断层发生在栖霞组中，地层产状为NW315°、SW85°，垂直地层断距约3 m左右，断层面张开，宽窄不一，最深处约1 m多，裂缝内充填着再结晶方解石和红褐色黏土，生长着一些小树和杂草，生物风化作用使裂缝慢慢变大。从总体上看，上盘下降、下盘上升，为一正断层。

19.3.5　孔山–棒槌山小区

19.3.5.1　控压机房附近的环山公路旁

观察由泥盆系上统五通组的上部和顶部组成的孔山倾伏背斜核部：五通组上部前已介绍，不再赘述。其顶部为灰白色中厚层石英砂岩，缝合线构造非常发育。孔山主峰及西部山脊是背斜轴所在。枢纽在西端向西略偏南倾伏，核部由五通组组成，两翼由石炭二叠纪组成，南翼地层倾向SW195°～200°，倾角20°左右，北翼地层倾向NW350°左右，倾角70°～80°。轴面向南倾斜。

19.3.5.2　"157.3高地"以南的探槽中

在沿山梁的小路上继续观察五通组以及石炭系下统地层，测量地层产状，注意五通组和石炭系下统地层的对称式重复出现及其产状的变化，进一步证明背斜的存在。在探槽中观察石炭系下统的金陵组、高骊山组、和州组和老虎洞组的岩性特征，寻找化石，测量地层产状，判断接触关系：金陵组为灰黑色厚层状生物碎屑岩，生物碎屑岩主要是海百合多腕足类碎片。岩石含有机质及泥沙成分较多，盛产假乌拉珊瑚、笛管珊瑚、始分喙石燕及金陵穹方贝等化石。

据资料介绍，其底部有一层0.5 m厚的铁质粉砂岩，但未见到。该组厚约6 m，与五通组为假整合接触；高骊山组为一套灰黄、黄绿、紫红和灰黑等杂质砂页岩及黏土岩，产亚鳞木和舌形贝等化石，该组厚度约36 m，假整合在金陵组之上，所以金陵组顶部的侵蚀面起伏不平，又因受过氧化，颜色发红，面上有铁锰质薄层堆积；和州组的下部为灰黄色和钙质岩互层，产袁氏珊瑚和贵州珊瑚等化石，上部为灰、紫色灰岩夹白云岩，产巨型长身贝及和县始史塔夫䗴等化石，该组厚度约5 m，与高骊山组呈假整合接触；老虎洞组为灰色及浅灰色致密较硬的结晶白云岩，遇酸仅微弱起泡，风化面有刀砍状溶沟（俗称老人皱纹），含有灰黑色、灰白色及肉红色的燧石结核，呈透镜体或团块状，其伸长方向与层面平行，故可借以判别层面，产拟棚珊瑚和不规则石柱珊瑚等化石，该组厚度约6 m，与和州组为假整合接触。以上地层倾向NW328°～340°，倾角74°～81°。

19.3.5.3　"157.3高地"至北坡上山公路

观察石炭系中统黄龙组和上统船山组的岩石特征，寻找化石，根据缝合面判识层面，测量地层产状，䗴类化石和球岩砾块组成的砾岩，砾块为棱角、半棱角及半滚圆状，直径以3～5 cm为主，由方解石胶结。方解石晶粒的粒径在1 cm以上。砾岩厚度约5 m。该组的主体部分为灰白色略显肉红色厚层到块状微晶的生物碎屑灰岩夹生物碎屑灰岩、砂屑灰岩。层理不清，仅能根据整合线来判断其产状。该组厚度约5 m。产有䗴、桶䗴、刺毛螅及莫斯科唱贝等化石，与老虎洞呈假整合接触；船山组为浅灰色与深灰色互层的厚层生物碎屑灰岩、微晶生物碎屑灰岩及微晶灰岩，具有缝合线构造，可借以判断层面，中部及上部产有核形石，为圆球形，似豆粒大小，色灰白，既见于深灰色灰岩中，又见于浅灰色灰岩中，是由藻类生物（葛万藻）聚结而成，它是识别船山组重要标志。顶部有一层极富有海百合茎的生物碎屑灰岩，该组厚约40 m，产有麦粒䗴及孟氏石柱珊瑚等化石，在该区与黄龙组为假整合接触。黄龙组顶部因受到侵蚀起伏不平，且因氧化颜色发红。以上地层倾向NW336°～340°，倾角82°左右。

19.3.5.4　上山公路两侧

在地形图上定点，瞭望北列山和次生谷地，了解次生谷地及其两侧发育的谷地。谷地长约4 km，宽100～150 m，谷地北缓南陡。谷地的形成与地层岩性和地质构造有关。从地质构造上来看，谷地正好发育在孔山背斜的北翼；至于谷地所在的地层是二叠系上统龙潭组煤系，岩性软弱，极易分化与侵蚀，经地表水侵蚀作用形成谷地，而其南侧为石炭-二叠系灰岩与泥盆系石英砂岩，岩性相对坚硬，抗分化侵蚀能力较强，故而突出形成山脊。谷地北侧为三叠系下中统青龙群灰岩，较之煤系地层坚实，故而也能形成山脊。在次生谷两侧上，发育有二级阶地。一级阶地海拔40～60 m，即农田、煤矿、公路与房屋所在的位置。阶地组成物为砂质及粉砂质黏土，夹少量沙砾，基岩出露少，属堆积阶地。二级阶地海拔60～70 m，为湖山公路两侧较高一级的平台。阶地平坦，略向谷地倾斜，受横向冲沟切割，不很连续，煤矿有一些建筑物坐落在阶地之上。阶地上部主要是残积及堆积的碎石夹少量冲击成因的粉砂质黏土，下部是基岩，为基座阶地。

观察叠系下统栖霞组的岩性特征，寻找化石，测量地层产状，目测地层厚度，判断接触关系，栖霞组自下而上可分成四部分：

（1）臭灰岩段。为灰黑色富含沥青质生物碎屑微晶灰岩，厚层状，发育缝合线构造。分化面上有沿层面方向沿展的眼球状及扁豆状小溶沟。产希瓦格蜓和米斯蜓。底部有一层数十厘米厚的灰黄色泥质页岩及生物碎屑灰岩，其中产介形类化石。

（2）下硅质层段。灰黑色燧石岩、硅质页岩夹同色具纹层构造的含硅生物微晶灰岩。露头零星。

（3）栖霞本部段。为深灰色微晶生物碎屑及生物碎屑微晶灰岩，中厚层状。盛产灰黑色燧石结核，具有缝合线构造。有时还见微层理。化石丰富，常见早板珊瑚、奇壁珊瑚、多壁珊瑚、米氏珊瑚、中国孔珊瑚等。化石突出于岩石表面极易找到。

（4）上硅质层段。为灰黑色硅质页岩、燧石岩夹同色具纹层状生物碎屑微晶灰岩。露头零星，产拟纺锤蜓等化石。该组厚130～150 m，与船山组为假整合接触。地层倾向NW336°～342°，地层倾角74°～85°。

19.3.5.5　湖山煤矿

观察二叠系上统龙潭组的岩性特征，寻找化石，测量地层产状，目测地层厚度，判断接触关系：龙潭组下部为黄色及灰黑色粉砂岩、粉砂质页岩夹砂岩；中部为灰黄色中、粗粒长石英砂岩、粉砂岩、砂质页岩、煤层及炭质页岩，盛产单网羊齿、大羽羊齿、栉羊齿及蕉羊齿等植物化石；上部为灰黄色及灰黑色页岩、粉砂岩、砂岩夹煤层及灰岩透镜体，产多叶瓣轮木等化石。该组厚130～150 m，与孤峰组呈整合接触，露头较零星，地层倾向NW335°，地层倾角75°～80°。

19.3.5.6　棒槌山西南端山坡

观察二叠系上统大隆组的岩性特征：大隆组下部为黄绿色页岩夹生物碎屑微晶灰岩、灰黄色泥质粉砂岩；中部为灰紫色页岩、灰黑色页岩、灰黑色硅质页岩与燧石岩互层，页岩中产假提罗菊石及戟贝等化石；上部为黄绿色及灰黑色页岩夹硅质页岩及生物碎屑微晶灰岩透镜体，该组仅出露于此，厚约24 m，与龙潭组呈整合接触。

19.3.5.7　棒槌山西端人工剖面

观察三叠系下统下青龙组的岩性特征，寻找化石，测量地层产状，目测地层厚度，判断接触关系，观察人工剖面中的小褶曲、小断层：下青龙组的下部为黄绿色页岩、泥岩，夹薄层微晶灰岩，产蛇菊石及克氏蛤；中部为灰色薄层灰晶岩与黄绿色页岩、黄褐色泥岩互层，层理清晰，产齿菊石及佛来明菊石等；上部为灰色中厚层及薄层微晶灰岩夹黄褐色泥制微晶灰岩、钙制页岩、薄层瘤状微晶灰岩及微晶砾岩灰岩；顶部为厚层微晶灰岩，但多被覆盖，该组厚192 m，与大隆组呈整合接触，地层倾向NW342°，地层倾角变化较大，在50°～80°之间，局部地层直立，甚至倒转。在人工剖面中发育有小褶曲、小断层。在各层灰岩中发育，有缝合构造。

19.3.5.8　棒槌山西北端

观察三叠系中统上青龙组与中上统黄马青群的岩性特征，寻找化石，测量地层产状，目测地层厚度，判断接触关系：上青龙群下部为灰色中薄层微晶灰岩、泥制微晶灰岩夹紫红色泥制微晶灰岩及瘤状微晶灰岩4～7层，产多瑙菊石及荷兰菊石等化石；中部为灰色中薄层微晶灰岩，蠕虫状构造极为发育；上部为灰黄色中层泥制微晶灰岩夹厚及薄层微晶灰岩；顶部为纹层状白云质灰岩。该组厚约354 m，与下青龙组呈整合接触；黄马青群主要为暗紫色页岩、泥岩、粉砂岩及细砂岩等，与上青龙组呈断层接触，地层发生倒转，倾向于正南，倾角28°。

19.3.6　钟山小区

钟山位于南京中山门外东郊，东西长约7 km，南北长约4 km，最高峰海拔448 m，为宁镇山脉中的最高峰。钟山的整个山体略呈弧形，弧口朝南，这里有众多的名胜古迹和观光游览之地，如中山陵、明孝陵、灵谷寺、梅花山（吴王孙权墓）、廖仲恺与何香凝墓、邓寅达墓、明朝功臣墓以及紫金山天文台、中山植物园等，构成了我国著名的南京东郊风景区。

钟山又名紫金山，关于紫金山一名的由来，目前有种说法：一是山上的砂页岩中含有许多云母矿物，当阳光照耀在裸露的岩石上时，会放射出紫金光芒，故而得名紫金山。二是山上曾生长一种叫紫金楠木的植物，所以得名紫金山。钟山有三个主峰，居中的北高峰，海拔448 m，东峰小茅山，海拔350 m，西峰天堡山（太平天国天堡遗址，现为紫金山天文台所在地），海拔260 m。钟山出露的地层主要为T_{2+3h}和J_{1+2x}，剖面比较完整。在钟山西坡和北麓，分布有辉长岩和闪长玢岩（岩浆岩侵入岩）。在去天文台的公路旁的油库洞内还可见到长英岩（细晶岩）和角岩（角页岩）。与钟山弧形弯曲走向相关的是有发射状的横断层发育，它们具有平移性质，沿着横向断层，后期有差异性升降运动，使钟山的中段上升，东西两端下掉，因而钟山就整体看还具有地垒山的性质。

19.3.6.1　空军烈士墓牌坊处

（钟山西坡）观察辉长岩的岩性特征及球状风化现象。辉长岩为基性深成岩，深灰、灰黑色，中粒结构，主要矿物成分为基性斜长石（呈板状，经化学风化有的已经变成高岭土）和辉石（绿黑色），次要矿物为少量的橄榄岩、角闪石或黑云母。此处的辉长岩中，X形节理发育，由于温度变化，风化作用沿几组节理方向同时进行，天长日久，使辉长岩内外层剥离，形成圆球状或椭圆形的球状风化现象。其侵入时代为燕山期，年龄在1亿年以上（南京地质矿产研究所K-Ar法为1.426亿年，南京地校同位素测年为1.14亿年）。

19.3.6.2　朝阳洞山东南坡

采集并了解黄铁矿的成因，认识大理岩化和矽卡岩化现象。此处的黄铁矿与燕山时期的岩浆活动有关，产于石灰岩与闪长岩侵入体的接触地带，大理岩是碳酸岩类岩石（石灰岩白云岩），经过重结晶作用变质而成，具等粒变晶结构，有白、浅灰、浅红、浅蓝等颜色。此处的三叠纪下中统青龙组灰岩，因受中性岩浆侵入产生的热接触作用，出现了大理岩化现象。矽卡岩是中酸性侵入体与石灰岩接触交代所产生的岩石。岩浆中的Si、Al、Fe成分进入石灰岩内，与石灰岩中的CO_2形成大量的Ca、Fe、Al硅酸盐矿物，组成了矽卡岩。粗粒或中粒变晶结构，晶形完整，颗粒比较粗大，块状构造，颜色一般呈红褐、浅黄或黑颜色。此处的矽卡岩化现象发生在石灰岩与中性侵入体的接触地带。

19.3.6.3　钟山顶部垭口

判别黄马青群（T3h）与上覆象山群（J1-2x）的接触关系：黄马青群为浅灰、暗紫、灰紫及紫红色细砂岩，粉砂质泥岩、页岩，风化后岩石呈现出似斑状现象。岩层倾向西南，倾角25°左右，与上覆象山群为不整合接触（假整合接触）。在钟山顶部，了解垭口地形与断裂构造和流水作用的关系：垭口是山脉脊部比较低下的马鞍形部位，沿钟山山脊常见这种地形，它是钟山南北西坡的流水不断溯源侵蚀的结果。在垭口的南北两侧冲沟中，见有密集的节理和地层沿走向不连续现象，说明这些垭口的形成还受断裂构造控制。垭口地形在山区交通上有重要意义。

19.3.6.4　梅花山

观察白垩系上统浦口组的岩性特征：紫红、灰紫色、砾岩（角砾岩），砾石成分复杂，多呈棱角或次棱角状，砾径大小不一，分选很差，胶结物为黏土质、粉砂质和铁质。瞭望钟山南部地势，了解钟山的地质地貌特征。从横剖面上看，钟山为一单斜构造，在地貌上为单面山，南北两坡不对称，南坡平缓，地层倾向与山坡坡向一致，称为倾斜坡；北坡较陡，地层倾向与山坡坡向相反，称为反倾斜坡。南坡为象山群所在，其岩性变化小，且因山坡坡角与岩层倾角相差不大，故坡度较小，也较均匀，平均倾角为13°，组成北坡的岩层种类较多，经过长期剥蚀以后，在北坡的不同地段坡度相差甚大。沿山脊出露的象山群底部的石英砂岩，因其岩性较硬不易风化，构成峰顶，又因岩石垂直节理发育，常大块崩塌，形成直立陡崖。北部的中上部，由黄马青群的砂岩、粉砂岩、页岩组成，因岩石较易风化，故坡度较陡，北部的中下部，受到自上坡带下来的风化侵蚀而形成的细碎屑物覆盖，因此坡度较缓。由此可见，岩性对山坡发育有很大影响。

19.3.6.5　上天文台公路下面的油库洞

观察长英岩和角岩（角页岩）的岩性特征，了解两者之间的接触关系。长英岩又称细晶岩，主要矿物为石英和正长石，不含或少含暗色矿物，颜色浅淡，呈岩脉产出，侵入于黄马青群之中。角页岩由泥质、粉砂质或砂质沉积岩受热接触变质而成，一般为暗灰、灰黑色甚至黑色，是一种致密块状微晶质岩石，硬度较大，无片理构造。此处的角岩，系黄马青群砂页岩受长石岩脉侵入所导致的受热接触变质而成，为灰黑色，有变余层理构造，长英岩和角岩之间为侵入接触。

19.3.6.6　下五旗村西头

（1）观察黄马青群岩性特征，寻找层面并测量产状，紫红色粉砂质页岩夹厚层粉砂岩和紫红色钙质粉砂质泥岩，岩层倾向南东，倾角约为22°。

（2）观察闪长玢岩侵入体（玢岩和斑岩都是斑状结构岩石，习惯上玢岩的斑晶结构为富Ca或含Ca中等的斜长石，而斑岩中的斑晶为K长石，富Na斜长石或石英），判断其产状，了解它与围岩的接触关系，侵入于黄马青群中的中性脉岩——闪长玢岩，其走向大致与岩层走向一致，呈岩床产出，厚约5 m，岩石风化较深，呈灰黄色，斑状结构，主要矿物为斜长石，还可见到黑云母及角闪石等矿物。

19.3.7 栖霞山小区

栖霞山位于南京城东北22 km，又名摄山，是因山上盛产草药，可以滋生摄生而得名。栖霞山有三峰，南为景致岗，中为千佛岭，北侧为黑石垱、平山头和三茅宫，主峰三茅峰海拔286 m。栖霞山驰名江南，因为不仅有一座栖霞寺，更有石刻千佛岩和隋朝舍利塔，还因为它山深林茂，泉清石峻，景色令人陶醉，被誉为"金陵第一明秀山"。

栖霞山是先经过褶皱然后又经过断裂切割的褶皱断块山。它是我国的地质胜地之一，地质学上的"栖霞灰岩""象山群""南象运动"等专有名词都源于此地。该区发育的地层主要有S、D、C、P、J和Q等，其构造可划分为上下构造层，上层为古生界所组成的复式背斜向斜构造，下层为侏罗纪中下统象山群所组成的单一背斜构造。该区的断裂构造（如图19-1所示）主要是：三茅宫-黑石垱纵向逆断层，走向N60°E，全长可达7 km，且往往被横断层或斜断层所切割。向NW倾，倾角变化较大，断层上盘为D_{3w}，它逆冲到C_{2h}和P_{1q}之上，断裂带中可见构造透镜体、糜棱岩化的岩石和密集的细小裂隙。

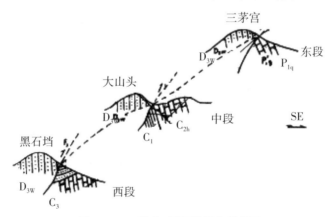

图19-1　三茅宫-黑石垱纵向逆断层

19.3.7.1 虎爪和黑石垱之间

观察侏罗纪象山群的岩性特征以及发育在其中的铁质渗透圈。沿途观察C_{3c}和P_{1q}的石灰岩，了解三茅宫-黑石垱纵向逆断层：此处的象山群为灰白、浅灰色的砂岩及含砾粗砂岩和细砂岩，中部为夹有较软的杂色黏土岩和细砂岩多层。

砂岩多为泥质胶结，含长石矿物，但均已风化为高岭土。在风化裂隙面上可见同心圆状的铁质渗透圈，只是一种奇形怪状的次生似层理状构造。它是在沉积岩形成以后，由于 $F_e(OH)_3$ 溶液作用产生的。最常见于砂岩中，也见于风化后的火山岩中，它中间的一圈圈奇形怪状的图案是由于含 $F_e(OH)_3$ 溶液在岩层孔隙中发生周期性的扩散和沉淀造成的，也就是溶液在扩散过程中不断吸收胶结物中的铁质，使 $F_e(OH)_3$ 溶液达到饱和，形成铁质沉淀，然后再扩散，再沉淀，所以就形成一圈圈同心圆转的色环，这种色环叫作风化轮，它与层理的区别是：风化轮是局部的，图案是奇形怪状的，它中间各层物质组分是均匀的，而且颜色往往呈现递变现象。

19.3.7.2　龙骨石

观察 C_{2h} 岩性特征，了解淋积矿床的成因和"铁帽"对于寻找矿产的意义：龙骨石附近的黄龙组，底部为白云岩，下部为粗晶灰岩，中上部主要为浅灰色及灰白色的厚层–巨厚层隐晶质灰岩，岩层中发育有细小节理。

19.3.7.3　三茅宫顶

鸟瞰栖霞山全貌，观察 D_{3w} 的岩性特征。该区的断裂构造是三茅宫–黑石垱纵向逆断层。

19.3.7.4　千佛岭

观察象山群砂页岩的岩性特征并测量其产状，了解栖霞寺、千佛岭及舍利塔的历史。

19.3.8　镇江市郊小区

由于残留体的位置没有改变，因此其构造方位与围岩是一致的。通常也将位于岩体顶部的残留体叫作顶垂体。

19.3.8.1　观察花岗闪长岩体中的花岗伟晶岩脉

注意其矿物成分和结构，测量其产状和宽度，并分析判断岩脉与侵入体中节理的关系：侵入岩体中有肉红色伟晶正长岩脉和灰白色细晶脉岩出露，大体上分为三组，均为节理侵入，一组产状为 NW 45°/NE20°，另外两组走向为近南北向，呈 X 形相交脉岩，一般宽10～20 cm，个别宽5～6 m（象山东头），部分具有带状构造，脉壁处为长石与石英互生呈文象结构，中心为块状石英。少数为不具有带状构造的一般细晶岩。

19.3.8.2　观察仑山组及其与侵入体接触处的辉绿岩脉

注意岩脉中矿物与岩石的结构，并测量岩脉的产状和宽度：象山北麓陡崖见有此类岩脉两条，一条沿N50°东向延长，侵入在仑山组中，宽约1 m，另一条沿 N10° 东向延长，宽约 4 m，侵入在花岗长岩体与仑山组接触处，岩石新鲜面为黑绿色，略能辨出辉绿结构。

19.3.8.3　焦山浮玉斋至三诏洞

观察石炭系的大理岩化的白云岩，泥盆系的五通组的石英砂岩，石炭一、二叠系的岩性特征，认识三诏洞附近的逆掩断层。在三诏洞附近，可见石炭系船山组灰岩自北向南逆掩于泥盆系五通组石英砂岩之上。断层走向近东向西，与褶皱的轴向基本一致。此外，该区还可以见到断层造成的破碎带。

19.3.8.4　焦山山顶

（1）远眺金山、北固山及象山

了解该区的地质地貌概况，镇江地处长江下游，河谷横剖面呈浅平的碟状，金山、北固山、象山一线的高地为其南侧的坡谷，北侧的坡谷在江北很远，因而河谷十分开阔。通常能看到焦山首尾的沙洲，它是心滩的一种形式，显然是受到焦山的影响而形成的。上游水流至焦山首部，因受焦山阻挡向两边分流，其动力分散，流速减低，碎屑物质发生沉积，形成首部的沙洲；焦山尾部，两侧水流回合，发生回流，其动力减弱，流速变慢，碎屑物质也发生沉积，形成尾部的沙洲。在焦山和象山之间，江面狭窄，但河道很深，船舶多沿此航道而行。其原因可能是受焦山与象山之间的地质构造结构条件控制，焦山与象山均为坚硬的岩基组成，两山挺立，对峙于河道两侧，锁住江流，流速加快，增强了水流对河床的冲刷能力。另外，两山之间为一断层通过，岩性破碎，易于冲刷，促使此处河床变深，但是河道的深浅是随着各种条件的变化而不断改变的，原来是侵蚀地带可能有变成沉积岩为主的趋势，长期下去，淤平这一深槽的航道而使焦山与象山连接起来是很有可能的。象山东北高出长江江面 5 m 以下是农田所在处，均属长江漫滩，它微向河床方向倾斜，边缘多生长芦苇等水草植物，洪水时易被淹没。自北固山或焦山向镇江市及其南郊可见长江的三级阶地。Ⅰ级阶地高出江面 5 m 左右，是房屋、街道、农田所在位置。平坦的阶地面保持良好，基本上未被破坏。组成物质为灰黑色砂质黏土，属全新世长江冲积物。此阶地为堆积阶地。Ⅱ级阶地高出江面 25～30 m，如象山园艺场一带的非正规耕地所在，许多工厂分布其上。阶地成长条状地形，是遭受后期侵蚀破坏的结果。组成物质为更新世晚期的下蜀组黄土状粉砂质黏土，也属堆积阶地。Ⅲ级阶地高出江面 40～50 m，如金山、人民公园、宝盖山、北固山、象山及焦山所在。因被侵蚀破坏而呈独立岗丘，但它们的高度差不多。其上部的组成物质是更新世中期灰黄色粉砂质壤土，为黄土状，含各种螺类化石，其下部为不同时代的基岩，属基座阶地。镇江位于长江三角洲的顶点，自镇江以东已无明显丘陵起伏，古长江就在这一带入海，镇江以东的平原是在近一万年以来由长江输入海的泥沙堆积而成的现代三角洲平原。据历史资料统计，多年来，海岸线向外迁移近 50 km，沉积面积约 5000 km²。长江三角洲平原每年以 25 m 的速度向外扩展着。

（2）遥望镇江港

了解近几十年来镇江港的淤积情况。镇江港原为沿江的一个良港，20 世纪中叶，由于长江河道向北摆动，使北岸冲刷、坍塌，南岸沉积、淤涨，导致征润洲不断扩大和镇江港的淤积。1958 年，征润洲已于焦山相连。在 1952—1962 年中，北岸平均每年崩塌后退 500 m，而征润洲则不断扩大和向下游延伸，导致焦山北侧航道在 1956 年之后逐渐淤死，使镇江港淤积成为"口袋"形，船舶进出极为不便。据观测，截至 1977 年，镇江港与焦山南侧航道累计淤积量达 4600 万 m²。近年采取多种措施，力图减缓港口淤积。

19.3.8.5　焦山东北麓

观察绿泥石角岩（角页岩）的岩性特征：为砂页岩经热接触变质而形成的角岩（角页岩）。岩石变质不深，呈黑色，带状构造很显著，薄片中可见绿泥石、石英、黄铁矿和硫酸盐类矿物。

19.3.8.6　焦山东麓

观察花岗岩长岩侵入体与象山的侵入体，进行比较：岩体侵入于砂页岩中，岩体中的长石全部呈肉红色，铁镁矿物大部分已变成绿帘石和绿泥石。

19.3.8.7　北固山江面

（1）观察粗面质集块岩

一般分布于北固山西北的山麓，出露厚度仅 2 m 以上，紫灰色，风化面呈灰绿色。碎块大者如拳，平均直径在 2 cm 以上，形态滚圆或稍带棱角。其成分为含黑云母及长石斑晶的致密粗岩面，胶结物为火山岩，胶结较疏松。

（2）观察北固山的断层构造

构成北固山主体的为不含石英的粗面岩，节理发育，大致有两组方向：一组为近东西向，另一组为近南北向，均可演化为断层。在山的北端水文站附近可见南北向的一系列向西倾斜高倾角的阶梯状小断层。

19.3.8.8　甘露寺与气象台之间

观察粗面质凝灰岩：覆盖在集块岩之上，分布于北固山西坡一带，厚度为 5 m，紫灰色，碎屑结构，碎屑为棱角形的长石及少量的黑云母类矿物。

19.3.8.9 气象台下

观察粗面角砾岩：角砾碎块直径大于 4 mm，成分均为粗面岩及粗面斑岩，分布在北固山的东麓。

19.3.8.10 北固山北麓

观察黑云母粗面斑岩：分布于北固山北端及山体的狭长马鞍地形带，构成山的主体，厚度最大。岩石呈暗紫红色，斑状结构，斑晶数量很少，石基为隐晶质，斑晶为黑云母钾长石。在北固山顶部，还有露出与其他岩性相当的流纹状粗面岩，流纹构造发育，灰色与紫色条相间排列，相当美观。

19.3.8.11 金山北麓

（1）观察花岗岩长岩体侵入岩体，并与象山、焦山的侵入体进行比较

侵入岩体与象山花岗岩长岩体的岩性相近，铁镁全是矿物黑云母，岩体也侵入仑山组中，并造成围岩变质。

（2）了解金山的成陆过程

镇扬河段从上至下依次有世业洲、征润洲和畅洲三个江心洲。其中，征润洲形成于1842年。1830—1840年，金山是一个江心小岛，与长江南岸相连，成为长江南岸的一部分。

19.3.9 宜兴小区

宜兴市位于苏、浙、皖三省交界地区，在行政区划上属于无锡市。该区出露的地层自下而上有泥盆系五通组，石炭系金陵组、高骊组、黄龙组、船山组，二叠系栖霞组、孤峰组、龙潭组、大隆组、长兴组，三叠系青龙群、侏罗系象山群、火山岩系以及白垩系浦口组等。

该区地处太湖河网平原与宜溧山地，按地貌形态分别属于湖㳇及张渚等盆地，从构造上看均是向斜，即盆状向斜。这些盆地的外缘由较老的泥盆系组成，地面标高在200 m以上，盆地内侧及中心分别由石炭系-三叠系青龙群或较新的侏罗系火山岩系组成，其标高在100 m左右。湖㳇向斜与张渚向斜之间为高山-白岘背斜所隔，构造轴向在总体上看呈北北东—南南西向排列。丁蜀镇位于湖㳇向斜的东北翼，这里出露了较完整的上古生界地层剖面，且交通非常方便，适宜于学生进行野外实习。该区的青龙群中为喀斯特发育，著名的善卷洞、张公洞及灵谷洞等溶洞就发育于该地层中。因此这里既是著名的旅游胜地，又是观察岩溶地貌较为理想之地。

19.3.9.1 善卷洞

（1）观察洞穴形态、洞穴类型与洞穴堆积：善卷洞位于宜兴县城西南28 km，

张渚镇东北 2.5 km 的螺岩山东北坡麓。山高 100～120 m，由三叠系下统下青龙组构成，岩层走向北西至南东，倾向南西，倾角 20°。善卷洞发育在下青龙组灰岩中，面积约 5000 m²，游程约 800 m，共分三层（标高分别在 56～70 m、51～62 m、30～45 m），层层相连；有上洞、中洞、下洞和水洞四个部分，洞洞相通。主洞方向为 N60°E，几乎平行于燕山晚期的煌斑岩脉，与一组断裂构造有关。

（2）洞顶有北东东和北西西两组裂隙呈网状切割地层，洞内沿这两组裂隙滴水、渗水，形成石钟乳，可见这两组均为走水裂隙。

19.3.9.2　中洞为善卷洞入口处

（1）洞穴形态。天然的弯形大厅，长 60～70 m，宽 14～15 m，高 11～12 m，可容纳 2000～3000 人。

（2）洞穴堆积。

（3）洞顶岩层裂隙处有近期堆积物。洞口兀立的大石笋高达 7 m 多，如中流砥柱，故名"砥柱峰"。经考查，该石笋已形成 3 万多年。左右洞壁上灰华堆积形似狮象，故中洞又称为"狮象大场"。洞顶、洞底均经人工修饰，洞穴堆积不发育。在中洞的东南侧，有北东向裂隙，现今上洞之水仍流经中洞转入地下，说明洞穴的发育与该组断裂构造有关。

19.3.9.3　上洞

上洞原属中洞，因崩塌后经人工处理而成上洞。

（1）洞穴形态

洞穴的宽度大于高度，为一倾斜状扁形溶洞，形似螺壳，规模比中洞还要大 1 倍。

（2）洞穴类型

上洞仅一出口，向高度封闭，为一盲洞。由于该洞正处在螺岩山的中心部位，洞中不见曦日，常年气温保持在 23°～27°，冬暖夏凉。洞内雾气迷漫，烟云缭绕，故又称"云雾大场"。

（3）洞穴堆积

洞内石钟乳、石柱、石幔等堆积物，形态怪异，琳琅满目。特别是洞中央的两株五、六人才能合抱的石柱，连绵到洞顶，享有"万古双梅"之誉。上洞东南侧北东向裂隙以及沿此裂隙排列有序的堆积形态，证明溶洞延伸方向与此断裂构造的密切关系。

19.3.9.4　下洞

这里最大的特色是水。

（1）洞穴形态

洞穴的长度＞高度＞宽度，为裂隙状和锥状溶洞，长180 m，宽18 m，高度20 m。

（2）洞穴类型

洞穴有进口和出口，为一穿洞。

（3）洞穴堆积

洞穴发育良好，形态各异。

（4）地下河（水洞）

下洞有地表水贯入，人工垒砌的石陡坎高达6 m，形成"飞瀑"景观，随着高程的降低，水流到后洞形成地下暗河。地下河长达125 m，最深处4.5 m，河面最宽处6 m，水面距顶2 m左右，常年可通小船。地下河的洞顶与洞壁显示出溶蚀、冲蚀的特点。地下河码头处有圆度较好的石英质砾石堆积，证明地下河有异地成分加入，不是溶洞河，而是伏流。地下河为北东方向，接近后洞时，有3个近90°的大转折即到豁然开朗的后洞口。

19.3.9.5　张公洞

张公洞又名庚桑洞，位于宜兴西南20 km，丁蜀镇以西的湾头村南孟峰，西北距善卷洞18 km，有公路相通。孟峰山高60～80 m。由三叠系中统上青龙灰岩组成，岩层走向北东，倾向北西，倾角25°～30°。张公洞发育在上青龙组中，全洞面积约3000 m²。虽没有善卷洞庞大，但游程约1000 m，比善卷洞长。

（1）洞穴形态

洞中有洞，洞中有套洞，七十二个大小洞穴，洞洞各异，相互贯通，奇异天成。人们在洞中要经历春、夏、秋、冬四季的气候，可谓"山中方一日，人间已一年"。其中，下洞的"海屋大场"是一个穿状的大石厅，可容纳2000人。厅前有一个洞底幽暗、深不可测的大石海，四周怪石嶙峋。从这里步步登高，盘旋无数石阶，便到了全洞精华所在的海王厅。海王厅比善卷洞的"狮象大场"还要大，宛如一座非常高大的海底龙宫。穹顶奇岩怪石，峥嵘多姿，加上云雾缭绕，犹如如波涛澎湃，气象万千。

（2）洞穴类型

洞穴有进口（下洞）和出口（天洞），属于穿洞。游览或考察张公洞，一般从下洞进，天洞出，先低后高，先暗后明。

（3）洞穴堆积

洞内石柱、石钟乳、石幔、石帘等堆积，各具特色。

一般说来，张公洞内可观察的内容与善卷洞相同，但值得注意的是：

①洞内十分开阔，洞顶是因层面崩塌呈屋顶状，顶棚上石钟乳沿裂隙吊挂，如同一根根平行的屋脊顶梁。

②NE20、NE60、NW30、NW70几组裂隙将洞内岩层切成块状，又由于层面倾角缓，在重力作用下易于掉块，在洞底形成许多崩塌堆积。

③因近年来洞内水位降低，洞内气候变得干燥，使石钟乳发生干裂而下掉。

④洞口呈直立状，洞顶至洞底最深处高差100 m左右，水位很深，说明地壳不断在上升，地下水不断在下切中。

19.3.9.6　灵谷洞

观察灵谷洞，探讨宜兴地区岩溶现象发育的原因。灵谷洞位于宜兴市湖父盆地的阳羡茶场境内，东北离张公洞6 km。洞穴所在层位与张公洞相同，洞穴平面形态为不规则半圆形，全长1200 m，可分为7个大厅，总面积约8000 m²，最高处92 m，最低处-6 m。洞内石钟乳、石笋等洞穴堆积形态多样。近年来，考古者还在洞内发现古人类化石和宋代文人的岩壁题诗等珍贵文物。

宜兴一带较多发育岩溶现象，有下列地质因素值得注意：

（1）有利的岩性。这里主要是青龙群灰岩，层次清晰，层厚中等，质较纯，易于溶蚀。

（2）地层产状平缓。地层倾角20°左右，有利于崩塌，造成较大洞穴。

（3）附近有较重要的断裂通过，几处较大的溶洞均位于断裂旁侧，显然断裂旁侧伴生了较为发育的裂隙，成为地下水有利的活动通道。另外，气候等条件也是不容忽视的因素。

附件

附件1 森林生态系统定位观测指标体系

1 范围

本标准规定了森林生态系统定位观测指标，即气象常规指标、森林土壤的理化指标、森林生态系统的健康与可持续发展指标、森林水文指标和森林的群落学特征指标。

本标准适用于全国范围内森林生态系统定位观测。

2 术语和定义

下列术语和定义适用于本标准。

2.1 森林生态系统 forest ecosystem

以乔木树种为主体的生物群落（包括动物、植物、微生物等），具有随时间和空间不断进行能量交换、物质循环和能量传递的有生命及再生能力的功能单位。

2.2 地表温度 surface temperature

直接与土壤表面接触温度计表所示的温度，包括地表定时温度、地表最低温度、地表最高温度。

2.3 土壤温度 soil temperature

直接与地表以下土壤接触的温度计表所示的温度，包括10 cm、20 cm、30 cm、40 cm等不同深度的土壤温度。

2.4 降水量 precipitation

从天空降落到地面上的液态或固态（经融化后）降水，未经蒸发、渗透、流失而在地面上积聚的水层深度。

2.5 降水强度 precipitation intensity

单位时间内的降水量。

2.6 蒸发量 evaporation

由于蒸发而损失的水量。

2.7 总辐射量 solar radiation

距地面一定高度水平面上的短波辐射总量。

2.8 净辐射量 net radiation

距地面一定高度的水平面上，太阳与大气向下发射的全辐射和地面向上发射的全辐射之差。

2.9 分光辐射 spectroradiometry radiation

人为地将太阳发出的短波辐射波长范围分成若干波段，其中的1个波段或几个波段的辐射分量称为分光辐射。

2.10 UVA，UVB ultraviolet A，ultraviolet B

紫外光谱的两种波段。其中 UVA：400 nm～320 nm，UVB：320 nm～290 nm。

2.11 日照时数 duration of sunshine

太阳在一地实际照射地面的时数。

2.12 冻土 permafrost

由于温度下降到 0 ℃ 或 0 ℃ 以下使得土壤中的水分冻结，这时土壤呈冻结状态。

2.13 土壤容重 soil bulk density

单位容积烘干土的质量。

2.14 土壤孔隙度 soil porosity

单位容积土壤中空隙所占的百分率。孔径小于 0.1 mm 的称为毛管孔隙，孔径大于 0.1 mm 的称为非毛管孔隙。

2.15 土壤阳离子交换量 cation exchange capacity of soil

土壤胶体所能吸附的各种阳离子的总量。

2.16 土壤交换性盐基总量 ion exchange capacity of soil

土壤吸收复合体吸附的碱金属和碱金属离子（K^+，Na^+，Ca^+，Mg^+）的总和。

2.17 穿透水 throughfall

林外雨量（又称林地总降水量）扣除树冠截留量和树干径流量两者之后的雨量。

2.18 树干径流量 amount of stemflow

降落到森林中的雨滴，其中一部分从叶转移到枝，从枝转移到树干而流到林地地面，这部分雨量称为树干径流量。

2.19　地表径流量 surface runoff

降落于地面的雨水或融雪水，经填洼、下渗、蒸发等损失后，在坡面上和河槽中流动的水量。

2.20　森林蒸散量 evapotranspiration of forest

森林植被蒸腾和林冠下土壤蒸发之和。

2.21　群落的天然更新 natural regeneration of community

通过天然下种或伐根萌芽、根系萌蘖、地下茎萌芽（如竹林）等形成新林的过程。

2.22　森林枯枝落叶层 forest floor

森林植被下矿质土壤表面形成的有机物质层，又称死地被物层。

2.23　森林生物量 forest biomass

森林单位面积上长期积累的全部活有机体的总量。

2.24　叶面积指数 leaf area index （LAI）

一定土地面积上植物叶面积总和与土地面积之比。

3. 指标体系

3.1　气象常规指标

各类观测指标见附表1-1。

附表1-1　气象常规指标

指标类别	观测指标	单位	观测频度
天气现象	云量、风、雨、雪雷电、沙尘		每日1次
	气压	Pa	每日1次
风[a]	作用在森林表面的风速	m/s	连续观测或每日3次
	作用在森林表面的风向(E,S,W,N,SE,NE,SW,NW)		连续观测或每日3次
空气温度[b]	最低温度	℃	每日1次
	最高温度	℃	每日1次
	定时温度	℃	每日1次
地表面和不同深度土壤的温度	地表定时温度	℃	连续观测或每日3次
	地表最低温度	℃	连续观测或每日3次
	地表最高温度	℃	连续观测或每日3次

续附表1-1

指标类别	观测指标	单　位	观测频度
	10 cm深度地温	℃	连续观测或每日3次
	20 cm深度地温	℃	连续观测或每日3次
	30 cm深度地温	℃	连续观测或每日3次
	40 cm深度地温	℃	连续观测或每日3次
空气湿度[b]	相对湿度	%	连续观测或每日3次
辐射[b]	总辐射量	J/m²	每小时1次
	净辐射量	J/m²	每小时1次
	分光辐射	J/m²	每小时1次
	日照时数	h	连续观测或每日1次
	UVA/UVB辐射量	J/m²	每小时1次
冻土	深度	cm	每日1次
大气降水[c]	降水总量	mm	连续观测或每日3次
	降水强度	mm/h	连续观测或每日3次
水面蒸发	蒸发量	mm	每日1次

a 风速和风向测定,应在冠层上方3 m处进行。

b 湿度、温度、辐射等测定,应在冠层上方3 m处、冠层中部、冠层下方1.5 m处、地被物层4个空间层次上进行。

c 雨量器和蒸发器器口应距离地面高度70 cm。

3.2　森林土壤的理化指标

各类观测指标见附表1-2。

附表1-2　森林土壤的理化指标

指标类别	观测指标	单　位	观测频度
森林枯落物	厚度	mm	每年1次
土壤物理性质	土壤颗粒组成	%	每5年1次
	土壤容重	g/cm³	每5年1次
	土壤总孔隙度毛管孔隙及非毛管孔隙	%	每5年1次
土壤化学性质	土壤pH值		每年1次
	土壤阳离子交换量	cmol/kg	每5年1次
	土壤交换性钙和镁(盐碱土)	cmol/kg	每5年1次

指标类别	观测指标	单 位	观测频度
	土壤交换性钾和钠	cmol/kg	每5年1次
	土壤交换性酸量(酸性土)	cmol/kg	每5年1次
	土壤交换性盐基总量	cmol/kg	每5年1次
	土壤碳酸盐量(盐碱土)	cmol/kg	每5年1次
	土壤有机质	%	每5年1次
	土壤水溶性盐分(盐碱土中的全盐量,碳酸根和重碳酸根,硫酸根,氯根,钙离子,镁离子,钾离子,钠离子)	%,mg/kg	每5年1次
土壤化学性质	土壤全氮 水解氮 亚硝态氮	% mg/kg mg/kg	每5年1次
	土壤全磷 有效磷	% mg/kg	每5年1次
	土壤全钾 速效钾 缓效钾	% mg/kg mg/kg	每5年1次
	土壤全镁 有效态镁	% mg/kg	每5年1次
	土壤全钙 有效钙	% mg/kg	每5年1次
	土壤全硫 有效硫	% mg/kg	每5年1次
	土壤全硼 有效硼	% mg/kg	每5年1次
	土壤全锌 有效锌	% mg/kg	每5年1次
	土壤全锰 有效锰	% mg/kg	每5年1次
	土壤全钼 有效钼	% mg/kg	每5年1次
	土壤全铜 有效铜	% mg/kg	每5年1次

3.3 森林生态系统的健康与可持续发展指标

各类观测指标见附表1-3。

附表1-3 森林生态系统的健康与可持续发展指标

指标类别	观测指标	单 位	观测频度
病虫害的发生与危害	有害昆虫与天敌的种类		每年1次
	受到有害昆虫危害的植株占总植株的百分率	%	每年1次
	有害昆虫的植株虫口密度和森林受害面积	个/hm², hm²	每年1次
	植物受感染的菌类种类		每年1次
	受到菌类感染的植株占总植株的百分率	%	每年1次
病虫害的发生与危害	受到菌类感染的森林面积	hm²	每年1次
水土资源的保持	林地土壤的侵蚀强度	级	每年1次
	林地土壤侵蚀模数	t/(km²·a)	每年1次
污染对森林的影响	对森林造成危害的干、湿沉降组成成分		每年1次
	大气降水的酸度,即pH值		每年1次
	林木受污染物危害的程度		每年1次
与森林有关的灾害的发生情况	森林流域每年发生洪水、泥石流的次数和危害程度以及森林发生其他灾害的时间和程度,包括冻害、风害、干旱、火灾等		每年1次
生物多样性	国家或地方保护动植物的种类、数量		每5年1次
	地方特有物种的种类、数量		每5年1次
	动植物编目、数量		每5年1次
	多样性指数		每5年1次

3.4　森林水文指标

各类观测指标见附表1-4。

附表1-4　森林水文指标

指标类别	观测指标	单　位	观测频度
水量	林内降水量	mm	连续观测
	林内降水强度	mm/h	连续观测
	穿透水	mm	每次降水时观测
	树干径流量	mm	每次降水时观测
	地表径流量	mm	连续观测
	地下水位	m	每月1次
	枯枝落叶层含水量	mm	每月1次
	森林蒸散量[a]	mm	每月1次或每个生长季1次
水质[b]	pH值,钙离子,镁离子,钾离子,钠离子,碳酸根,碳酸氢根,氯根,硫酸根,总磷,硝酸根,总氮	除pH值以外,其他均为mg/dm^3或$\mu g/dm^3$	每月1次
	微量元素(B,Mn,Mo,Zn,Fe,Cu),重金属元素(Cd,Pb,Ni,Cr,Se,As,Ti)	mg/m^3或mg/dm^3	有本底值以后,每5年1次,特殊情况需增加观测频度

a.测定森林蒸散量,应采用水量平衡法和能量平衡-波文比法。
b.水质样品应从大气降水、穿透水、树干径流、土壤渗透水、地表径流和地下水中获取。

3.5　森林的群落学特征指标

各类观测指标见附表1-5。

附表1-5　森林的群落学特征指标

指标类别	观测指标	单　位	观测频度
森林群落结构	森林群落的年龄	a	每5年1次
	森林群落的起源		每5年1次
	森林群落的平均树高	m	每5年1次
	森林群落的平均胸径	cm	每5年1次

续附表1-5

指标类别	观测指标	单　位	观测频度
	森林群落的密度	株/hm²	每5年1次
	森林群落的树种组成		每5年1次
	森林群落的动植物种类数量		每5年1次
	森林群落的郁闭度		每5年1次
	森林群落主林层的叶面积指数		每5年1次
	林下植被(亚乔木、灌木、草本)平均高	m	每5年1次
	林下植被总盖度	%	每5年1次
森林群落乔木层生物量和林木生长量	树高年生长量	m	每5年1次
	胸径年生长量	cm	每5年1次
	乔木层各器官(干、枝、叶、果、花、根)的生物量	kg/hm²	每5年1次
	灌木层、草本层地上和地下部分生物量	kg/hm²	每5年1次
森林凋落物量	林地当年凋落物量	kg/hm²	每5年1次
森林群落的养分	C、N、P、K、Fe、Mn、Cu、Ca、Mg、Cd、Pb	kg/hm²	每5年1次
群落的天然更新	包括树种、密度、数量和苗高等	株/hm²、株，cm	每5年1次

附件2　湿地样地监测技术规程

　　湿地具有丰富的生物多样性，是人类生存的重要环境之一，是重要的自然资源。但是，由于人类的破坏和自然因素的影响，湿地面积不断减少，生物多样性明显降低，湿地功能和效益也逐渐衰退，从而制约了人类社会经济的发展。因此，对湿地的监测是当今湿地研究的重要内容之一。

　　湿地监测是在特定时间、地点对湿地生态特征随时间变化的过程进行观测记录，以确定其生态特征是否达到引起湿地生态系统根本变化的过程。湿地监测的主要对象为湿地生态特征的变化，即维持湿地及其产品、属性和价值的生态过程和功能遭到损害或失去平衡的状况。因此，要了解湿地环境的健康状况，掌握湿地功能退化和面积丧失的水平和未来的变化趋势，进而制定出科学的湿地管理对策，都离不开湿地管理的"耳目"———湿地监测。湿地监测是湿地管理的有效手段，对于科学恢复湿地、管理湿地以及客观评价湿地恢复效果等工作具有重要意义。

　　开展湿地样地监测，旨在为生态环境监测体系的构建打好基础、随时掌握湿地动态变化情况、为科学管护湿地提供依据，同时为进一步申报国家级湿地监测站做好准备。

第一章　总　则

第一条　监测范围

　　本规程规定了湿地样地监测技术的指标体系、主要内容、技术要求和方法。

　　本规程适用于湿地样地监测（不含河流、库塘、水产养殖场等以水体水面为主的湿地）。

第二条　目的意义

　　建立湿地资源数据库，掌握湿地资源的动态变化情况，为有效保护全区的湿地生态系统及其物种和遗传多样性、合理利用湿地资源提供科学依据，并为开展湿地科学研究和科学管理湿地提供技术支撑。

第三条　主要任务

建立湿地资源监测体系，以全面、及时、准确地掌握湿地的动态变化情况，定期提供动态监测数据和监测报告，分析变化原因，提出保护与合理利用湿地资源的对策与建议。

第四条　监测内容

湿地自然环境因子、湿地生物多样性动态变化情况、湿地开发利用情况和受威胁情况、湿地监测评价等。

第五条　监测方法

采用定位年度连续监测的方法。

第六条　监测周期

湿地样地监测每年监测一次，每年进行数据统计汇总并提交监测成果报告。

第二章　监测指标

第七条　监测指标体系

建立适当的湿地监测指标体系是湿地资源监测、保护、利用和管理的基础，也是不同规模、不同层次的湿地资源调查及评价工作中必须解决的基本问题。

一、指标类型

主要分为湿地状态、湿地资源与生态环境监测、生物多样性监测、湿地受威胁现状、湿地保护状况五个指标类型。

二、指标体系和监测因子

根据指标类型划分为10个监测指标和若干监测因子，详见附表2-1。

附表2-1　湿地样地监测指标体系

指标类型	监测指标	监测因子
湿地状况	基本数据	样地号、样地面积、样地类别、监测序号、地形图图幅号、纵坐标、横坐标、东经、北纬、湿地区名称、保护区名称、功能区、地方行政编码、湿地区编码、样地设置时间、样地位置、定位物、调查员、调查日期等
湿地资源与生态环境监测	湿地资源	湿地类、湿地型、湿地斑块名称、湿地斑块面积
	自然环境	地貌、坡度、坡向、坡位、海拔、生境等
	水环境	pH值、丰水位、平水位、枯水位、地下水位、水源补给状况、积水状况、流出状况、积水历时等

指标类型	监测指标	监测因子
	土壤	土壤名称、土层厚度、pH酸碱度、土壤有机质含量、腐殖层厚度、枯枝落叶层厚度等
生物多样性监测	湿地植物	样方面积、植物名称、植被型、群系组、群系、优势植物、珍稀植物、植被总覆盖度、种盖度、层盖度、平均高、平均胸径、郁闭度、物候期、密度、生活力、建群种、优势种、伴生种、偶见种、生物量等
	湿地动物	种名、种群数量、保护等级、IUCN濒危等级、居留型、人类干扰强度、种群变化原因、威胁因子、保护措施等
湿地受威胁现状	威胁因子	威胁因子、起始时间、影响面积、已有危害、潜在威胁等
湿地保护状况	人为干扰因素	开垦湿地面积、非法狩猎、过度捕捞、生活垃圾、生活污水、工业污染、主导利用方式等
	湿地保护	湿地保护等级、保护措施、湿地工程建设等

第三章　样地设置

第八条　技术准备

一、队伍组建

掌握湿地资源和植物资源及有关学科的专业知识，能熟练使用调查仪器设备。

二、技术资料准备

1.全区1∶50000或1∶100000地形图。

2.全区TM卫星影像图。

3.样地调查记录卡片。

4.湿地资源调查成果、有关技术规程、规划报告及其他有关资料等。

三、仪器工具准备

森林罗盘仪、手持GPS、数码相机、钢围尺、测绳、皮尺、花杆、三角尺、量角器、铅笔、钢笔、毛笔、记录夹、记录表、红油漆、铁锹、砍刀、斧头、水泥标桩、雨伞、雨鞋等。

第九条　设置原则

一、设置原则

根据湿地样地监测的目的意义，湿地监测样地设置应遵循以下原则：

1.典型性：设立湿地监测样地必须是某个湿地类型中具有典型的湿地，能够较好地反映出各湿地类型和植物群落的典型特征。

2.代表性：样地应属同类湿地中功能效益发挥比较好，具有该类型分布的典型环境和植被特征，植被系统发育完整，以及在保护、开发利用方面具有代表性的湿地。

3.全面性：样地设置应尽可能覆盖区域内的所有湿地型和典型植物群落，能反映整个湿地自然环境和生物多样性的动态变化情况。

4.多样性：样地设置必须是湿地结构比较完整且较复杂，资源配置合理，尤其是生物多样性丰富，具有明显保护价值的湿地。

5.自然性：人为干扰和动物活动影响相对较少的地段，并且较长时间不被破坏，如流水冲刷、风蚀沙埋、过度放牧和开垦等。

6.可操作性：选择易于调查和取样的地段，避开危险地段，野外调查实际可行。

二、注意事项

1.选定的典型群落，必须具有该群落的代表特征，不宜选择过疏或过密的地方。

2.样地内要求生境条件、植物群落种类组成、群落结构、利用方式和利用强度等具有相对一致性。

3.样地之间要具有异质性，每个样地能够控制的最大范围内，地貌、植被、群系等条件要具有差异性。

4.地形特殊的，如溪边、河边、局部低洼地，均不宜作为样地。

第十条 设置步骤和方法

一、定点

根据已有的湿地资源分布范围初步确定样地设置的数量。样地数量应根据区域内湿地类型的分布确定，单个湿地斑块面积较大时，应根据实际情况多设样地，原则上每100 hm²湿地设置一个样地。

根据样地设置的原则，确定样地设置的位置。

二、踏查

踏查是对调查区域进行现场调查了解的过程。根据初步确定的样地数量和位置，现场勘查样地设置的可行性。

三、设置

1.确定样地位置

选定具有代表性的地段首先确定样地西南角位置，并确保其他四个角的位置都要在有代表性的湿地范围内。

2.固定样地测设

固定样地测设采用闭合导线法。样方为正方形，边长 10 m，面积 100 m²。在正方形样地的西南角，将罗盘仪安置该点，按0°、90°、180°、270°的磁方位角测设各边，用皮尺量距，坡度大于5°时应改平。

凡树干基部中心落在边界上的树木，东、南边按样地内对待，西、北边舍去，样地测量应按卡片要求逐站做好记录。方位角、倾斜角以°为单位，精确到1°，距离以 m 为单位，精确到小数点后一位。

3.周界误差

新设或改设样地周界测量闭合差小于0.5%，复位样地周界长度误差小于1%。

4.设置固定样地标桩

在样地四个角埋设 10 cm×6 cm×60 cm 的钢筋水泥标桩，埋入地下 40 cm，露出地面 20 cm。标桩面向样地中心方向用红漆注明该角的方位SW（西南）、SE（东南）、NE（东北）、NW（西北）及样地号。标记内容及形式如下：

$$\frac{SW}{GZ-021}$$

5.固定样地定位

在样地附近选择明显易识别的三个永久性固定地物（树）作为定位物，测量记载方位角和水平距并描述其特点。

在定位物上用红漆标记，标记内容及形式如下：

$$\frac{001}{60°-50\ m}$$

其中：001为定位物编号，60°为引线磁方位角，50 m 为引线距离。

如果用树木作为定位物时，应选择距样地西南角最近的三株树，并记载树种、年龄、树高、胸径及对应于西南角的磁方位角与水平距离，用阿拉伯数字顺序编号。编号面向西南角用红漆写在树高1.40 m 和根部两处，在树号外用红漆画一圈。

在样地西南角南边位置50 cm 处，挖 50 cm×50 cm×50 cm 的土坑，将土堆放在南边位置。确因土层薄而达不到要求深度的，能挖多深就挖多深。

样地位置确定后，应认真绘制定位物、样地位置示意图。

6.样方设置

（1）乔木层样方：样方面积10 m×10 m，样方面积、边界与样地面积、边界一致。

（2）灌木层样方：样方面积 10 m×10 m，样方面积、边界与样地面积、边界一致。

（3）草本层样方：样方面积 1 m×1 m，样方位置应相对固定，一般应设置在样地西南角。西南角植被没有代表性的，可以设置在东南角、东北角、西北角，但必须在湿地植被调查记录表内填写草本样方位置。

7.拍摄样地照片

每个样地需拍摄 2 张以上数码照片。第一张为在样地西南角拍摄的样地整体景观照片，第二张为草本层样方照片，其他照片可选择定位树、样地西北角、东北角或东南角桩照片。

样地照片编码方法："××区湿地局—样地号（用数字）—样地/草本样方（汉字）—年度"。一个样地的照片放在一个文件夹内，命名为"××××号样地照片"，所有样地照片放在一个文件夹内，文件夹命名为："××区湿地局××××号样地监测照片"。如区湿地局GZ-021号监测样地共拍摄了3张照片，其中第一张照片编号写作"××区湿地局—'GZ-021'—样地—2013"，第二张照片编号写作"××区湿地局—'GZ-021'—草本样方—2013"。

第四章　样地调查

第十一条　技术准备

一、队伍组建

掌握湿地资源和植物资源及有关学科的专业知识和调查的科学方法，工作细致周密，能识别湿地动植物。组成人员应有明确的责任分工并制订切实可行的工作计划。

二、技术资料准备

1.全区 1∶50000 或 1∶100000 地形图。

2.全区TM卫星影像图。

3.上期样地调查记录。

4.样地调查记录卡片。

5.制定的工作方案和技术方案。

6.全区植物资源、动物资源名录，国家一级和二级野生保护植物名录，中国主要水鸟名录，国家重点保护野生动物名录等。

7.湿地资源调查成果、有关技术规程、规划报告及其他有关资料等。

8.与湿地调查有关的植物、动物图鉴。

三、仪器工具准备

1.测量仪器：森林罗盘仪、测高仪、手持GPS、数码相机、望远镜等。

2.测量设备：测绳、皮尺、花杆、三角尺、钢围尺、pH试纸、量角器等。

3.文具用品：铅笔、钢笔、毛笔、橡皮、各种表格、记录夹、记录表等。

4.采集工具：铁锹、砍刀、斧头等。

5.其他：红油漆、水泥标桩、雨伞、雨鞋等。

第十二条　调查方法

一、样地复位

1.概念：样地复位是指根据样地设置时的地理坐标、定位物等基本信息找到样地和样地标桩位置的过程。

2.方法：坐标复位、定位物复位。

3.定位物补设：定位物缺失的，要对定位物重新进行补设。

二、样方设置

1.样方设置同样地设置时的样方设置保持一致。

2.要保持草本样方位置的固定性和档次的连续性，样方位置一经设定，一般情况下不能随意更改。

第五章　技术标准

第十三条　湿地状况监测

1.样地号：指样地设置的总序号。按照县区的首字母大写加样地的总序号。如"GZ-021"。

2.样地面积：样地设置为正方形，边长10 m，样地面积固定为100 m²。

3.样地类别：指样地的属性。分为新设样地、复测样地、改设样地三种。

4.湿地区编码：按照《××省湿地资源调查实施细则》要求，××区湿地区编码为："6220001"。

5.样地设置时间：具体格式为："2013-07-01"。

6.监测序号：指样地监测的总次数。如果是2013年第三次监测，则表示为"2013-003"。

第十四条　湿地资源与生态环境监测

一、湿地资源

（一）湿地分类

根据《××省湿地资源调查实施细则》湿地分类标准，湿地划分为4类22

型，各湿地类、湿地型及其划分标准见附表2-2。

附表2-2　湿地类、湿地型及划分标准

代码	湿地类	代码	湿地型	划分技术标准
2	河流湿地	201	永久性河流	常年有河水径流的河流,仅包括河床部分
		202	季节性或间歇性河流	一年中只有季节性(雨季)或间歇性有水径流的河流
		203	洪泛平原湿地	在丰水季节由洪水泛滥的河滩、河心洲、河谷、季节性泛滥的草地以及保持了常年或季节性被水浸润内陆三角洲所组成
		204	喀斯特溶洞湿地	喀斯特地貌下形成的溶洞集水区或地下河、溪
3	湖泊湿地	301	永久性淡水湖	由淡水组成的永久性湖泊
		302	永久性咸水湖	由微咸水、咸水、盐水组成的永久性湖泊
		303	季节性淡水湖	由淡水组成的季节性或间歇性淡水湖(泛滥平原湖)
		304	季节性咸水湖	由微咸水、咸水、盐水组成的季节性或间歇性湖泊
4	沼泽湿地	401	藓类沼泽	发育在有机土壤的、具有泥炭层的以苔藓植物为优势群落的沼泽
		402	草本沼泽	由水生和沼生的草本植物组成优势群落的淡水沼泽
		403	灌丛沼泽	以灌丛植物为优势群落的淡水沼泽
		404	森林沼泽	以乔木森林植物为优势群落的淡水沼泽
		405	内陆盐沼	受盐水影响,生长盐生植被的沼泽。以苏打为主的盐土,含盐量应大于0.7%;以氯化物和硫酸盐为主的盐土,含盐量应分别大于1.0%或大于1.2%
		406	季节性咸水沼泽	受微咸水或咸水影响,只在部分季节维持浸湿或潮湿状况的沼泽
		407	沼泽化草甸	为典型草甸向沼泽植被的过渡类型,是在地势低注、排水不畅、土壤过分潮湿、通透性不良等环境条件下发育起来的,包括分布在平原地区的沼泽化草甸以及高山和高原地区具有高寒性质的沼泽化草甸
		408	地热湿地	由地热矿泉水补给为主的沼泽
		409	淡水泉/绿洲湿地	由露头地下泉水补给为主的沼泽

续附表 2-2

代码	湿地类	代码	湿地型	划分技术标准
5	人工湿地	501	库塘	为蓄水、发电、农业灌溉、城市景观、农村生活为主要目的而建造的,面积不小于 8 hm² 的蓄水区
		502	运河、输水河	为输水或水运而建造的人工河流湿地,包括灌溉为主要目的的沟、渠
		503	水产养殖场	以水产养殖为主要目的而修建的人工湿地
		504	稻田/冬水田	能种植一季、两季、三季的水稻田或者是冬季蓄水或浸湿的农田
		505	盐田	为获取盐业资源而修建的晒盐场所或盐池,包括盐池、盐水泉

（二）湿地斑块

根据第二次湿地资源调查的数据填写样地所在湿地的湿地斑块名称和湿地斑块面积。

二、自然环境

（一）地貌

1.极高山：海拔≥5000 m 的山地。

2.高山：海拔为 3500～4999 m 的山地。

3.中山：海拔为 1000～3499 m 的山地。

4.低山：海拔＜1000 m 的山地。

5.丘陵：没有明显的脉络，坡度较缓和，且相对高差小于 100 m。

6.平原：平坦开阔，起伏很小。

（二）坡向

坡向：样地范围的地面朝向，分为 9 个坡向。

1.北坡：方位角 338°～22°。

2.东北坡：方位角 23°～67°。

3.东坡：方位角 68°～112°。

4.东南坡：方位角 113°～157°。

5.南坡：方位角 158°～202°。

6.西南坡：方位角 203°～247°。

7.西坡：方位角 248°～292°。

8.西北坡：方位角 293°～337°。

9.无坡向：坡度小于5°的地段。

（三）坡位

坡位：分脊部、上坡、中坡、下坡、山谷（或山洼）、平地6个坡位。

1.脊部：山脉的分水线及其两侧各下降垂直高度15 m的范围。

2.上坡：从脊部以下至山谷范围内的山坡三等分后的最上等分部位。

3.中坡：三等分的中坡位。

4.下坡：三等分的下坡位。

5.山谷（或山洼）：汇水线两侧的谷地，若样地处于其他部位中出现的局部山洼，也应按山谷记载。

6.平地：处在平原和台地上的样地。

（四）坡度

坡度共划分为Ⅵ级，其中：

1.Ⅰ级为平坡：<5°。

2.Ⅱ级为缓坡：5～14°。

3.Ⅲ级为斜坡：15～24°。

4.Ⅳ级为陡坡：25～34°。

5.Ⅴ级为急坡：35～44°。

6.Ⅵ级为险坡：≥45°。

（五）海拔

海拔指地面某个地点高出海平面的垂直距离。以GPS实际读数填写。

（六）生境

生境指生物的个体、种群或群落生活地域的环境。根据1998年IUCN生境类型划分标准，分为8种类型：

1.森林：由高5 m以上具有明显主干的乔木，树冠相互连接，或林冠盖度>30%的乔木层组成。森林分为3种典型类型，即针叶林、针阔叶混交林和阔叶林。

2.灌丛：灌丛主要是由丛生木本高位芽植物组成，植物高度一般在5 m以下，有时叶超过5 m。与森林的区别不仅在于高度，更重要的是灌丛的优势种多为丛生灌丛。灌丛分为常绿叶针叶灌丛、阔叶灌丛、刺灌丛、肉质灌丛和竹灌丛。

3.荒漠、半荒漠：是一种极度干旱、植被稀疏，盖度<30%，植被组成是一系列耐旱的旱生植物。

4.草本植物：是以禾草型的草本植物和其他草本植物占优势的植被类型。

草原：是由具有抗寒、抗旱并能忍受暂时湿润能力的草本植物组成，中国草原分为4种植被类型，即典型草原、草甸草原、荒漠草原和高寒草原。

草甸：是由多年生草本植物组成，一般不呈地带性分布。中国草甸主要分布在北方温带地区的山地、高山、平原和海滨。草甸分为4种类型，即大陆草甸、沼泽地草甸、亚高山草甸和高山草甸。

5.湿地植被：是指分布在土壤过湿，或有薄层积水并有泥炭积累，或土壤有机质开始碳化生境中的植被类型。由湿生植物组成，主要湿草本植物，也含有木本植物，均扎根于淤泥之中。湿地植被分为3种类型，即木本、草本和藓类。

6.高山植被：冻原和高山垫状植被均属于分布在雪线以下或以上、适应于极端寒冷气候条件的植被类型、群落低矮、垫状、匍匐状。种类贫乏。高山植被分为高山冻原和高山垫状植被两种。

7.水体：分为内陆和海域两部分。内陆分为静止和流动水体两类。海域分为远离海岸、近岸处和河口。

8.其他：包括自然类型和人工环境两部分。自然类型包括沙漠、戈壁、岩洞、裸岩地带、雪被、冰川、高山碎石和岛屿。人工环境包括人类居所、农田、牧场、果园、单一人工林、温室和公路两侧地区等。

三、水环境

1.pH值：pH值是衡量水体酸碱度的一个值，也就是通常意义上水体酸碱程度的衡量标准。测量方法为使用pH试纸测试法，就是将pH试纸蘸一点被测水体到试纸上，然后根据试纸的颜色变化并对照比色卡也可以得到溶液的pH值。

2.pH分级：参考土壤酸碱度分级表（见附表2-3）。

附表2-3　土壤酸碱度分级表

级别	极强酸	强酸	弱酸性	中性	弱碱性	碱性	强碱性
pH酸碱度	<4.5	4.5～5.4	5.5～6.4	6.5～7.4	7.5～8.4	8.5～9.0	>9.0

3.丰水期与丰水位：丰水期指江河、湖泊水流主要依靠降雨或融雪补给的时期。一般是在雨季或春季气温持续升高的时期。河流、湖泊丰水期时的水位为丰水位。

4.平水期与平水位：平水期是指河流、湖泊处于正常水位的时期，也叫中水期。河流、湖泊平水期时的水位为平水位。

5.枯水期与枯水位：枯水期是指流域内地表水流枯竭，主要依靠地下水补给水源的时期，也称枯水季。在一年内枯水期历时久暂，随流域自然地理及气象条件而异。河流、湖泊枯水期时的水位为枯水位。

6.水源补给状况：分为地表径流补给、大气降水补给、地下水补给、人工补给和综合补给5种类型。

7.积水状况：分为永久性积水、季节性积水、间歇性积水和季节性水涝4种类型。

8.流出状况：分为永久性、季节性、间歇性、偶尔或没有5种类型。

9.积水历时：指沼泽、稻田等地域积水的持续时间。

四、土壤

1.土壤名称：根据《××省××县土壤志》，该区土壤分为8个土纲，11个土类，26个亚类。调查时记载到土类，详见附表2-4和附表2-5。

附表2-4　土壤类型分类表

土纲	土类	亚类	土纲	土类	亚类
半淋溶土纲	灰褐土	森林灰褐土	半水成土纲	潮土	潮土
钙层土纲	栗钙土	山地栗钙土			盐化潮土
	灰钙土	灰钙土			青白潮土
		山地灰钙土		灌淤土	灌淤土
石膏盐层土纲	灰棕漠土	耕灌灰棕漠土		草甸土	耕灌草甸土
		盐化耕灌灰棕漠土			盐化草甸土
		灰棕漠土			盐化沼泽草甸土
		旱盐化灰棕漠土	盐碱土纲	盐土	草甸盐土
		沙砾灰棕漠土			残积盐土
		林地灰棕漠土	岩成土纲	风沙土	固定风沙土
		山地灰棕漠土			半固定风沙土
水成土纲	沼泽土	泥炭沼泽土			流动风沙土
			高山土纲	亚高山草甸土	亚高山草甸土
					亚高山灌丛草甸土

附表 2-5　　××区土壤类型分布表

土　类	主要植被及覆盖度	分　布
灌淤土	小麦、玉米、胡麻、瓜菜	除平山湖外，各社均有
潮土	小麦、玉米、胡麻、瓜菜	三闸、乌江、上秦、碱滩、新墩、明永等11社
风沙土	无植被或人工林	神沙窝、黑沙窝、三尖沙窝、九里沟子、西城驿、九龙江、红沙窝
灰棕漠土	半灌木、小半灌木盖度5%～30%	黑山头、小红岩、头道河、合黎山前坡地、兔儿坝、石岗墩滩、北湾滩、黑鼻子梁、合黎山坡、北板洼滩、窑泉、石岗墩、干柴墩、甘浚、巴吉滩、黑河滩，合黎山中、西段
栗钙土	针茅冷蒿草原或作物	东大山北部、韩口一带
灰钙土	半灌木、小半灌木盖度15%～20%，短花针茅、冷蒿草盖度40%	小瓷窑、西洞、安阳滩、红山头、大泉及合黎山中部
沼泽土	沼泽草甸盖度100%	新墩镇、蚂蚁湖
草甸土	盐生草甸盖度>60%	太平堡、羊桥庙、西大湖、东北郊、东湖、黑河滩绝大部分盐化
盐土	盐生草甸盖度>30%；半灌木、小半灌木盖度10%～20%	碱滩、三闸、龙渠、新墩零星分布，大石磊、红沙柴滩、大红河、大红岩、碱槽子
灰褐土	青海云杉林郁闭度40%	东大山阴坡
亚高山草甸土	苔草草甸盖度>90%；毛枝山居柳灌丛盖度>90%	东大山(阴坡3500 m以上)、东大山阴坡

2.土壤厚度：样地内土壤的A+B层厚度，当有BC过渡层时，应为A+B+BC/2的厚度，以cm为单位，记载到整数，厚度等级见附表2-6。

附表 2-6　　土层厚度等级表

等级	土层厚度/cm	代码
厚	≥60	1
中	30～59	2
薄	<30	3

3.腐殖质厚度：样地内土壤的A层厚度，当有AB层时，应为A+AB/2的厚度，以cm为单位，记载到整数，厚度等级见附表2-7。

附表2-7　腐殖质厚度等级表

等级	腐殖质厚度/cm	代码
厚	≥20	1
中	10~19	2
薄	<10	3

4.枯枝落叶厚度：样地内枯枝落叶层的厚度，以cm为单位，记载到整数。等级划分标准见附表2-8。

附表2-8　枯枝落叶层厚度等级表

等级	枯枝落叶层厚度/cm	代码
厚	≥10	1
中	5~9	2
薄	<5	3

第十五条　生物多样性监测

一、湿地植物

1.植被型：是湿地植被分类系统中最重要的高级单位。在植被型组内，根据建群种生活型的异同而划分。如沼泽湿地可进一步分为森林沼泽型、灌丛沼泽型、草本沼泽型和藓类沼泽型等。

2.群系组：是植被型与群系间的辅助单位。以建群种亲缘关系相近，并在植物分类系统中为同一"属"，群落外貌相似为依据，将相似的植物群系归纳为统一的群系组。

3.群系：植被分类中最重要的中级单位。由建群种或优势种相同的群丛或群丛组归纳而成。

4.湿地植被单位的命名与编号

不同等级的分类单位，采用不同的命名方法。

植被型组：其命名是根据湿地群落建群种的生活型所表现出来的外貌状况和生境差异而命名的，如沼泽、盐沼等。不加数码，用黑体字表示。

植被型：是根据群落的优势种生活型而命名的，如森林沼泽、灌丛沼泽、草本沼泽、藓类沼泽等。用Ⅰ，Ⅱ，Ⅲ……统一编号。

群系：根据群落的建群种或优势种的"种"名命名，用1，2，3……数字后加"."点，在群系组下编号，如不划分群系组，则在植被型下编号。

5.优势植物：对群落的结构和群落环境的形成有明显控制作用的植物就成为该群落的优势植物。

6.珍稀植物：按照国家林业局保护司2010年12月《中国珍稀濒危植物名录》列入的354种珍稀植物填写，××区列入的珍稀植物有五种：裸果木、梭梭、蒙古扁桃、胡杨、沙生柽柳。

7.植被总覆盖度：样地内乔灌草垂直投影覆盖面积与样地面积的比，采用对角线截距抽样或目测方法调查，或根据郁闭度与灌木和草本覆盖度的重叠情况综合确定，按百分比记载，精确到1%。

植被总盖度应不小于乔木、灌木、草本三者郁闭度（盖度）中最大值；不大于三者之和，不超过百分之百。

8.灌木覆盖度：样地内灌木树冠垂直投影覆盖面积与样地面积的比，采用对角线截距抽样或目测方法调查，按百分比记载，精确到1%。对灌木盖度在30%临界值附近时，必须采用对角线截距抽样方法实测。

9.草本覆盖度：样地内草本植物垂直投影覆盖面积与样地面积的比，采用对角线截距抽样或目测方法调查，按百分比记载，精确到1%。

10.郁闭度：乔木林或疏林样地内乔木树冠垂直投影覆盖面积与样地面积的比，记载到小数后两位。可采用对角线截距抽样或目测方法调查；当郁闭度较小时，宜采用平均冠幅法测定，即用样地内林木平均冠幅面积乘以林木株数得到树冠覆盖面积，再除以样地面积得到郁闭度。对于实际郁闭度达不到0.20但保存率达到80%（年均降水量400 mm以下地区为65%）以上生长稳定的人工幼林，郁闭度按0.20记载。郁闭度在0.10或0.20的临界值附近时必须采用对角线截距抽样方法实测调查。对丛生、难以计数株数的灌木经济林，应调查平均盖度填入郁闭度栏。

11.建群种：指群落优势层的优势种。如森林群落乔木层的优势种，草原群落上层的优势种等。建群种一般都是优势种。

12.优势种：指对群落的结构和群落环境的形成有明显控制作用的植物种。特点：一般个体数量多、投影盖度大、生物量高、体积较大、生活能力较强，即优势度较大的种。

13.伴生种：指群落中的常见种类，与优势种相伴存在，但不起主要作用种类。

14.偶见种：指在群落中出现频率很低而数量稀少的种类。偶见种对生态环境的变化常具有一定的指示意义。

15.种盖度：某种的盖度占所有植物盖度之和的百分比。

16.密度：指单位面积上某个种的实测植株数目。计算方法：

密度（株/公顷）=样地内某种植物的个体数/样方总面积（m²）×10000。

17.乔木：一般高度5 m以上，具有明显直立的主干和发育强盛的枝条构成广阔树冠的木本植物。

18.灌木：一般高度5 m以下，枝干系统不具明显直立的主干，如有主干也很短，并在出土后即行分枝，或丛生地上的木本植物。

19.草本植物：一般植株软弱矮小，木质部不发达，多为植物全株或地上部分短期内或一年内死亡的植物。

20.平均胸径：胸径指距地面1.3 m处的树干直径。以 cm 为单位，记载到小数点后一位。

21.平均树高：树高指一棵树从平地到树梢的自然高度（弯曲的树干不能沿曲线测量）。方法采用目测或测高仪测量，以 m 为单位，记载到小数后一位。

22.冠径：冠径指植冠的直径，用于不成丛的单株散生的植物种类，测量时以植物种为单位，选测一个平均大小（中等大小）的植冠直径，如同测胸径一样，记一个数字即可，然后再选一株植冠最大的植株测量直径记下数字，用于灌木层的调查。冠幅指树冠的幅度，专用于乔木调查时树木的测量。

23.乔木胸径和树高的测定：采用标准木法，即先测量样地内某一树种的胸径和树高，计算树种的平均胸径和平均树高，按照计算出的平均胸径和平均树高选取最接近平均胸径和平均树高的标准木测定样地内树种的胸径和树高。以此类推测定其他树种的胸径和树高。

24.灌木高度和冠径的测定：测量时以植物种为单位，选测一个平均大小（中等大小）的植冠直径。选取的植株应进行标注，标注方法是在地径（地面以上20 cm）处用红油漆画一圈（如附图2-1所示）。

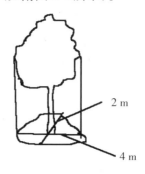

2 m

4 m

附图2-1　冠幅、冠径测量图示

25.选取的标准木应用红油漆标注以便于开展固定监测。标注方法：胸径处用红油漆画一圈，并在树木北侧的胸径线以上用"①"标注。

26.生活力：又称生活强度或茂盛度。这是全年连续定时记录的指标。调查中只记录该种植物当时的生活力强弱，主要反映生态上的适应和竞争能力，不包括因物候原因而生活力变化者。生活力一般分为3级：

（1）强（或盛）：营养生长良好，繁殖能力强，在群落中生长势很好。

（2）中：中等或正常的生活力，即具有营养和繁殖能力，生长势一般。

（3）弱（或衰）：营养生长不良，繁殖很差或不能繁殖，生长势很不好。

27.物候期：就是指动植物的生长、发育、活动等规律与生物的变化对节候的反应，正在产生这种反应的时候叫物候期。如果某植物同时处于花蕾期、开花期、结实期，则选取一定面积，估计其一物候期达50%以上者记载。

物候观测应按照统一的指标（物候期）进行。植物的物候期大体上包括：Ⅰ幼苗，Ⅱ营养期（禾草的分蘖、叶簇和枝条的形成，抽茎和分枝、出叶等），Ⅲ孕蕾期，Ⅳ开花期，Ⅴ结果期，Ⅵ果熟期，Ⅶ下种期（成熟的果实、种子、孢子和其他繁殖体脱离母体），Ⅷ果后营养期。在实际调查当中，根据植物种类不同，物候期的划分也有所不同。

（1）木本植物的物候期主要是：

Ⅰ萌动期：叶芽开始膨大期，叶芽开放期，花芽开始膨大期，花芽开放期。

Ⅱ展叶期：开始展叶期，展叶盛期。

Ⅲ开花期：花蕾或花序出现期，开花始期，开花盛期，开花末期，第二次开花期。

Ⅳ果实或种子成熟期：果实或种子成熟期，果实或种子脱落开始期，果实或种子脱落末期。

Ⅴ新梢生长期：一次梢开始生长期，一次梢停止生长期，二次梢开始生长期，二次梢停止生长期，三次梢开始生长期，三次梢停止生长期。

Ⅵ叶变色期：秋季或冬季叶开始变色期，秋季或冬季叶完全变色期。

Ⅶ落叶期：落叶开始期，落叶末期。

（2）草本植物的物候期主要是：

Ⅰ萌动期：地下芽出土期，地上芽变绿期。

Ⅱ展叶期：开始展叶期，展叶盛期。

Ⅲ开花期：花蕾或花序出现期，开花始期，开花盛期，开花末期，第二次开花期。

Ⅳ果实或种子成熟期：果实或种子开始成熟期，果实或种子全熟期，果实脱落期，种子散布期。

Ⅴ枯黄期：开始枯黄期，普遍枯黄期，全部枯黄期。

（3）对于蕨类植物，主要是指其无性世代的物候期，可分为：

Ⅰ叶的出现（圈叶）。

Ⅱ圈叶完全伸展。

Ⅲ孢子囊的出现。

Ⅳ孢子成熟（孢子囊颜色变深，震动时有孢子散落）。

Ⅴ死亡期或休眠期（地上营养部分干枯）。

二、湿地动物

以样地为中心，调查可视范围内的湿地动物。

1.动物分类：分为鸟类、兽类、爬行类、两栖类、鱼类、无脊椎动物（贝、虾、蟹类）共六类。

2.种名：填写调查种的中文名。

3.种群数量：数量指当次调查记录到该种鸟类的总数。

4.保护等级：分为国家Ⅰ级、国家Ⅱ级、省级。

5.IUCN濒危等级：根据IUCN（2008）划分标准填写，分为极危、濒危、易危、低危等。

6.居留型：分为留鸟、冬候鸟、夏候鸟、旅鸟。

7.人类干扰强度：人类干扰是指旅游、捕鱼等活动。干扰强度指人类活动影响水鸟繁殖，造成水鸟惊飞、弃巢、巢受损等情况。干扰强度分为无干扰、轻微、较严重、严重四种。偶尔惊飞为轻微，经常惊飞不能正常育雏为较严重，弃巢和巢受损为严重。

8.种群变化原因：自然原因，生存环境遭到破坏，人为诱捕，其他。

9.威胁因子：污染，围垦或养殖，放牧，偷猎或毒害，人类活动干扰，生物入侵，其他。

10.保护措施：指宣传、巡查、监测、投食、筑巢、引种、救护、围栏、湿地工程建设等。

第十六条　湿地受威胁现状监测

1.已有危害和潜在威胁：按照13种威胁因子在栏内打"√"。

2.起始时间（年）：调查受威胁的起始年。

3.影响面积：调查受威胁的实际面积。

第十七条　湿地保护状况监测

1.开垦湿地面积：按照调查样地所在湿地斑块实际调查的湿地开垦面积填写，没有的填写"无"。

2.非法猎捕：按照调查样地所在湿地斑块实际调查的内容填写，没有的填写"无"。

3.过度捕捞：按照调查样地所在湿地斑块实际调查的内容填写，没有的填写"无"。

4.生活垃圾：按照调查样地所在湿地斑块实际调查的内容填写，没有的填写"无"。

5.工业污染状况：按照调查样地所在湿地斑块实际调查的内容填写，没有的填写"无"。

6.主导利用方式：分为种植业、养殖业、牧业、林业、工矿业、旅游和休闲、水源地以及其他利用方式八种。每个湿地的利用方式可以多种，但主导利用方式一般只有一种。按照调查样地所在湿地斑块的实际调查内容填写。

7.湿地保护等级：填写样地所在湿地斑块的湿地保护等级，分为国际重要湿地、国家级湿地保护区、国家级湿地公园、国家级城市湿地公园、省级保护区、市级保护区、县区级保护小区等填写。

8.保护措施：填写样地所在湿地斑块的湿地保护措施，包括建立三级保护体制、建立保护站、配备管护人员、开展湿地巡查、开展湿地调查等情况。

9.湿地工程建设：填写样地所在湿地斑块内湿地工程建设情况。

第六章　样地监测评价

第十八条　湿地评价

一、湿地评价

湿地评价就是评价者对湿地生态系统的属性与人类需要之间价值关系反映的活动。

二、体系

把湿地评价分为湿地项目影响评价、湿地资源利用方向评价、湿地全局评价、湿地功能评价和湿地环境影响评价五种。

1.湿地项目影响评价：湿地项目影响评价是工程项目对湿地产生的影响进行的评价。

2.湿地资源利用方向评价：分为植物资源评价、湿地资源利用方向评价、植物资源价值重要性评价。

（1）植物资源评价：在监测的基础上，通过对植物资源的自然现状和利用现状的综合分析，对区域植物资源的开发利用潜力和现状进行科学的评判，进而为制订区域植物资源的持续开发利用和保护管理计划提供理论依据。

（2）湿地资源利用方向评价：当湿地资源利用转向和再分配以及利用方式发生改变的时候，应当以湿地效益的选择机会成本为依据，这时所用的是湿地利用方向评价。

（3）植物资源价值重要性评价：指判断植物经济价值重要程度的标准和评分问题。主要有分布和利用地区范围的大小、时间上的利用情况、对当地居民和社会的重要性、商业贸易或实物交换情况、发展成为一种世界商品的现实性和潜在可能性、应用的范围等。

3.湿地全局评价：是指对湿地生态系统的全部经济贡献或其净效益予以评价。全局评价的一个目标是尽可能多地评价湿地净生产和净环境效益；另一个目标是确定湿地是否有必要成为一种限制或控制利用的保护性区域。因而湿地的总效益必然超过建议保护性区域的直接成本加上湿地替代利用的净效益。

4.湿地功能评价：主要针对湿地本身内部过程的分析，以此来评价湿地的作用与特性。

5.湿地环境影响评价：湿地环境影响评价包括湿地现状评价和湿地预测评价。

（1）湿地现状评价是对湿地目前的功能、特性或利用状况进行的评价。

（2）湿地预测评价主要是利用湿地模型来预测湿地水文及其他特征的变化。

附件3　CAN_EYE软件操作流程

1. 点击can_eye.exe，进入开始界面（如附图3-1所示，下载地址：www4.paca.inra.fr/can-eye）。

附图3-1　开始界面

2.点击CAN_EYE Hem，出现文件夹选择对话框，选择要处理的鱼眼照片所在的文件夹。注意：

（1）文件夹的名字不能包含中文。

（2）同一文件夹内的照片必须同为自上而下或自下而上拍摄。

（3）文件夹内照片数不能多于20张。

3.选中文件夹后，在出现的对话框内点击"CREATE"，会在所选文件夹内创建一个CE_HEM**的文件夹，同时出现参数设置对话框，设置好参数后，点击"OK"，进入下一步。

4.选择需要删除的照片，选中后点击"TRASH IMAGE"，完成后点击"OK"。

5.掩膜：掩膜照片中不该出现的地物，使其不参与计算。

具体操作：点击"MASK"，光标会变成十字状，用左键在照片中选出需要掩膜的区域，右键闭合区域。完成后点击"DONE"，进入下一步。

6.选择样本所属类别：对于只有两类地物的照片，可选第一项或第二项。选择后点击"OK"进入下一步。

7.选择训练样本：首先点击界面右侧类别（Green-Veg 或 Soil/Sky）旁边的单选按钮，在弹出的对话框中选择"YES"，软件会自动将照片中的地物分成两类。如果软件的分类有错分、漏分，需要手工选择样本，点击"某一类别"，然后在照片中寻找属于该类别但没有被选中的像元，左击"选择"，右击"确定"。全部选择完毕后，点击"DONE"。

8.软件自动计算各参数，结果及说明文件都保存在参数文件夹 CE_HEM** 中。最终结果在 HTML 文档里。内容包括：几何参数，类别比例，Fcover，Effective LAI，True LAI，Clumping factor，FAPAR，统计图等。

附件4　中海达HD8200BGPS简明操作手册

第一部分　外业仪器观测工作及注意事项

一、安置仪器

首先，在选好的观测站点上安放三脚架，然后，小心打开仪器箱，取出基座及对中器，将其安放在脚架上，在测点上对中、整平基座。最后，从仪器箱中取出GPS天线或内置天线的GPS接收机，将其安放在对中器上，并将其紧固。

在安置仪器时用户要注意下面的几点：

（1）当仪器需安置在三角点觇标的基板时，应先将觇标顶部拆除，以防止对信号的干扰，这时，可将标志的中心投影在基板上，作为安置仪器的依据。

（2）基座上的水准管必须严格居中。

（3）如整个控制网在同步观测过程中使用同样的GPS接收天线，则应使天线朝同一个方向，如使用不同的GPS接收天线，则应使天线的极化方向指向同一方向，如指北。大部分天线用指北方向来表明天线的极化方向。这是由于天线的相位中心与几何中心不重合，两者可能有2～3 mm之差，如它们不指向同一方向，则会影响GPS测量的精度。

二、量测天线高

安置好仪器后，用户应在各观测时段的前后，各量测天线高一次，量至毫米。量测时，由标石（或其他标志）中心顶端量至天线中规定量测天线的位置（附图4-1）。

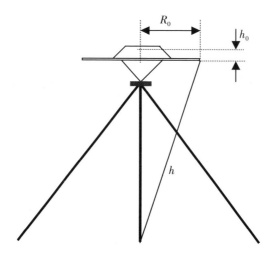

附图4-1　量测天线高

采用下面公式计算天线高：

$$H = \sqrt{h_2 - R_0^2} + h_0$$

式中：

h：为标石或其他标志中心顶端到天线下沿所量距离；

R_0：天线半径；

h_0：天线相位中心至天线底部量测位置的距离。

所算 H 即为天线高。两次量测的结果之差不应超过3 mm，并取其平均值。

其中，R_0、h_0 通常由厂家提供，附表4-1列出了一些接收机的这两个参数。

附表4-1　一些接收机的这两个参数　（单位/ mm）

天线型号	R_0	h_0	极化方向	量测方法
HD8200 内置单频天线	78	58	面板方向	下沿原盘边
HD8200B 内置单频天线	97.5	20	面板方向	量到蓝白相间处
AT2200（双频天线）	89	10	电缆插座方向	量到上下盖接缝

应当说明的是，各种天线高的量测位置不一样，其量测位置应参见其本身的说明，中海达为各种GPS接收机配备的天线有更加简便的量测方式，在HDS2003数据处理软件中可直接设置天线的斜高，软件会自动计算，附图4-2所示为HD8200B天线高的量测方法，具体天线高的计算和输入可以在HDS2003

数据处理软件中进行，如附图4-3所示天线管理器（点击HDS2003数据处理软件包"项目"菜单下的"原始参数"子菜单，设置原始参数），也可在HDS2003数据处理软件中，在选择"文件"→"导入"，导入数据后，在属性区窗口的修改标签中选择修改测量方法为天线斜高，如附图4-4所示。天线高记录手簿（见附表4-2）。

附图4-2　HD8200B天线高的量测方法

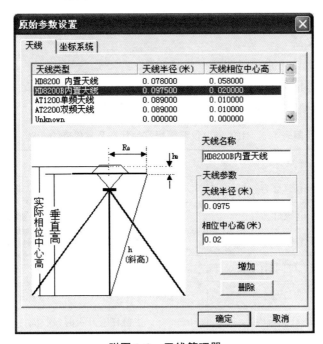

附图4-3　天线管理器

附图4-4　属性窗口中的测量方法的修改

附表4-2　天线高记录手簿

型号：　　　　　　　　　　　　　　　　记录人：

NO.	点号	时段	天　线　高		
			开机时	关机时	平均值
00					
01					
02					

三、启动仪器

在启动仪器时，通常应按如下步骤操作：

（1）打开主机上的开关，若电源灯为红色，则表示电量不足，应更换电池。HD8200B仪器面板灯的状态及其代表的含义见附表4-3。

附表4-3　HD8200B仪器面板灯的状态及其代表的含义

面板灯的状态	含义
状态灯闪黄,电源灯为红色	表明正在跟踪卫星,电压足够且稳定
状态灯黄色,电源灯为红色	表明卫星已锁定,并记录数据
电源灯闪烁	闪烁次数表明锁定的卫星数
电源灯与状态灯同时闪烁	电池欠压,必须尽快更换充足电的电池
电源灯为红色	主机向外发送数据,常发生在数据传输时
数据灯、状态灯交替闪烁	主机在线升级时接收固件信息

（2）按照相应仪器的操作规程开机观测，具体步骤请参看《产品手册》。

（3）保证同步观测的其他GPS接收机也处于观测状态。静态差分测量是根据几台接收机共同时间段所接收的数据进行差分解算，所以几台接收机同时观测必须保证数据同步，并且要保证足够的数据。

（4）观测的时候，要保证接收机设置了合适的采样间隔和高度截止角。

注：GPS测量是通过地面接收设备接收卫星传送的信息来确定地面点的三维坐标。测量结果的误差主要来源于GPS卫星、卫星信号的传播过程和地面接收设备。通过选择有效的卫星及其高度角，可以减少电离层和对流层折射产生的影响；可以消除多路径效应；可以有效地剔除有干扰的卫星。

（5）记录观测站点的点名、天线高、观测时段及相应的观测文件名。

在同一天（GPS时）内，如测站名及时段序号一样则出现同名。用户在出测前一定要合理安排好，尽量避免出现重名的情况。

四、观测

按照预定的观测时间进行观测。

注意：在采集时测站不可移动，采集不能中断，组成基线的两台接收机连续同步采集时间必须符合要求，否则数据可能不可靠。如出现意外情况，应及时通知其他观测站点。

五、撤站

结束采集之前，用户必须确认观测站的全部预定作业项目均已按规定完成。这时，退出采集过程，一定要先关闭主机电源，将接收机、基座对点器等附件妥善放回仪器箱内。

六、野外观测的注意事项

在野外观测时，用户必须注意：

（1）如果仪器从与室外温度相差较大的室内或汽车内取出，必须让其有一个预热的过程，时间大约为10分钟。

（2）仪器如长时间不使用，将可能需要较长时间搜索GPS卫星（2～3分钟）。

（3）注意不要在靠近接收机的地方使用对讲机、手提电话等无线设备。

七、HD8200B静态观测记录–步骤

HD8200B为一体化静态测量GPS接收机，只要打开接收机的电源开关，整个记录过程就会自动完成。

（1）架设GPS接收机，整平、对中后，量天线高。

（2）打开接收机的电源开关，等待记录灯转红后表示接收机已经开始观测（接收卫星信号）。

（3）按遥控器键 ON/ESC 开机，显示屏显示开机画面并进入主菜单，与打开的接收机连接。

（4）遥控器连接上接收机后，自动进入主界面，主菜单的右侧分别有信号指示。若连接失败，则操作方法：①检查接收机主机是否打开或距离较远，按 Enter 键重新连接；②按 Esc 键，选择"系统设置"，选中"搜索机号"自动搜索接收机的机号，搜索到接收机则会显示该接收机号，按 Enter 键完成；③选择"系统设置"，选中"接收机机号"，输入接收机号，按 Enter 键确认。注意删除原先机号时须连续按 Esc 键 5 次。以上方法若还不能连接到接收机，则接收机电量显示处显示"Link Fail !!!"，此时可按 Shift 键重新连接，或关闭遥控器、关闭接收机（按 ON/ESC 键 2 秒）。若连接成功，进入下面内容。

（5）选择接收机"工作方式"：选择静态，按 Enter 键确认。

（6）选择主界面的③"采集设置"，可进行采集间隔、高度截止角、文件名建立、天线高设置等。

注意：①采集过程中不能修改"采集间隔"；②文件名须 4 位字母或数字，时段编号 1 位，删除原先文件名时须连续按 Esc 键，快速连续按相同键时可在数字与字母键之间切换，输入新文件名后须按新建或修改键确认，否则无效［可通过选择主界面的记录信息查看有效的文件名，参见（7）］；③小数点须配合 Shift 键 和 · 键（同时按）。

（7）选择主界面的②"卫星状态"可以查看卫星信息、信噪比等；选择主界面的④"定位信息"可以查看单点定位情况 E、N、H 数据与卫星的分布精度；选择主界面的⑤"记录信息"可以查看接收机的内存中采集文件的相关信息和一些设置的参数，也可以查看内存的使用情况、采集的时间、有效的文件名。主界面④⑤情况按 Enter 键可切换相关内容。

（8）在仪器观测记录本上记录下测站名、天线高、观测时段等，留待内业处理。

（9）测量完毕，关闭遥控器（按 ON/ESC 键 2 秒即可）、关闭接收机（按 ON/ESC 键 2 秒或选择"系统设置"，选中"关闭接收机"即可）。等待电源灯熄灭后，再装箱撤站。在记录过程中切不可搬站。

第二部分　接收机数据传输

一、启动接收机数据传输软件

将接收机主机用通信电缆连接好电脑的串口 1（COM1）或串口 2（COM2）。

运行主程序 HDS2003 数据处理软件包中的"工具"菜单下的"HitMon 数据传输"或直接运行 HitMon.exe 文件。界面如附图 4-5（a）、（b）所示。

（a）接收机数据传输软件主窗口

文件名	开始时间	结束时间	大小(K)	测站名	天线高	其他
	2003年2月17日 11:24	14:37	8			
	2003年2月24日 9:44	09:44	1			
	2003年2月24日 10:02	12:28	714			
45540480.ZHD	2003年2月17日 14:57	19:05	1	4554	0.000	
	2003年2月17日 19:06	19:07	2			
	2003年2月24日 12:29	14:13	596			
	2003年2月18日 8:33	08:38	19			
12120500.ZHD	2003年2月19日 8:21	11:05	541	1212	0.000	
	2003年2月19日 11:06	11:08	5			
	2003年2月20日 15:15	15:50	94			
	2003年2月24日 14:14	14:15	8			
	2003年2月24日 14:15	14:15	1			
NSM50559.ZHD	2003年2月24日 14:16	14:16	2	NSM5	0.000	已存在，共 2,211 字节
	2003年2月24日 14:40	15:14	37			
	2003年2月24日 15:14	18:20	230			
	2003年3月6日 15:46	15:50	7			
	2003年3月11日 16:25	16:32	10			
	2003年3月18日 11:45	11:47	2			
22220951.ZHD	2003年4月5日 10:19	10:40	21	2222	0.000	已存在，共 22,179 字节
	2003年4月5日 10:41	10:42	1			
	2003年5月14日 11:58	11:59	2			
	2003年7月8日 11:16	11:25	14			

下载路径: H:\data\20030717　剩余空间: 13.5M　已连接! ID=15123 COM1 115200

（b）接收机数据传输软件主窗口

附图 4-5　界面

主界面分为两个主要的页面：文件和串口。文件页面主要显示接收机内存空间的文件信息及其内存的使用情况，可以进行数据传输的一些工作。点击串口，可以将显示信息切换到串口页面，该页面主要显示串口的反馈信息（如附

图4-6所示）。

文件页面的各项内容分别说明如下：

①文件名：输入测站信息后，根据点名、时段号和数据观测的日期自动生成。文件名遵循以下的规律：####$$$*. ZHD，其中####代表点名，$$$代表年积日（可查看附录年积日表），*代表时段号，可以是字母和数字。

②开始时间：数据开始记录的时间，为年、月、日、时、分，如：2003年6月24日10:10。开始时间是用户在数据传输时的一项重要信息，是用户识别数据的一项参考。

③结束时间：结束数据观测的时间，只有时、分，如12:15。

④文件大小：该测站观测文件的大小。

⑤测站名：测站的点名，最多可以修改15次。

⑥天线高：仪器高度，一般几台仪器取同一个基准。天线高要在野外测量时手工记录。

⑦其他：显示其他文件信息。

附图4-6　串口反馈窗口

（1）"通讯设置"，运行在"连接"下选择"通讯设置"，选择"通讯串口"为计算机上连接使用的串口，选择响应的波特率（HD8200的波特率为57600，HD8200B，HD8900，HD9900等波特率应为115200，某些仪器必须设为静态工作模式才能进行连接），附图4-7为串口设置。

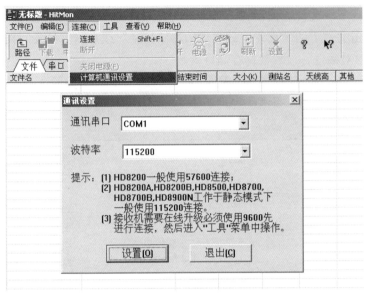

附图4-7　串口设置

（2）接收机主机开机后，选择"连接"—"连接"，或点击快捷键 连接 和 刷新
按钮，等待一段时间，即可以显示接收机内存中的所有文件信息和内存使用信
息，如附图4-8所示。

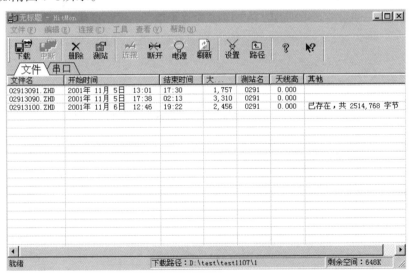

附图4-8　文件信息

该接收机中已存在三个时段的观测数据，其中一个时段的文件已经下载，
另外两个时段只输入测站信息还没有下载。

（3）在下载文件以前设置下载文件的存储目录，首先应该设置数据的下载路径。点击文件下的"设置下载文件的存储目录"或点击工具条的 ![路径] 按钮，弹出附图4-9对话框，设置数据存储目录。

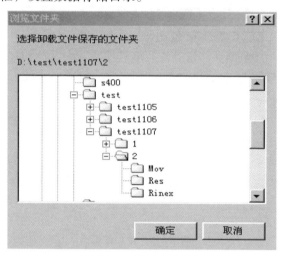

附图4-9　设置下载路径

（4）输入测站信息。选择需要输入观测信息的文件。对于没有输入测站信息的数据不可以下载。输入测站信息时，根据观测数据的时间段确定观测数据的对应关系。如附图4-10所示，在要下载数据上单击右键，选择"输入测站信息"。

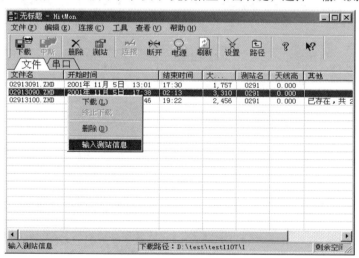

附图4-10　输入测站信息

测站信息包括以下几个方面：测站名、时段、天线高，用以记录该测站的相关信息，如附图4-11所示，测站信息最多可以修改15次。

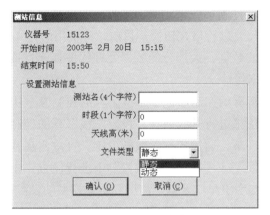

附图 4-11　测站信息

（5）文件下载。选择需要下载的观测文件，点鼠标右键，选择下载（如附图 4-12 所示），数据即可保存到设置的下载路径。"其他"栏中显示文件下载的进度。

附图 4-12　文件下载菜单

二、接收机系统参数的设置

利用接收机做静态观测以前，一般要设置下面两个参数：采样间隔和卫星的高度截止角。为了保证数据的同步，同时观测的几台仪器必须保证相同的采集参数。选择菜单"工具"—"采样间隔、高度截止角设置"，如附图 4-13 所示。

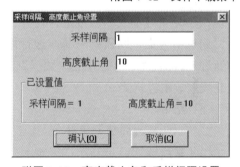

附图 4-13　高度截止角和采样间隔设置

第三部分　内业数据处理及步骤、要求

一、GPS 基线解算

GPS 基线解算的过程：

（1）原始观测数据的读入。在进行基线解算时，首先需要读取（导入）原始的 GPS 观测值数据。一般说来，各接收机厂商随接收机一起提供的数据处理软件都可以直接处理从接收机中传输出来的 GPS 原始观测值数据，而由第三方所开发的数据处理软件则不一定能对各接收机的原始观测数据进行处理，要处理这些数据，首先需要进行格式转换。目前，最常用的格式是 RINEX 格式，对于按此种格式存储的数据，大部分的数据处理软件都能直接处理。具体内容见第二部分接收机数据传输。

（2）设定基线解算的控制参数。基线解算的控制参数用以确定数据处理软件采用何种处理方法来进行基线解算，设定基线解算的控制参数是基线解算时的一个非常重要的环节，通过控制参数的设定，可以实现基线的精化处理。控制参数在"静态基线"→"静态处理设置"中进行设置，主要包括"数据采样间隔""截止角""参考卫星"及其电离层和解算模型的设置等。

（3）外业输入数据的检查与修改。在读入（导入）了 GPS 观测值数据后，就需要对观测数据进行必要的检查。检查的项目包括：测站名、点号、测站坐标、天线高等。对这些项目进行检查的目的，是为了避免外业操作时的误操作。

（4）基线解算的过程一般是自动进行的，无须过多的人工干预。只是对于观测质量比较差的数据，用户须根据各种基线处理的输出信息，进行人工干预，使基线的处理结果符合工程的要求。

（5）基线质量的检验：基线解算完毕后，基线结果并不能马上用于后续的处理，还必须对基线的质量进行检验，只有质量合格的基线才能用于后续的处理，如果不合格，则需要对基线进行重新解算或重新测量。基线的质量检验需要通过 RATIO、RDOP、RMS、数据删除率、同步环闭和差、异步环闭和差和重复基线较差来进行。

（6）结束。

二、GPS 基线向量网平差

GPS 基线解算就是利用 GPS 观测值，通过数据处理，得到测站的坐标或测站间的基线向量值。在采用 GPS 观测完整个 GPS 网后，经过基线解算可以获得具有同步观测数据的测站间的基线向量，为了确定 GPS 网中各个点在某一坐标系统下的绝对坐标，需要提供位置基准、方位基准和尺度基准，而 GPS 基线向量只含有在 WGS-84 下的方位基准和尺度基准，而我们布设 GPS 网的主要目的是确定网中各点在某一特定局部坐标系下的坐标，这就需要通过在平差时引入该坐标系下的起算数据来实现。当然，GPS 基线向量网的平差还可以消除 GPS 基线向量观测值和地面观测中由于各种类型的误差而引起的矛盾。根据平差所进行的坐标空间，可将 GPS 网平差分为三维平差和二维平差，根据平差时所采用的观测值和起算数据的数量和类型，可将平差分为无约束平差、约束平差和联合平差等。

在使用数据处理软件进行GPS网平差时，需要按以下几个步骤来进行（如附图4-14所示）。

```
┌─────────────────────────────────────────┐
│      提取基线向量构建 GPS 基线向量网        │
└─────────────────────────────────────────┘
                    │
┌─────────────────────────────────────────┐
│              三维无约束平差                 │
└─────────────────────────────────────────┘
        │           ⊕           │
        ▼           ▼           ▼
┌──────────┐  ┌──────────┐  ┌──────────┐
│ 三维约束平差 │  │ 二维约束平差 │  │  水准拟合  │
└──────────┘  └──────────┘  └──────────┘
        │           ⊕           │
                    ▼
┌─────────────────────────────────────────┐
│              质量分析与控制                 │
└─────────────────────────────────────────┘
```

附图4-14　使用数据处理软件进行GPS网平差

在进行GPS网平差设置之前，应检查坐标系的设置是否正确。通常情况下，国内用户选择的坐标系椭球为北京54，用户需要专门设置中央子午线、x和y方向和加常数等。

坐标系的设置可在项目菜单下的项目属性中进行，如附图4-15所示。

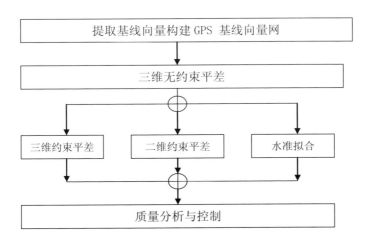

附图4-15　坐标系管理

在GPS网平差结束后，应对结果进行检验，GPS网平差的检验主要通过改正数、中误差以及相应的数理统计检验结果等项来评价。

附1： HDS2003数据处理软件包——各功能区界面简介

工作区：分为管理区、属性区和计算区，如附图4-16（a）、（b）所示。可以通过"查看"菜单选择打开或者关闭哪种工作区，对任何一栏的工具条，用户也可以拉动、拖放和自定义。

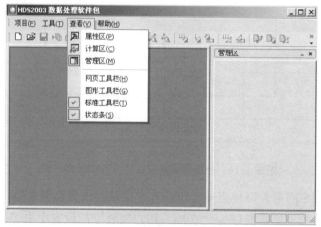

（a）查看菜单

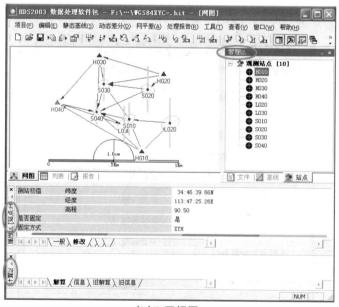

（b）三区视图

附图4-16　工作区

1.管理区

打开一个项目后，管理区会分类型显示项目中的内容，其分为文件、基线和站点，可以通过标签进行切换，都是树形视图。

在主项上有文件数显示，如附图4-17所示。

附图4-17　管理区

2.属性区

打开一个项目，选择一个文件、基线、站点可以查看到当前对象的属性，属性区标题显示了当前的对象，分为"一般""修改"和"××图"，它们之间可以通过点击相应的标签进行切换，如附图4-18所示。文件、基线和站点都有一般标签，主要显示一些固定的信息。

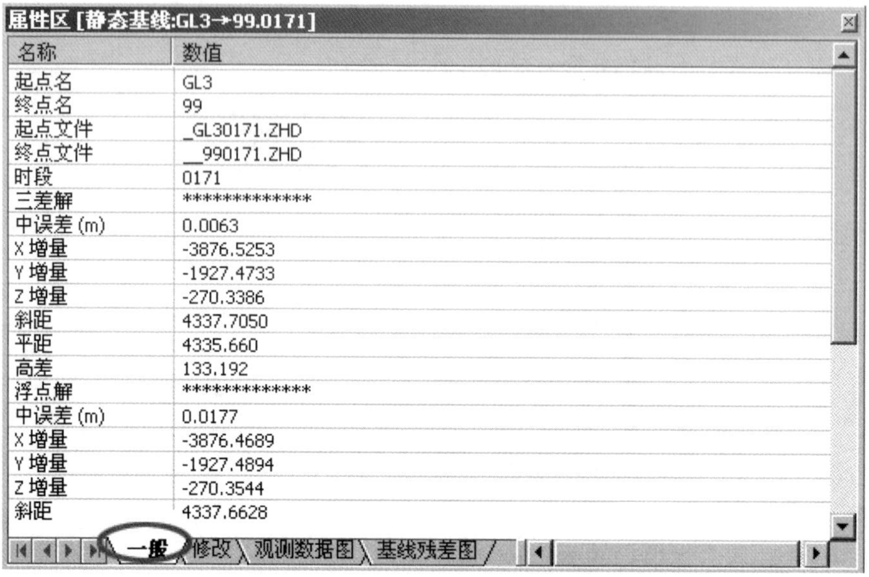

附图4-18 "一般"

文件、基线和站点都有修改标签，这里面的信息是可以修改的，如附图4-19所示。

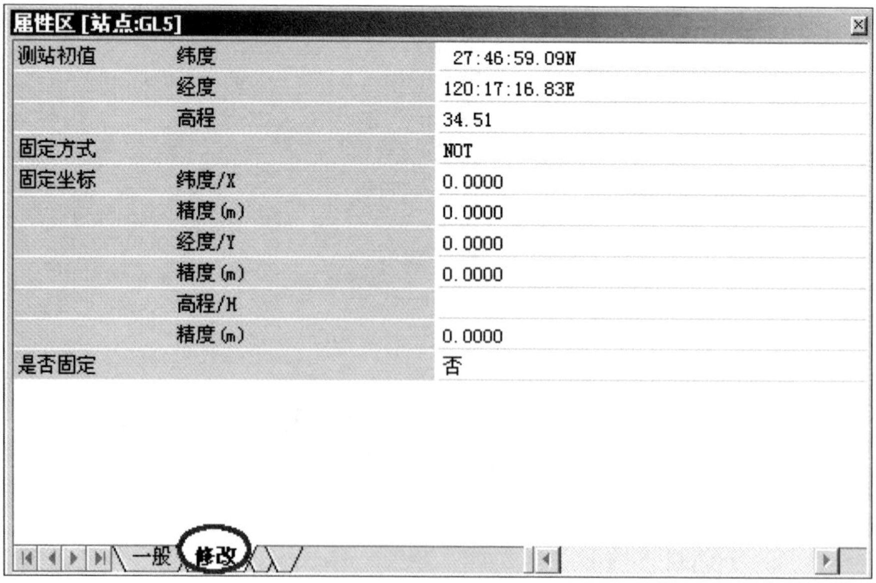

附图4-19 "修改"

文件、基线都有观测数据图，如附图4-20所示。

附图4-20　观测数据图

解算后得基线，有基线残差图，如附图4-21所示。

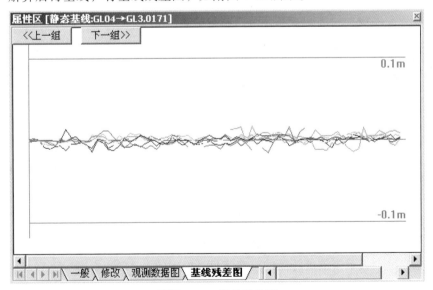

附图4-21　基线残差图

文件有卫星跟踪图，如附图4-22所示。

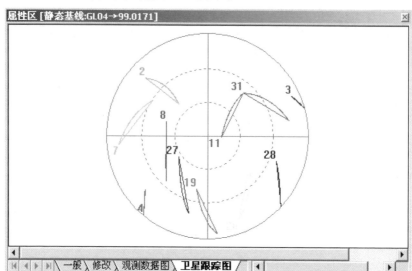

附图4-22　卫星跟踪图

3.计算区

计算区分为解算、信息、旧解算和旧信息，可以通过标签切换。

解算区会显示当前解算的状况，如附图4-23所示。

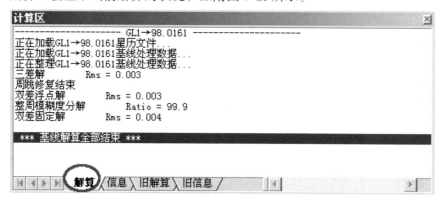

附图4-23　基线解算

信息区会显示当前解算后的一些信息，如附图4-24所示。

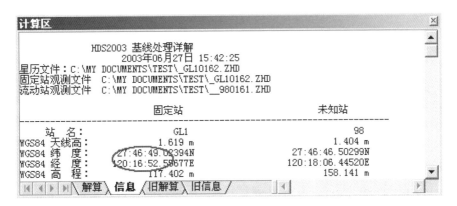

附图4-24　基线处理详解

旧解算会显示以前解算的状况，如附图4-25所示。

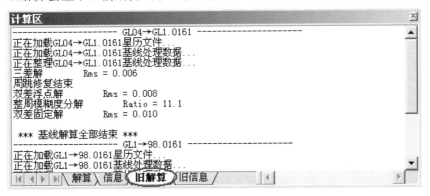

附图4-25　旧解算

旧信息会显示以前解算后的信息，如附图4-26所示。

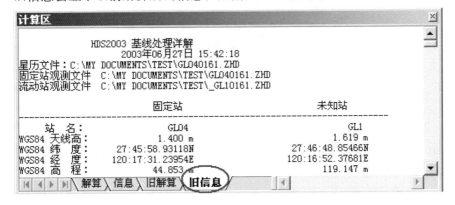

附图4-26　旧信息

附件5　中海达Hi-RTK简易操作流程

以GIS+手簿HI-RTK2.5道路版本为例，简要说明其操作流程。主要介绍简单使用性操作及需要注意的地方。

一、软件界面

HI-RTK为九宫格菜单，每个菜单都对应一个大功能，界面简洁直观，容易上手，如附图5-1所示。

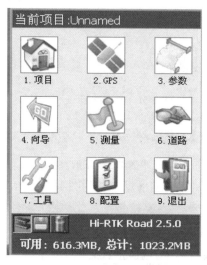

附图5-1　九宫格菜单

其中1、2、3、5项为重点使用项目，基本涵盖了碎部测量和各种放样功能，2.5版本增加了向导功能，该功能可以引导新手从新建项目开始到测量进行设置，由于其他版本并没有此项功能，因此重点说明如何用1、2、3、5项菜单完成一次测量工作的流程。

二、使用流程

1.新建项目

点击"项目"图标，进入项目设置界面，如附图5-2所示。

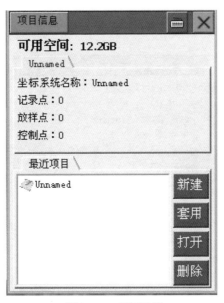

附图 5-2　项目设置

点击"新建"图标，进入输入界面，如附图 5-3 所示。

附图 5-3　输入

2.5 版本默认了将当天日期作为新建项目名称，如果不想用，也可以自己输入要用的名称，界面上的"向上箭头"为大小写切换，"123"为数字字母切换，输入完毕后点击"√"，新建项目成功，点击"×"，返回九宫格菜单。如附图5–4所示。

附图5-4　项目信息

2.设置参数

点击九宫格菜单第三项"3.参数"进入参数设置界面，界面显示为坐标系统名称，以及"椭球、投影、椭球转换、平面转换、高程拟合、平面格网、选项"七项参数的设置，如附图5-5所示。

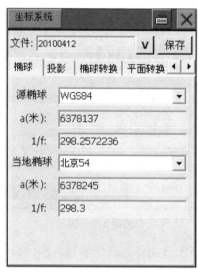

附图5-5　参数设置

首先设置椭球，源椭球为默认的"WGS84"，当地椭球则要视工程情况来定，我国一般使用的椭球有两种，一为"北京54"，一为"国家80"工程要求用哪个就选哪个，点击框后面的下拉小箭头选择。

再设置投影，方法为：点击屏幕上"投影"，界面显示了"投影方法"以及一些投影参数，如附图5-6所示。

工程一般常用高斯投影，高斯投影又分6°带、3°带、1.5°带等，选什么要视工程情况而定，工程需要3°带就选3°带，需要注意的是，如果工程需要1.5°带则要选择"高斯自定义"，选择方法也是点击显示框右边的下拉小箭头选择，选择好投影方法后，要修改的是"中央子午线"，修改方法是双击中央子午线的值，再点击右上角"×"旁边的虚拟键盘按钮，调出小键盘修改，注意修改后格式一定要和以前一样为×××：××：××.×××××E 如附图5-7所示。

注：高斯投影分带方式及中央子午线判断如附图5-8、5-9所示。

附图5-6　投影方法

附图5-7　投影方法修改

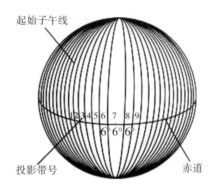

（a）6°带投影带的划分

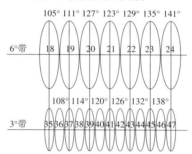

（b）6°投影带和3°投影带的关系

附图5-8　高斯投影分带方式

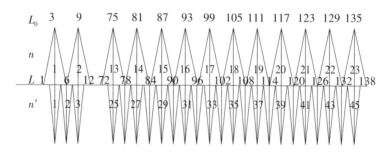

分　带

L_0:6°带中央子午线经度　　　　L:6°带分带子午线经度

n:6°带编号　　　　　　　　　n':3°带编号

附图5-9　中央子午线判断

　　设置好投影参数后，将椭球转换、平面转换、高程拟合全设为无，如附图5-10、5-11、5-12所示。

附图5-10　椭球转换

附图5-11　平面转换

附图5-12　高程拟合

设置方法都是点击"转换模型"框右边的下拉小箭头进行选择，选择完后，点击界面"保存"按钮，再点击弹出窗口的"OK"，点击界面右上角"×"退出参数设置，回到九宫格界面。

3.连接GPS

GIS+手簿和RTK主机使用蓝牙连接，并在连接后对RTK主机进行设置，操作流程如下：点击九宫格界面"2.GPS"图标，进入接收机信息界面，如附图5-13所示。

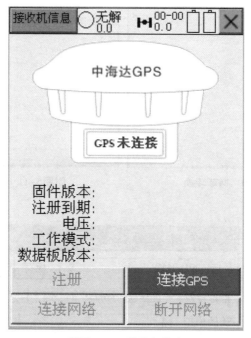

附图5-13　接收机信息

HI-RTK2.5版本连接GPS有两种操作：一为点击屏幕左上角"接收机信息"的按钮，在下拉菜单里选择"连接GPS"；二为直接点击屏幕右下的"连接GPS"按钮，现在使用的版本中，只有2.5版本有方法二，其余版本右下没有"连接GPS"按钮，操作后，即进入连接参数设置界面，如附图5-14所示。

附图5-14界面所显示的参数，即为连接GPS的默认参数，检查好参数没有问题了之后，点击屏幕右下角的"连接"按钮，进入蓝牙搜索界面，点击界面"搜索"按钮，直到屏幕上出现将要连接的RTK基站（已经架好并已开机）的机身码后，点击"停止"，再点选好要连的机身号，让蓝色选择条选到要连的机身号上，再点击"连接"，如附图5-15所示。

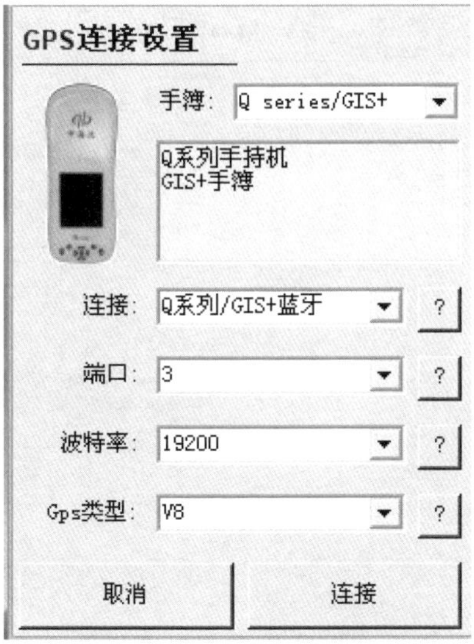

附图5-14　GPS连接设置

附图5-15　蓝牙搜索

连接仪器后，画面跳回"接收机信息"界面，此时屏幕中"GPS未连接"的字样变成了连接上的RTK基站的机身号，此时，点击左上角"接收机信息"按钮，在下拉菜单里点选"设基准站"，进入设基准站界面，如附图5-16所示。

我们看到，在界面左下角有"位置、数据链、其他"三个按钮，我们必须一样一样做出设置，首先设置"位置"，在"位置"界面，我们点击"平滑"按钮，画面跳入采集界面，如附图5-17所示。

当屏幕右下角文字变成"开始"时，点击屏幕右上角的"√"按钮，此时画面跳回附图5-16，从上到下依

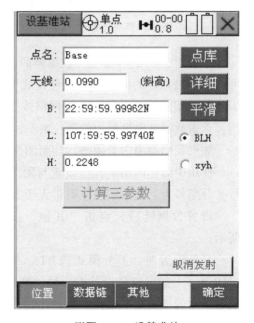

附图5-16　设基准站

次为点名、天线、B、L、H，点名默认Base，我们也可修改成自己想要的，一般不必修改，天线默认0.0990（斜高），可不用修改，B、L、H则是刚才点击平滑时采集的当前点的经纬度坐标，此时我们点击画面上的"数据链"按钮，进入数据链设置界面，如附图5-18所示。

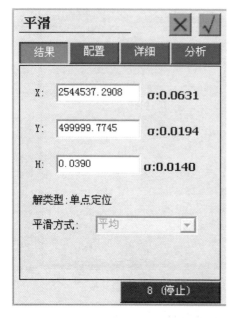

附图5-17　采集

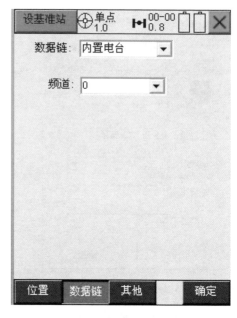

附图5-18　数据链设置

　　在附图5-18的界面上，数据链的内容框右边也有一个下拉箭头，点击它就可以选择数据链的模式，有三种模式可选：一为内置电台，二为内置网络，三为外部数据链。一般使用内置网络或是外部数据链，下面以使用外部数据链为例，点击数据链内容框边的下拉箭头，选择外部数据链。

　　如果我们使用内置网络，如附图5-19所示。

　　使用中海达网络前几项设置与附图5-19一致，需要修改的是分组号和小组号，分组号为七位，后三位不得大于255，小组号为三位，也不得大于255。

　　设置数据链后，点击"其他"按钮，进入其他设置界面，如附图5-20所示。

　　其他设置时，差分模式选RTK，电文格式常见的有RTCM2.X，RTCM3.0，CMR等，一般可以任选其中一种，高度截止角10°～15°之间可任选，设置好后点右下角的"确定"按钮，有弹出窗口显示设置成功，点击弹出窗口的"OK"，当看见屏幕最上方的"单点"变成"已知点"，再看基站的收发灯正常闪烁（一秒一闪），就表示基准站设置成功了，这时候点击界面的"×"，回到附图5-13界面，点击左上角"接收机信息"，在下拉菜单里选"断开GPS"断开与基准站的蓝牙连接。

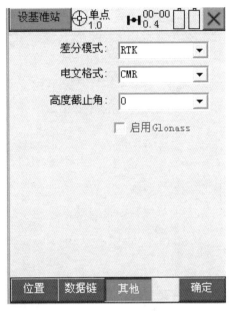

附图5-19　内置网络　　　　　　　附图5-20　其他设置

设置移动站，用手簿连接移动站，连接方法与连接基准站一样，连接成功后，点击左上角的下拉菜单，选择"设移动站"，进入设移动站界面，如附图5-21所示。

我们可以看到，在设移动站界面，有"数据链"和"其他"两项设置，前面我们说过，设置基准站时我们以外部数据链为例，如果基准站用了外部数据链，则说明使用电台作为数据链，所以移动站的数据链我们要把它设成内置电台，频道则设成与发射电台一致的频道。

如果基站用内置网络，则移动站的数据链也要用内置网络，并且所有设置都要和基站一样。

设好数据链后，点击"其他"按钮，进入其他设置界面，如附图5-22所示。

电文格式我们要选择与基准站一致，高度截止角设在10°～15°之间即可，发送GGA不用管，直接默认，设好后点击"确定"，当设置成功的对话框弹出后，点击弹出窗口的"OK"，再点击右上角的"×"，一直退至九宫格菜单。

附图5-21　设移动站

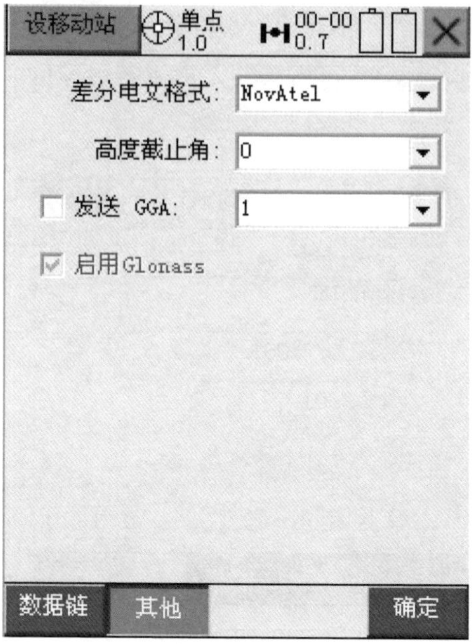

附图5-22　其他设置

4.碎部测量

点击九宫格菜单的"5.测量"图标，进入测量界面，如附图5-23所示。

在测量界面的上方，我们看到的是解状态（附图5-22显示"单点"处）、卫星状态（附图5-22显示00-00处）、电池情况的图标，当我们前面的设置都正确，并且卫星条件可以进行测量时，附图5-22中显示"单点"处应该显示为"固定"，表示状态为RTK固定解，只有在固定解的状态下，我们才能进行测量工作，要采集当前点，我们点击屏幕右侧的小红旗，即可进入保

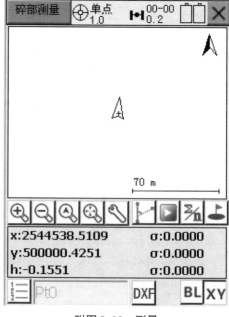

附图5-23　测量

存界面，如附图5-24所示。

在本界面，我们可以编辑点名、天线高、注记等信息，编辑完成后点击"√"保存，画面返回测量界面，重复上述操作，即可进行下一个点的保存。

5.求解四参数和高程拟合

在我们使用RTK时，我们没有启用任何参数所得到的直角坐标往往是不准确的，所以我们还有一个很重要的步骤就是求解参数，参数有几种，工程上常用的一般就是四参数和高程拟合，求解四参数之前，我们必要的条件是：在测区至少要有两个以上的已知点。

求解过程如下：首先是外业，用移动站在两个已知点上采集两个没有参数的坐标，其次就是内业的操作。流程如下：退出测量界面，在九宫格菜单中点击"3.参数"，进入参数界面，再点击左上角下拉菜单，选择"参数计算"，画面跳入参数计算界面，如附图5-25所示。

点击"添加"，添加一组坐标，如附图5-26所示。

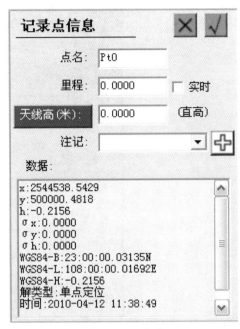

附图5-24　保存

附图5-25　参数计算

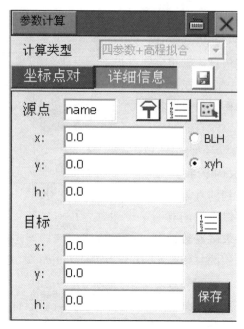

附图5-26　添加坐标

界面中"源点"为我们未启用参数时采集回来的已知点坐标，"目标"为真正的已知点坐标，点击"源点"右边的▤，进入点列表，如附图5-27所示。

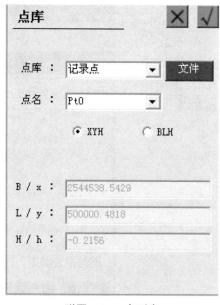

附图5-27　点列表

点击点库框右边的下拉箭头，选"记录点"，点击点名框右边下拉箭头选出刚才测的已知点坐标，选好后点"√"，如附图5-28所示。

附图5-28 选出已测的已知点坐标

点击保存，画面跳回坐标点对界面，如附图5-29所示。

附图5-29 坐标点对

同样的方法添加下一个点，如附图5-30所示。

参数计算
计算类型
四参数+高程拟合
坐标点对
详细信息
点名
源B/x
源L/y
Pt0
2544538.5429
500000.4
rrr
2544500.5429
500000.4
高程拟合模型
固定差改正
添加
编辑
删除
解算

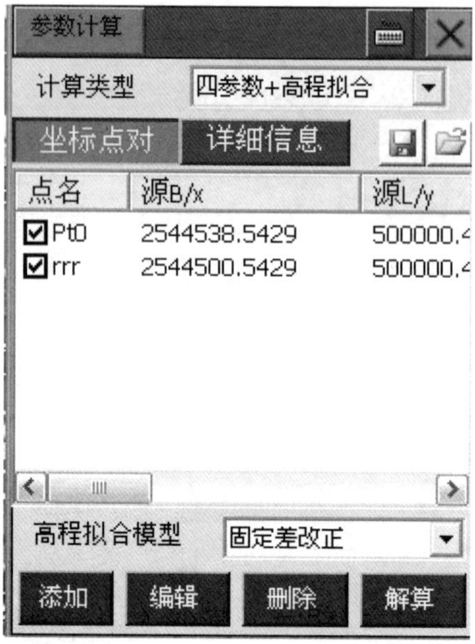

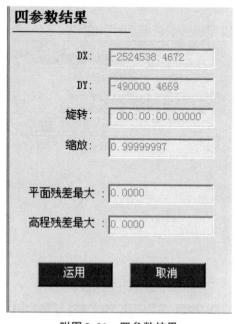

附图5-30　添加下一个点

点击右下角“解算”，得到结算结果，如附图5-31所示。

四参数结果
DX:
-2524538.4672
DY:
-490000.4669
旋转:
000:00:00.00000
缩放:
0.99999997
平面残差最大 :
0.0000
高程残差最大 :
0.0000
运用
取消

附图5-31　四参数结果

这时，我们可以参考计算结果，缩放值越接近1越好，一般要有0.999或者1.000以上才是合格的。旋转要看已知点的坐标系是什么，如果是标准的54点或者80点，则旋转一般只会在几秒内，超过了就是不理想。如果已知点是任意坐标系，旋转没有参考意义，平面残差小于0.02，高程残差小于0.03，基本就可以了。计算结果合格后，我们点击"运用"，启用这个结果，画面跳入坐标系统界面，我们可以查看一下之前为"无"的"平面转换"和"高程拟合"是否已启用，如附图5-32、5-33所示。

附图5-32　平面转换结果

附图5-33　高程拟合结果

检查好后，点击"保存"，跳出对话框问是否覆盖，选是，提示保存成功后点击"×"退出到九宫格界面，再进入"5.测量"界面，即可开始工作，此时得到的坐标就是和已知点相同坐标系的我们需要的直角坐标。

6.放样

RTK的另一大功能就是方便快捷的放样，放样一般分为点放样和线放样，下面先讲点放样。

点放样从架设基站直到求解完参数工作与碎部测量完全相同，完成以上步骤后，我们就可以输入放样点进行放样工作。在测量界面点击左上角下拉菜单，选择"点放样"，进入放样模式，如附图5-34所示。

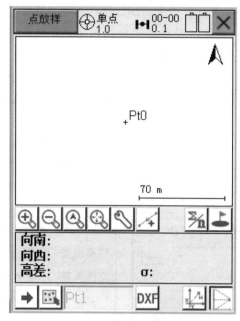

附图5-34　点放样

点击左下角 ➡，进入放样点输入，如附图5-35所示。

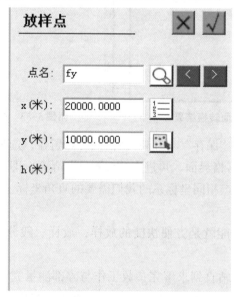

附图5-35　放样点输入

依次输入点名x、y、h，打钩，进入放样指示，如附图5-36所示。

附图5-36　放样指示

按照界面指示，找到放样点位置，再点击 ⮕ 输入下一个放样点。如果事先已在放样点库输入放样点坐标，则可以点击 ☰ 进入列表调出放样点进行放样。如何在放样点库和控制点库输入坐标会在下面讲到。

7.放样点库和控制点库的输入

在测量界面点击左上角下拉菜单选择"放样点库"或"控制点库"即可进入点库，如附图5-37、5-38所示。

附图5-37　放样点库

附图5-38　控制点库

在点库里点击 ⊞ 添加放样点，如附图5-39所示。

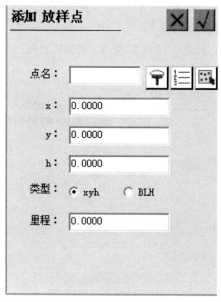

附图5-39　添加放样点

依次输入点名 x、y、h，里程不用输，打钩即可，然后重复添加下一个，控制点也是同样在控制点库内添加。

下面介绍线放样，同样，在测量界面点击左上角的下拉菜单，选择"线放样"，如附图5-40所示。

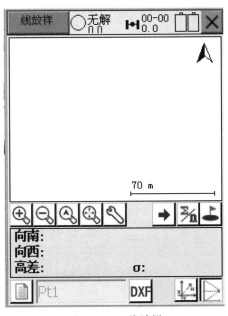

附图5-40　线放样

进入到此界面，点击，选择线的类型，如附图5-41所示。

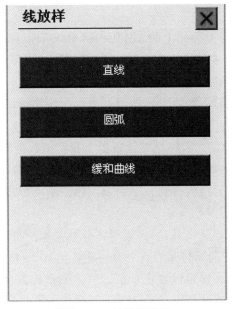

附图5-41　放样线类型

以直线为例,点击"直线"按钮,进入直线编辑,如附图5-42所示。

定义线段有两种:一是两点定线,二是一点+方位角。用两点定义起点和终点,我们可以手工输入,也可以点击 进点库中选择,定义完成后打钩,用一个点的话,我们点击"一点+方位角"前面的小圆圈选择它,再定义起点和方位角,同样定义完成后打钩,进入放样指示,如附图5-43所示。

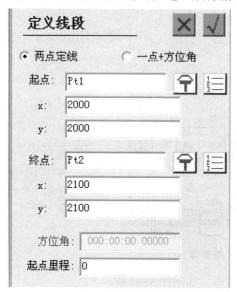

附图5-42 定义线段

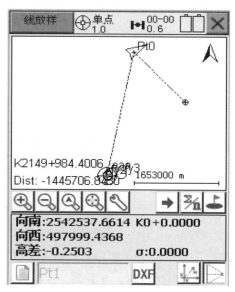

附图5-43 放样指示

附图5-43中,导航界面上的K2149+984.4006表示离线路起点有多远,Dist表示偏离线路两侧有多远,负为左偏,正为右偏。

8.移动站连接CORS

连接CORS,我们不需要自己架设基准站,只需要有移动站即可,移动站设置如下:

用手簿连接移动站,在移动站设置里,我们把数据链设成内置网络,然后把CORS站的IP和端口设对,再设置CORS源节点、用户名、密码,以上这些参数都是要从CORS运营机构得到,下面以广西测绘局CORS为例,如附图5-44、5-45所示。

设置数据链后,点击"其他",设置差分电文等,如附图5-46所示。

差分电文格式要选择与源节点一致,截止角10°～15°,GGA前打钩,一般选1,设好后点确定,提示设置成功后,进入测量界面,出现固定解后即可求解参数并开始工作。

附图5-44　CORS连接参数

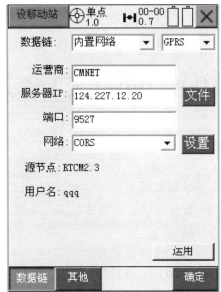

附图5-45　移动站设置

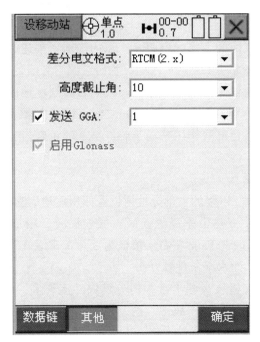

附图5-46　设置差分电文

附件6　中国主要土壤类型

一、砖红壤

1.分布地区：海南岛、雷州半岛、西双版纳和台湾岛南部，大致位于北纬22°以南地区。

2.形成条件：热带季风气候。年平均气温为23～26 ℃，年平均降水量为1600～2000 mm。植被为热带季雨林。

3.一般特征：风化淋溶作用强烈，易溶性无机养分大量流失，铁、铝残留在土中，颜色发红。土层深厚，质地黏重，肥力差，呈酸性至强酸性。

二、赤红壤

1.分布地区：滇南的大部，广西、广东的南部，福建的东南部，以及台湾省的中南部，大致在北纬22°～25°之间，为砖红壤与红壤之间的过渡类型。

2.形成条件：南亚热带季风气候区。气温较砖红壤地区略低，年平均气温为21～22 ℃，年降水量在1200～2000 mm之间，植被为常绿阔叶林。

3.一般特征：风化淋溶作用略弱于砖红壤，颜色红。土层较厚，质地较黏重，肥力较差，呈酸性。

三、红壤和黄壤

1.分布地区：长江以南的大部分地区以及四川盆地周围的山地。

2.形成条件：中亚热带季风气候区。气候温暖，雨量充沛，年平均气温16～26 ℃，年降水量1500 mm左右。植被为亚热带常绿阔叶林。黄壤形成的热量条件比红壤略差，而水湿条件较好。

3.一般特征：有机质来源丰富，但分解快，流失多，故土壤中腐殖质少，土性较黏，因淋溶作用较强，故钾、钠、钙、镁积存少，而含铁、铝多，土呈均匀的红色。因黄壤中的氧化铁水化，土层呈黄色。

四、黄棕壤

1.分布地区：北起秦岭、淮河，南到大巴山和长江，西自青藏高原东南边缘，东至长江下游地带，是黄红壤与棕壤之间过渡型土类。

2.形成条件：亚热带季风区北缘。夏季高温，冬季较冷，年平均气温为15～18 ℃，年降水量为750～1000 mm。植被是落叶阔叶林，但杂生有常绿阔叶树种。

3.一般特征：既具有黄壤与红壤富铝化作用的特点，又具有棕壤黏化作用的特点。呈弱酸性反应，自然肥力比较高。

五、棕壤

1.分布地区：山东半岛和辽东半岛。

2.形成条件：暖温带半湿润气候。夏季暖热多雨，冬季寒冷干旱，年平均气温为5～14 ℃，年降水量为500～1000 cm。植被为暖温带落叶阔叶林和针阔叶混交林。

3.一般特征：土壤中的黏化作用强烈，还产生较明显的淋溶作用，使钾、钠、钙、镁都被淋溶，黏粒向下淀积。土层较厚，质地比较黏重，表层有机质含量较高，呈微酸性反应。

六、暗棕壤

1.分布地区：东北地区大兴安岭东坡、小兴安岭、张广才岭和长白山等地。

2.形成条件：中温带湿润气候。年平均气温-1～5 ℃，冬季寒冷而漫长，年降水量600～1100 mm，是温带针阔叶混交林下形成的土壤。

3.一般特征：土壤呈酸性反应，它与棕壤比较，表层有较丰富的有机质，腐殖质的积累量多，是比较肥沃的森林土壤。

七、寒棕壤（漂灰土）

1.分布地区：大兴安岭北段山地上部，北面宽南面窄。

2.形成条件：寒温带湿润气候。年平均气温为-5 ℃，年降水量450～550 mm。植被为亚寒带针叶林。

3.一般特征：土壤经漂灰作用（氧化铁被还原随水流失的漂洗作用和铁、铝氧化物与腐殖酸形成螯合物向下淋溶并淀积的灰化作用），酸性大，土层薄，有机质分解慢，有效养分少。

八、褐土

1.分布地区：山西、河北、辽宁三省连接的丘陵低山地区，陕西关中平原。

2.形成条件：暖温带半湿润、半干旱季风气候。年平均气温11～14 ℃，年降水量500～700 mm，一半以上都集中在夏季，冬季干旱。植被以中生和旱生森林灌木为主。

3.一般特征：淋溶程度不很强烈，有少量碳酸钙淀积。土壤呈中性、微碱性反应，矿物质、有机质积累较多，腐殖质层较厚，肥力较高。

九、黑钙土

1. 分布地区：大兴安岭中南段山地的东西两侧，东北松嫩平原的中部和松花江、辽河的分水岭地区。

2. 形成条件：温带半湿润大陆性气候。年平均气温-3~3 ℃，年降水量350~500 mm。植被为产草量最高的温带草原和草甸草原。

3. 一般特征：腐殖质含量最为丰富，腐殖质层厚度大，土壤颜色以黑色为主，呈中性至微碱性反应。

十、栗钙土

1. 分布地区：内蒙古高原东部和中部的广大草原地区，是钙层土中分布最广、面积最大的土类。

2. 形成条件：温带半干旱大陆性气候。年平均气温-2~6 ℃，年降水量250~350 mm。草场为典型的干草原，生长不如黑钙土区茂密。

3. 一般特征：腐殖质积累程度比黑钙土弱些，但也相当丰富，厚度也较大，土壤颜色为栗色。土层呈弱碱性反应，局部地区有碱化现象。土壤质地以细沙和粉沙为主，区内沙化现象比较严重。

十一、棕钙土

1. 分布地区：内蒙古高原的中西部，鄂尔多斯高原，新疆准噶尔盆地的北部，塔里木盆地的外缘，是钙层土中最干旱并向荒漠地带过渡的一种土壤。

2. 形成条件：气候比栗钙土地区更干，大陆性更强。年平均气温2~7 ℃，年降水量150~250 mm，没有灌溉就不能种植庄稼。植被为荒漠草原和草原化荒漠。

3. 一般特征：腐殖质的积累和腐殖质层厚度是钙层土中最少的，土壤颜色以棕色为主，土壤呈碱性反应，地面普遍多砾石和沙，并逐渐向荒漠土过渡。

十二、黑垆土

1. 分布地区：陕西北部、宁夏南部、甘肃东部等黄土高原上土壤侵蚀较轻，地形较平坦的黄土源区。

2. 形成条件：暖温带半干旱、半湿润气候。年平均气温8~10 ℃，年降水量300~500 mm，与黑钙土地区差不多，但由于气温较高，相对湿度较小。由黄土母质形成。植被与栗钙土地区相似。

3. 一般特征：绝大部分都已被开垦为农田。腐殖质的积累和有机质含量不高，腐殖质层的颜色上下差别比较大，上半段为黄棕灰色，下半段为灰带褐色，好像黑垆土是被埋在下边的古土壤。

十三、荒漠土

1.分布地区：内蒙古、甘肃的西部，新疆的大部，青海的柴达木盆地等地区，面积很大，差不多要占全国总面积的1/5。

2.形成条件：温带大陆性干旱气候。年降水量大部分地区不到100 mm。植被稀少，以非常耐旱的肉汁半灌木为主。

3.一般特征：土壤基本上没有明显的腐殖质层，土质疏松，缺少水分，土壤剖面几乎全是沙砾，碳酸钙表聚、石膏和盐分聚积多，土壤发育程度差。

十四、高山草甸土

1.分布地区：青藏高原东部和东南部，在阿尔泰山、准噶尔盆地以西山地和天山山脉。

2.形成条件：气候温凉而较湿润，年平均气温在-2～1 ℃，年降水量400 mm左右。高山草甸植被。

3.一般特征：剖面由草皮层、腐殖质层、过渡层和母质层组成。土层薄，土壤冻结期长，通气不良，土壤呈中性反应。

十五、高山漠土

1.分布地区：藏北高原的西北部，昆仑山脉和帕米尔高原。

2.形成条件：气候干燥而寒冷，年平均气温-10 ℃左右，冬季最低气温可达-40 ℃，年降水低于100 mm。植被的覆盖度不足10%。

3.一般特征：土层薄，石砾多，细土少，有机质含量很低，土壤发育程度差，碱性反应。

附件7　中国主要植被类型

　　一定地区内植物群落的总体称作植被，植物群落是构成植被的基本单位。地球上不同植被类型的分布基本上决定于气候条件，主要是热量和水分以及其他有关的自然要素。在地球的不同地区，水热条件的组合配置不同，因而导致形成不同的植被类型（如附图7-1所示）。

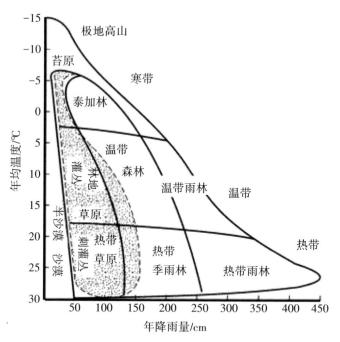

注：阴影区是土壤和火对植被边界的影响（仿Whittaker，1975）。

附图7-1　植被分布与不同水热条件的关系

一、热带植被类型

（一）热带雨林

热带雨林（tropical rainforest）主要分布在赤道南北纬5°～10°以内，终年湿润多雨的热带气候区。全世界的热带雨林可划分为美洲热带雨林区、非洲热带雨林区和印度-马来西亚热带雨林区。区内水热条件充沛，平均温度为25～30 ℃，平均年温差只有1～6 ℃，无明显的冬季和旱季，年降水量2000～4000 mm，多的可达12000 mm（如夏威夷），空气中相对湿度在90%以上。土壤为砖红壤，质地为壤质或黏质，土壤内缺乏盐基，也缺乏植物养料，几乎都呈酸性，腐殖质含量因分解而低下，土层内富有铁铝氧化物。植被群落最明显的特点是大量种类组成乔木层，在1 hm²范围内，有40～100种。树冠参差不齐，色彩不一，树干高大笔直，分枝少，具有板状根（如紫茉莉、龙脑香科植物）、气生根（如榕树属植物）。中型叶或大型羽叶常绿，下层植物常具滴水叶尖及花叶现象。茎花现象也是雨林乔木的一个特征。另外，藤本植物、绞杀植物、附生植物等几个层片，构成了雨林的特殊景观。

中国雨林是印度-马来西亚雨林群系的一部分，主要分布在台湾省南部、广东和广西南部、云南南部和西藏东南部。

（二）季雨林

季雨林（monsoon forest）是分布在热带有周期性干湿季节交替地区的森林类型，主要分布于亚洲、非洲和美洲。由于东南亚的季风最盛行，故季雨林在那里分布面积最大，且发育最为典型，分布在印度德干高原、缅甸、泰国、老挝、越南等地的干热河谷和盆地中。年平均气温25 ℃左右，年降水量800～1500 mm，具有明显的干季和湿季，群落有季相变化，群落高度较低，主要树种干季落叶，雨季到来时又开始长叶并相继开花，由于花期比较集中且某些植物具有大型花，使季雨林的外貌显得华丽，下层有常绿树种，具有旱生特征，林内有少量藤本和附生植物。

季雨林在我国热带季风区有着广泛分布。在广东它分布于湛江、化州、高州和阳江一线以南，其中以海南岛北部和西南部面积最大；在广西分布于百色、田东、南宁、灵山一线以南全部低海拔地区；在云南主要分布于1000 m以下的干热河谷两侧山坡和开阔的河谷盆地。分布区每年5～10月降雨量占全年总量的80%，地面蒸发强烈，有干湿季之分，在这种气候条件下发育的季雨林是以阳性耐旱的热带落叶树为主，最常见的有木棉、合欢属、黄檀属等，并有明显的季相变化。

（三）红树林

红树林（mangrove forest）是一种受周期性海水浸淹而生长于海滩淤泥上耐高温盐碱的湿生乔灌木群落。主要分布在南、北回归线之间（可达32°N和44°S）。世界上红树林有两个分布中心：一是以马来半岛为发达的东方红树林，包括太平洋西岸及印度洋沿岸的热带和亚热带地区，种类丰富，可达20余种；另一是西方红树林，包括太平洋东岸及大西洋沿岸的热带和亚热带地区，种类较少。红树林所在的生态环境是风浪小，地势平缓，积有淤泥的海滩，土壤含盐量在3.5%左右。红树林主要由红树科植物组成，故称为红树林，该群落的平均高度为30 m，其分布可以最低潮位线延伸到潮汐完全达不到的海岸上。红树林最为引人注目的特征就是发育着密集的支柱根，还有所谓的胎生及盐生。

我国红树林植物共有24种，分属于13科15属，主要分布在广东、海南和福建沿海，广西和台湾也有分布。

（四）稀树草原

稀树草原（savanna）也称萨王纳群落，是一种热带型的旱生草本群落，在群落内到处都有旱生型的乔木独株稀疏分布着。地球上稀树草原主要位于赤道南北5°～20°的范围内，非洲的分布面积最大，占据该大陆40%左右，在东部和撒哈拉大沙漠以南特别发达，主要草本植物有禾本科的须芒草属、黍属和龙胆科的绿草属等，而在乔木中以伞状金合欢和猴面包树为典型。南美的稀树草原集中在巴西高原上，且分布面积较大。此外，北美西部、澳大利亚大陆中部荒漠四周、亚洲的印度、缅甸中部、斯里兰卡北半部和东南半岛的部分地区也有分布。

我国的稀树草原主要分布在华南和西南地区，通常出现在砖红壤或红棕壤以及砖红壤性红壤的地区，大多数是由于森林受到人为破坏后产生的次生植被，但也有些是由于季节性干旱影响引起的。

二、亚热带植被类型

（一）常绿阔叶林

常绿阔叶林（evergreen broad-leafforest）是分布在亚热带地区大陆东岸的植被。它在南、北美洲，大洋洲，非洲和亚洲均有分布，但以我国的常绿阔叶林分布面积最大，发育最为典型。该区具有明显的亚热带季风气候，夏季炎热潮湿，最热月的平均温度在24～27 ℃，冬季稍干寒，最冷月的平均温度为3～8 ℃，年均温度为16～18 ℃，年降水量1000 mm以上，全年较湿润。群落中主要树种为樟科、山茶科、壳斗科等。树叶革质，有光泽，叶面与光垂直，故称照叶林。上层乔木的芽有芽鳞保护。林下为湿生植物，附生植物不发达，缺少茎花现象和板状根。

我国的亚热带常绿阔叶林主要分布于长江以南至福建、广东、广西、云南北部的广阔山地丘陵及西藏南部山地，其分布的海拔高度在西部为1500～2800 m，至东部渐降至100～200 m以下。土壤类型主要为红壤、山地黄壤、山地黄棕壤。

（二）常绿硬叶林

常绿硬叶林（evergreen sclerophyllous forest）最典型的分布地区是地中海沿岸，其他分布于大洋洲西部、东部和中部，南非开普敦，北美加利福尼亚，南美智利中部沿海一带。在这些地方，夏季炎热干旱，冬季温和多雨。群落特征是叶常绿、革质，有发达的机械组织，叶面方向几乎和光线平行。硬叶林的主要成分是椰子栎、冬青栎、油橄榄、欧石楠及百里香等。

我国的常绿硬叶林主要分布于四川西部、云南北部及西藏东南的部分河谷中，其中金沙江峡谷两侧的高山是其分布中心。因为我国没有夏干冬雨气候，所以，我国的常绿硬叶林是一个特殊类型，被称为"山地常绿硬叶林"，其主要树种有川滇高山栎、川西栎、黄背栎等。

（三）荒漠

荒漠（desert）植被主要分布在亚热带和温带干燥地区，从非洲北部的大西洋起往东经撒哈拉沙漠，阿拉伯半岛大、小内夫得沙漠，鲁卜哈利沙漠，伊朗的卡维尔沙漠和卢特沙漠，阿富汗的赫尔曼德沙漠，印度和巴基斯坦的塔尔沙漠，哈萨克斯坦的中亚荒漠，我国西北和蒙古的大戈壁形成世界上最为广阔的荒漠区。此外，还有北美西部大沙漠，南美西岸的阿塔卡马沙漠，澳大利亚中部沙漠，南非的卡拉哈里沙漠等。荒漠的气候极为干旱，年降水量少于250 mm，蒸发量大于降水量数倍或数十倍，夏季炎热，昼夜温差大，土壤缺乏有机质，植被稀疏。荒漠中植物以不同的生理生态方式适应严酷环境，如有的叶片缩小或退化，有的只有肉质茎叶，有的茎叶被白茸毛，来贮水防灼；它们大多根系发达；还有一些短命植物和变水度种类，如地衣、苔藓和某些蕨类。盐生植物是很多荒漠中一个十分重要的类群。

我国西北部的荒漠属于温带荒漠，位于北非欧亚荒漠区的东段北端，包括新疆准噶尔盆地和塔里木盆地，青海柴达木盆地，甘肃、宁夏北部和内蒙古西部地区，约占我国土地面积的1/5，其中沙漠与戈壁面积约有100余万 hm²。组成荒漠植被的建群层片有小乔木层片，如梭梭、白梭梭，它们是叶退化和落枝性的旱生小乔木；灌木与小灌木层片，如膜果麻黄、木霸王等；半灌木与小半灌木层片，如散枝猪毛菜、盐生假木贼、驼绒藜、博乐蒿等。此外还有多年生、一年生草类和短命植物等从属层片。

三、温带植被类型

（一）夏绿阔叶林

夏绿阔叶林（summer green broad-leaved forest）是温带气候下的地带性植被类型之一。它在世界范围内主要分布在三个区域：北美大西洋沿岸；西欧和中欧海洋性气候的温暖区域；亚洲东部，包括中国、朝鲜和日本。在南半球，只有南美洲的巴塔哥尼亚有夏绿阔叶林分布。

夏绿阔叶林的分布地区属于温暖湿润的海洋性气候，夏季炎热多雨，冬季寒冷，全年有4～6个月的温暖生长季节和适宜降水，最热月平均温度为13～23 ℃，最冷月平均温度都在0 ℃以下，在大陆性强的地区可达-12 ℃，年降水量为500～700 mm，水热同季。由于植物生长季节内具备水热条件，植物群落夏季枝叶繁茂，冬季落叶进入冬眠。常见的有栎林、山杨林、桦林、椴林等。林下灌木也是冬季落叶种类，草本植物到了冬季，地上部分枯死或以种子越冬。

我国的夏绿阔叶林地区位于北纬32°30′～42°30′之间，东经103°30′～124°10′的范围内。包括辽宁省南部，河北省，山西省恒山至兴县一线以南，山东省，陕西省黄土高原南部、渭河平原以及秦岭北坡，河南省伏牛山，淮河以北，安徽省淮北平原。林下发育的土壤是褐色土和棕色森林土，黄土高原分布着黑垆土。主要的夏绿树种为壳斗科的栎属和山毛榉属、桦木科的桦属和鹅耳枥属、榆科的榆属和朴属等。组成群落的树种经常是单优势种，在不同生境下形成各种类型的群落。

（二）针叶林

针叶林（coniferous forest），又叫泰加林（taiga forest），是属于寒温带的地带性植被类型。几乎全部分布于北半球高纬度地区，在欧亚大陆北部和北美洲分布最普遍。它们的北方界限就是整个森林带的北方界限。由于纬度跨度大，气候状况并不一致。一般而言，夏季温凉，冬季严寒，最暖月平均气温10～19 ℃，最冷月平均气温-10～-20 ℃，在西伯利亚可达-52 ℃，在雪被不多的地方，有很厚的冻土层。年降水量为300～600 mm。针叶林是由松杉类植物，如云杉、冷杉、松、落叶松等所形成的森林，林下植物不发达，层外植物极少。

我国的针叶林分布在我国最寒冷地区，位于49°20′N以北，东经119°30′～127°20′的大兴安岭北部山地。主要树种是兴安落叶松，约占林地面积的50%以上。还有小面积红皮云杉和臭冷杉的森林。在西部新疆境内的阿尔泰山，分布着西伯利亚云杉和西伯利亚冷杉林。

在阔叶林带和针叶林带之间，有一个过渡区域，那里有时是纯针叶林和纯阔叶林镶嵌地相互交错分布，有时则形成针叶树和阔叶树混交的针阔混交林。由于不同地区的气候条件差异，混交林的优势种不同。在北美主要由松属和栎属的不同种组成混交林。在欧洲除松属和栎属外，还有云杉属和榆属等。在亚洲分布于我国的小兴安岭、长白山一带，日本的北部以及苏联和朝鲜的一部分，森林在组成上较丰富，针叶树种主要是红松、沙冷杉、朝鲜崖柏等，阔叶树种有紫椴、风桦、水曲柳以及多种槭树等。此外还有多种藤本植物，如猕猴桃、山葡萄、北五味子等。

（三）草原

草原（grassland）是属于夏绿旱生性草本群落类型。在世界上有两个大的分布区域。一个在欧亚大陆，草原从匈牙利和多瑙河下游起，往东经过黑海沿岸进入苏联境内，沿着荒漠以北的地域，向东进入蒙古，一直延伸到我国的黄土高原和松辽平原，东西跨越约100个经度。北起56°N，往南延伸到我国西藏高原南部高寒草原，达28°N，这一广大草原区域称为欧亚草原区。另一个在北美，草原从加拿大到美国的得克萨斯州，约跨越了30个纬度，从东到西约跨越20个经度，称为北美草原区。此外，在南美的阿根廷与乌拉圭、南非南部以及新西兰等也有分布。由于草原区域是介于荒漠和夏绿阔叶林之间，所以草原气候条件比荒漠湿润，但比夏绿阔叶林干旱。草原地区发育的是黑钙土或栗钙土，其上生长着禾本科、豆科、菊科和莎草科植物占优势的草本植物群落。在禾本科植物中，丛生禾草针茅属最为典型。

我国的草原是欧亚草原的一个组成部分。主要在松辽平原、内蒙古高原和黄土高原等地，连续呈带状分布。此外还见于青藏高原、新疆阿尔泰山等地。在北纬35°～52°，东经83°～127°之间，面积十分辽阔。气候为典型大陆性气候。本区以半湿润的丛生禾草草原为主，主要植物种类是菊科、禾本科，其次是蔷薇科、豆科、毛茛科、莎草科等。

四、寒带植被类型

苔原（tundra）也称冻原，分布于北冰洋的周围沿岸，欧亚大陆北部和美洲北部占很大面积，是寒带植被类型。这里冬季漫长而严寒，夏季短促而凉爽，7月平均温度为10～14 ℃，冬季最低达-55 ℃。植物营养期平均为2～3个月，年降水量200～300 mm，约60%在夏季降落，由于蒸发量低，所以气候湿润。风很大，雪被不均匀，土壤具有深达150～200 cm的永冻层，引起了沼泽化现象。

苔原植被的特点是森林绝迹，最多有灌木层、矮灌木和草本层、藓类地衣层3层。常见植物有喇叭茶、矮桧等。

我国无平地苔原，但存在高山苔原，后者是极地平原在寒温带和温带山地的类似物。在长白山分布着小灌木、藓类高山苔原，在阿尔泰山西北部高山带的低湿地段，分布着藓类地衣高山苔原。

附件8　森林防火条例

第一章　总则

第一条　为有效预防和扑救森林火灾，保护森林资源，促进林业发展，维护自然生态平衡，根据《中华人民共和国森林法》有关规定，制定本条例。

第二条　本条例所称森林防火，是指森林、林木和林地火灾的预防和扑救。除城市的市区外，一切森林防火工作，都适用本条例。

第三条　森林防火工作实行"预防为主，积极消灭"的方针。国家积极支持森林防火科学研究，推广和运用先进科学技术。

第四条　森林防火工作实行各级人民政府行政领导负责制，各级林业主管部门对森林防火工作负有重要责任，林区各单位都要在当地人民政府领导下，实行部门和单位领导负责制。

第五条　预防和扑救森林火灾，保护森林资源，是每个公民应尽的义务。

第二章　森林防火组织

第六条　国家设立中央森林防火总指挥部，其职责是：

（一）检查、监督各地区、各部门贯彻执行国家森林防火工作的方针、政策、法规和重大行政措施的实施，指导各地方的森林防火工作；

（二）组织有关地区和部门进行重大森林火灾的扑救工作；

（三）协调解决省、自治区、直辖市之间、部门之间有关森林防火的重大问题；

（四）决定有关森林防火的其他重大事项。

中央森林防火总指挥部办公室设在国务院林业主管部门。

第七条　地方各级人民政府应当根据实际需要，组织有关部门和当地驻军设立森林防火指挥部，负责本地区的森林防火工作，县级以上森林防火指挥部应当设立办公室，配备专职干部，负责日常工作。

地方各级森林防火指挥部的主要职责是：

（一）贯彻执行国家森林防火工作的方针、政策，监督本条例和有关法规的实施；

（二）进行森林防火宣传教育，制定森林防火措施，组织群众预防森林火灾；

（三）组织森林防火安全检查，消除火灾隐患；

（四）组织森林防火科学研究，推广先进技术，培训森林防火专业人员；

（五）检查本地区森林防火设施的规划和建设，组织有关单位维护、管理防火设施及设备；

（六）掌握火情动态，制定扑火预备方案，统一组织和指挥扑救森林火灾；

（七）配合有关机关调查处理森林火灾案件；

（八）进行森林火灾统计，建立火灾档案。

未设森林防火指挥部的地方，由同级林业主管部门履行森林防火指挥部的职责。

第八条　林区的国营林业企业事业单位、部队、铁路、农场、牧场、工矿企业、自然保护区和其他企业事业单位，以及村屯、集体经济组织，应当建立相应的森林防火组织，在当地人民政府领导下，负责本系统、本单位范围内的森林防火工作。

森林扑火工作实行发动群众与专业队伍相结合的原则，林区所有单位都应当建立群众扑火队，并注意加强训练，提高素质；国营林业局、林场，还必须组织专业扑火队。

第九条　在行政区交界的林区，有关地方人民政府应当建立森林防火联防组织，商定牵头单位，确定联防区域，规定联防制度和措施，检查、督促联防区域的森林防火工作。

第十条　地方各级人民政府和国营林业企业事业单位，根据实际需要，可以在林区建立森林防火工作站、检查站等防火组织，配备专职人员。森林防火检查站的设置，由县级以上地方人民政府或专职授权的单位批准。森林防火检查站有权对入山的车辆和人员进行防火检查。

第十一条　国家和省、自治区人民政府，应当根据实际需要，在大面积国有林区开展航空护林，加强武装森林警察部队的建设，逐步提高森林防火的专业化、现代化水平。

第十二条　有林的和林区的基层单位，应当配备兼职或者专职护林员。护林员在森林防火方面的具体职责是：巡护森林，管理野外用火，及时报告火情，协助有关机关查处森林火灾案件。

第三章　森林火灾的预防

第十三条　地方人民政府应当组织划定森林防火责任区。确定森林防火责任单位，建立森林防火责任制度，定期进行检查。在林区应当建立军民联防制度。

第十四条　各级人民政府应当组织经常性的森林防火宣传教育，做好森林火灾预防工作。县级以上地方人民政府，应当根据本地区的自然条件和火灾发生规律，规定森林防火期；在森林防火期内出现高温、干旱、大风等高火险天气时，可以划定森林防火戒严区，规定森林防火戒严期。

第十五条　森林防火期内，在林区禁止野外用火；因特殊情况需要用火的，必须严格遵守以下规定：

（一）烧荒、烧草场、烧灰积肥、烧田埂、烧秸秆、炼山造林和火烧防火隔离带等生产性用火，必须经过县级以上人民政府或者县级人民政府授权的单位批准，领取生产用火许可证。经批准进行生产用火的，要有专人负责，事先开好防火隔离带，准备扑火工具，有组织地在三级风以下的天气用火，严防失火。

（二）进入林区的人员，必须持有当地县级以上林业主管部门或者授权单位核发的进入林区证明。从事林副业生产的人员，应当在指定的区域内活动，选择安全地点用火，在周围开设防火隔离带，用火后必须彻底熄灭余火。

（三）进入国有企业事业单位森林经营区内活动的，必须持有经省级林业主管部门授权的森林经营单位核发的进入林区证明。

第十六条　森林防火期内，在林区作业和通过林区的各种机动车辆，必须安设防火装置，并采取其他有效措施，严防漏火、喷火和机车闸瓦脱落引起火灾。行驶在林区的旅客列车和公共汽车，司乘人员要对旅客进行防火安全教育，严防旅客丢弃火种。

在铁路沿线要有引起火灾危险的地段，由森林防火责任单位开设防火隔离带，配备巡护人员，做好巡逻和灭火工作。

在林区野外操作机械设备的人员，必须遵守防火安全操作规程，严防失火。

第十七条　森林防火期内，禁止在林区使用枪械狩猎；进行实弹演习、爆破、勘察和施工等活动，必须由省级林业主管部门授权的森林经营单位批准，并采取防火措施，做好灭火准备工作。

第十八条　森林防火戒严期内，在林区严禁一切野外用火，对可能引起森林火灾的机械和居民生活用火，应当严格管理。

第十九条　各级人民政府应当组织有关单位有计划地进行林区的森林防火设施建设：

（一）设置火情瞭望台；

（二）在国界内侧、林内、林缘以及村屯、工矿企业、仓库、学校部队营房、重要设施、名胜古迹和革命纪念地等周围，开设防火隔离带或者营造防火林带；

（三）配备防火交通运输工具、探火灭火器械和通信器材等；

（四）在重点林区，修筑防火道路，建立防火物资储备仓库。开发林区和成片造林，应当同时制定森林防火设施的建设规划，同步实施。

第二十条　省、自治区、直辖市森林防火指挥部或者林业主管部门应当建立森林防火专用车辆、器材、设备和设施的使用管理制度，定期进行检查，保证防火灭火需要。

第二十一条　气象部门和林业主管部门，应当联合建立森林火险监测和预告站（点）。各级气象部门应当根据森林防火的要求，做好森林火险天气监测预报工作，特别要做好高火险天气预报工作。报纸、广播、电视部门，应当及时发布森林火险天气预报和高火险天气警。

第四章　森林火灾的扑救

第二十二条　任何单位和个人一旦发现森林火灾，必须立即扑救，并及时向当地人民政府或者森林防火指挥部报告。

当地人民政府或者森林防火指挥部接到报告后，必须立即组织当地军民扑救，同时逐级上报省级森林防火指挥部或者林业主管部门。省级森林防火指挥部或者林业主管部门对下列森林火灾，应当立即报告中央森林防火总指挥部办公室：

（一）国界附近的森林火灾；

（二）重大、特大森林火灾；

（三）造成一人以上死亡或者三人以上重伤的森林火灾；

（四）威胁居民区和重要设施的森林火灾；

（五）二十四小时尚未扑灭明火的森林火灾；

（六）未开发原始林区的森林火灾；

（七）省、自治区、直辖市交界地区危险性大的森林火灾；

（八）需要中央支援扑救的森林火灾。

第二十三条　扑救森林火灾，由当地人民政府或者森林防火指挥部统一组织和指挥。接到扑火命令的单位和个人，必须迅速赶赴指定地点，投入扑救。扑救森林火灾不得动员残疾人员、孕妇和儿童参加。

第二十四条　扑救森林火灾时，气象部门应当做好与火灾有关的气象预报；铁路、交通、民航等部门，应当优先提供交通运输工具；邮电部门应当保证通信的畅通；民政部门应当妥善安置灾民；公安部门应当及时查处森林火灾案件，加强治安管理；商业、供销、粮食、物资和卫生等部门，应当做好物资供应和医疗救护等工作。

第二十五条　森林火灾扑灭后，对火灾现场必须全面检查，清理余火，并留有足够人员看守火场，经当地人民政府或者森林防火指挥部检查验收合格后，方可撤出看守人员。

第二十六条　因扑救森林火灾负伤、致残或者牺牲的国家职工（含合同制工人和临时工，下同），由其所在单位给予医疗、抚恤；非国家职工由起火单位按照国务院有关主管部门的规定给予医疗、抚恤。起火单位对起火没有责任或者确实无力负担的，由当地人民政府给予医疗、抚恤。

第二十七条　扑火经费按照下列规定支付：

（一）国家职工参加扑火期间的工资、旅差费，由其所在单位支付；

（二）国家职工参加扑火期间的生活补助费，非国家职工参加扑火期间的误工补贴和生活补助费，以及扑火期间所消耗的其他费用，按照省、自治区、直辖市人民政府规定的标准，由火灾肇事单位或者肇事个人支付；火因不清的，由起火单位支付。

（三）对本条第二项所指费用，火灾肇事单位、肇事个人或者起火单位确实无力支付的部分，由当地人民政府支付。

第五章　森林火灾的调查和统计

第二十八条　森林火灾分为：

（一）森林火警：受害森林面积不足一公顷或者其他林地起火的；

（二）一般森林火灾：受害森林面积在一公顷以上不足一百公顷的；

（三）重大森林火灾：受害森林面积在一百公顷以上不足一千公顷的；

特大森林火灾：受害森林面积在一千公顷以上的。

第二十九条 发生森林火灾后，当地人民政府或者森林防火指挥部，应当及时组织有关部门，对起火的时间、地点、原因、肇事者，受害森林面积和蓄积，扑救情况、物资消耗、其他经济损失、人身伤亡以及对自然生态环境的影响等进行调查，记入档案。

本条例第二十二条第三款第一至三项所列的森林火灾，以及烧入居民区、烧毁重要设施或者造成其他重大损失的森林火灾，由省级森林防火指挥部或者林业主管部门建立专门档案，报中央森林防火总指挥部办公室。

第三十条 地方各级森林防火指挥部或者林业主管部门，应当按照森林火灾统计报告表的要求，进行森林火灾统计，报上级主管部门和同级统计部门。森林火灾统计报告表由国务院林业主管部门制定，报国家统计部门备案。

第六章　奖励与处罚

第三十一条 有下列事迹的单位和个人，由县级以上人民政府给予奖励：

（一）严格执行森林防火法规，预防和扑救措施得力，在本行政区或者森林防火责任区内，连续三年以上未发生森林火灾的；

（二）发生森林火灾及时采取有力措施，积极组织扑救的，或者在扑救森林火灾内起模范带头作用，有显著成绩的；

（三）发现森林火灾及时报告，并尽力扑救，避免造成重大损失的；

（四）发现纵火行为，及时制止或者检举报告的；

（五）在查处森林火灾案件中做出贡献的；

（六）在森林防火科学研究中有发明创造的；

（七）连续从事森林防火工作十五年以上，工作有成绩的。

第三十二条 有下列第一项至第四项行为之一的，处十元至五十元的罚款或者警告；有第五项行为的，处五十元至一百元的罚款或者警告；有第六项行为的，责令限期更新造林，赔偿损失，可以并处五十元至五百元的罚款：

（一）森林防火期内，在野外吸烟、随意用火但未造成损失的；

（二）违反本条例规定擅自进入林区的；

（三）违反本条例规定使用机动车辆和机械设备的；

（四）有森林火灾隐患，经森林防火指挥部或者林业主管部门通知不加消除的；

（五）不服从扑火指挥机构的指挥或者延误扑火时机，影响扑火救灾的；

（六）过失引起森林火灾，尚未造成重大损失的。

对有前款所列行为之一的责任人员或者在森林防火工作中有失职行为的人员，还可以视情节和危害后果，由其所在单位或者主管机关给予行政处分。

第三十三条 第三十二条规定的行政处罚，由县级以上林业主管部门或者其授权的单位决定。

当事人对林业主管部门或者其授权的单位做出的行政处罚决定不服的，可以在接到处罚通知之日起一个月内，向人民法院起诉；期满不起诉又不履行的，林业主管部门或者其授权的单位可以申请人民法院强制执行。

第三十四条 违反森林防火管理，依照《中华人民共和国治安管理处罚条例》的规定应当处以拘留的，由公安机关决定；情节和危害后果严重，构成罪犯的，由司法机关依法追究刑事责任。

第七章　附则

第三十五条 本条例所指的林区，由各省、自治区、直辖市人民政府根据当地的实际情况划定，报国务院林业主管部门备案。

第三十六条 本条例由国务院林业主管部门负责解释。

第三十七条 省、自治区、直辖市人民政府，可以根据本条例，结合本地的实际情况，制定实施办法。

第三十八条 本条例自一九八八年三月十五日起施行。

附件　防火常识篇

一、森林防火工作的"三个第一""五个懂得""十个明白"

1.三个第一：森林防火工作是林区第一件大事、第一位任务、第一项职责。

2.五个懂得：懂得森林防火工作的重要意义；懂得在森林防火工作中的义务；懂得森林防火工作和各项规定；懂得森林防火工作的各项制度；懂得森林防火工作的奖惩办法。

3.十个明白：明白什么时间是森林防火期；明白爱护各种防火设施；明白什么时间是防火戒严期；明白发现火情要立即报告；明白防火期的具体规定；明白有火要积极进行扑救；明白生产用火的安全要求；明白扑火的基本知识；明白防火工作，人人有责；明白森林防火的法规命令。

二、"十个明白"解答

1.明白什么时间是森林防火期。

答：林区的森林防火期是每年的10月1日至翌年的5月31日。

2.明白爱护各种防火设施。

答：防火设施和防火工具是扑救消灭森林火灾的有力武器，设施设备和防火工具不但要爱护，还要及时维修、保养，始终保持良好状态，能够达到通信畅通及时报警，快速出击，战斗有力。

3.明白什么时间是防火戒严期。

答：森林防火戒严期是森林防火期中最危险的时期，具体时间可由林区依据某个防火期的具体情况而定。

4.明白发现火情要立即报告。

答：任何人发现火情都要及时以最快速度报防火办。要说出报告人、姓名、火情地点、发现时间，最好能报出发现火情的具体位置、林班小号或沟系。

5.明白防火期的具体规定。

答：①防火期内禁止一切野外用火。②特殊用火必须经县级以上人民政府批准。③进入林区人员，必须持有县级以上林业部门核发的入山证。④进入林区各种机动车辆必须安设防火装置。⑤严禁进入林区狩猎、捕鱼。⑥任何单位和个人一旦发现森林火情，必须立即扑救，并及时向当地政府或森防指挥部报告。

6.明白有火要积极进行扑救。

答：发现火情，在报告上级的同时，由当地领导立即组织扑救，尽量做到打早、打小、打了。

7.明白生产用火的安全要求。

答：必须选择安全地点，开设隔离带，备好扑火工具，指定专人负责，安排专人看守。严格按"六烧""六不烧"规定执行。

8.明白扑火的基本知识。

答：①掌握风向、风速和林相情况。②山火可能威胁的重点部位。③集中优势兵力打歼灭战。④确保人身安全。⑤一切行动听指挥。

9.明白防火工作，人人有责。

答：国务院发布的《森林防火条例》第五条中规定"预防和扑救森林火灾，保护森林资源，是每个公民应尽的义务。"防火工作是一项全民的工作，只有人人重视防火，人人明白防火，才能最大限度减少火灾损失。

10.明白森林防火的法规命令。

答：要加强学习森林防火方面的法规命令和条文，依照国务院发布的《森林防火条例》和《森林法》规定，对凡是违反规定的，按照有关条例处罚，并追究责任人。

三、森林火灾为什么可以进行预防

发生森林火灾必须具备三个基本条件：可燃物（包括树木、草灌等植物）是发生森林火灾的物质基础；火险天气是发生火灾的重要条件；火源是发生森林火灾的主导因素，三者缺一不可。事实说明，森林火灾是可以预防的。数据显示，由自然火引起的森林火灾约占我国森林火灾总数的1%，人为因素引起的火灾占大多数。森林火灾危害巨大，扑灭困难，在火灾还在萌芽状态的时候立即扑灭尤为重要，这就需要及时的发现火灾，建立瞭望台、视频监控系统、智能预警系统可以及早发现火灾，对预防森林火灾有重要意义。

参考文献

[1]王伟灿.再造秀美山川——新安县自然资源调查研究院实施生态综合治理侧记[J].资源导刊,2021(07):39.

[2]赵国君,才让卓玛,张宗花,等.2020年海北州草地资源生态监测调查报告[J].青海草业,2021,30(02):37-43.

[3]杨超琼,褚艳玲,张倩,等.深圳市南山区重要生态资源斑块植被调查及干扰状况分析[J].环境生态学,2021,3(06):21-29.

[4]马松,李欢.朝阳县生态公益林资源调查[J].现代农业科技,2021(11):140-141.

[5]王海林,林起纬.探索森林资源调查工作对生态林业建设的影响[J].现代园艺,2021,44(08):162-163.

[6]刘芳,徐慧慧.非传统生态脆弱区贫困群体的生态资源感知及生态脱贫意向分析——以山东地区的政府生态扶贫调查为例[J].生态经济,2021,37(04):220-227.

[7]杭军.阳高县山地草原类草地资源调查与生态环境监测结果分析[J].农业技术与装备,2021(03):116-117.

[8]张洁.基于国土资源调查与管理专业的ArcGIS软件教学模拟项目设计——以武汉市生态系统水源涵养功能评价为例[J].农村经济与科技,2020,31(24):1-2.

[9]王伟灿.描绘乡村振兴生态底色——河南省资源环境调查二院助力偃师市"森林乡村"建设[J].资源导刊,2020(12):40.

[10]杨武.只为山青水复绿——河南省资源环境调查四院助力淮河流域生态修复[J].资源导刊,2020(11):42.

[11]王立林.浅谈森林资源调查工作对生态林业建设的影响[J].现代农业研究,2020,26(10):71-72.

[12]朱彧,薛亮.重构调查监测体系 服务生态文明建设——自然资源统一调查

监测体系建设情况解读[J].资源导刊,2020(10):16-17.

[13]王伟灿.为矿山修复画好"施工图"——河南省资源环境调查二院助力洛阳市生态修复治理[J].资源导刊,2020(09):42.

[14]董文宇.辽宁省生态公益林资源动态变化调查研究[J].辽宁林业科技,2020(04):35-36.

[15]马艳艳,东梅.生态脆弱区农户秸秆资源化利用行为选择及影响因素分析——以宁夏同心县丁塘镇农户调查为例[J].生态经济,2020,36(06):118-123.

[16]李奇,田强,崔玉涛.森林资源调查工作对生态林业建设的影响研究[J].科学技术创新,2020(05):191-192.

[17]王迎迎,李天保,张宗魁,等.济源市"四旁树"资源调查与环境生态分析[J].安徽农业科学,2019,47(23):130-134.

[18]郭荣.国产高分辨率遥感卫星数据在自然资源及生态地质环境调查中的应用[J].华北自然资源,2019(05):86-89.

[19]蒙东萍,朱栗琼.贵港市马草江生态公园植物资源调查与分析[J].现代园艺,2019(19):23-25.

[20]王昌腾.丽水生态示范区药用观赏植物资源调查[J].湖北农业科学,2012,51(07):1390-1393.

[21]丛东来,于少鹏,孟博,等.湿地资源生态旅游适宜性评价——以黑龙江省79处重点调查湿地为例[J].国土与自然资源研究,2019(04):63-67.

[22]蒋立宏,陈广夫,迟晓雪,等.海拉尔国家森林公园西山生态园区野生维管植物资源调查初报[J].内蒙古林业调查设计,2019,42(02):36-39.

[23]张宏志,袁少微,肖龙双.浅议盘锦湿地资源生态补偿——借鉴城市居民水源地生态补偿支付意愿调查研究[J].财会学习,2019(07):201-202.

[24]刘国红,刘琴英,刘波,等.农林生态区土壤中的可培养芽孢杆菌资源调查——以四川省和重庆市部分地区为例[J].生物技术通报,2019,35(03):78-86.

[25]付明兰,陈教斌,敖琪.南充市南门坝生态公园园林植物资源调查探究[J].现代园艺,2018(22):101-102.

[26]于倩楠,彭勇,刘政,等.川西山地生态旅游景观资源及灌丛景观资源调查研究[J].四川环境,2018,37(05):60-69.

[27]赵珑迪.中外水资源生态调度研究现状调查[J].山西水利,2018,34(09):3-4.

[28]贾行雨,王唯.以自然资源统一调查监测促进生态文明建设[J].资源导刊,
　　 2018(09):19.

[29]雄安新区启动白洋淀水生生物资源环境调查及水域生态修复示范项目[J].
　　 海河水利,2018(04):3.

[30]卫宝立,乔新.测绘服务自然资源管理的探索与思考——以青岛市即墨区自
　　 然生态资源调查为例[J].中国测绘,2018(04):36-38.

[31]王昆.雄安新区:启动白洋淀资源调查及生态修复项目[J].中国食品,2018
　　 (13):78.

[32]刘正爱,苏慕锋.太谷县文化生态资源调查报告[J].宗教信仰与民族文化,
　　 2018(01):208-237.

[33]董礼泽,王海阔.雄安新区白洋淀水资源生态调查报告[J].中国市场,2018
　　 (05):265-267.

[34]李璇.利川文斗乡龙口村地区陆生植物资源及生态调查研究[J].科学家,
　　 2017,5(22):92-95.

[35]吴平,韩阳瑞.南通军山自然生态保护区野生草本植物资源调查[J].中国园
　　 艺文摘,2017,33(08):63-66.

[36]游训龙.法治视角下矿产资源开发中的生态环境保护问题及其治理策略——
　　 基于湖南省的调查分析[J].湖南人文科技学院学报,2017,34(04):47-51.

[37]秦霏霏.实施森林资源调查监测　维护生态系统平衡[J].吉林农业,2017
　　 (14):83.

[38]李小炜,田丽,白春梅,等.毛乌素沙漠东南边缘典型草本植物资源调查及生
　　 态适应性分析[J].陕西农业科学,2017,63(05):47-54.

[39]毛新雅,刘志全.资源环境领导干部生态文明观调查分析[J].环境保护,2012
　　 (07):46-48.

[40]李佛关,杨小容,陈兴.特色农产品资源开发及对区域经济增长的贡献——基
　　 于渝东北生态涵养发展区的调查研究[J].重庆三峡学院学报,2017,33(03):
　　 13-20.

[41]谭颖.成都市生态旅游资源调查研究[J].中国园艺文摘,2017,33(04):108-
　　 111.

[42]秦坤蓉,王海洋,余中华,等.基于乡村生态旅游发展的植物资源调查与评
　　 价——以重庆白马山自然保护区周边乡村为例[J].湖北农业科学,2017,56
　　 (08):1445-1449.

[43]张树华,张旭.景观生态理论在滩涂资源调查分析中的应用[J].东北水利水

电,2017,35(03):25-26.

[44]田玉琴,李亚云,吴成巍,等.大学生素质提升社会实践——天路生态资源调查与保护研究[J].报刊荟萃,2017(03):195-196.

[45]罗云方,黄德霞.新疆矿产资源开发生态补偿机制研究调查分析[J].法制与社会,2017(06):149-151.

[46]高立献,杜敏华,李景照,等.河南伏牛山自然保护区大型真菌资源生态分布调查初报[J].食用菌,2017,39(01):15-18.

[47]段藻洱.四川藏区生态旅游资源调查研究及法律保障[J].全国流通经济,2017(02):75-76.

[48]张胜男,兰莹,周清波,等.仙翁山国家森林公园维管植物资源调查及生态评价[J].农业与技术,2016,36(19):85-88.

[49]全璨璨,黄飞燕,范丽琨.江洋畈生态公园植物资源调查及景观动态监测[J].中国园林,2016,32(03):99-102.

[50]李晓东,姜琦刚.吉林西部农业生态资源调查及其时空分布特征[J].白城师范学院学报,2016,30(02):10-19.